숲과 미술

송형섭 편

수문출판사

숲과 문화 연구회에서는 1993년부터 지금까지 <소나무와 우리문화>, <숲과 휴양>, <참나무와 우리문화>, <문화와 숲>, <숲과 음악>, <숲과 자연교육>, <숲과 종교>, <숲과 임업> 등 다양한 주제의 학술 토론회를 통해 숲의 바른 이해와 숲 생활 문화 창달을 위해 노력하여 왔습니다.

21세기가 시작되는 금년도 학술 토론회 주제는 <숲과 미술>입니다. 숲은 옛부터 아름다움의 보고였습니다. 숲을 생성하고 있는 산림환경은 다양한 아름다움을 지각할 수 있는 독특하고도 대규모적이며 다변화적인 심미적 환경 특성을 보유하고 있기 때문입니다. 아름다움은 말 그대로 아름답거나 즐겁고 예술적 풍미가 깃들여 있는 사물, 심적 현상, 행위, 상상력 등 다양한 부류로 설명될 수 있지만 추상적이고도 철학적인 이 말을 몇 마디 언어로 표현하기에는 분명 한계가 있습니다. 그러나 우리가 끊임없이 추구하려는 외부 현상에 대한 아름다움은 인체의 오감에 기초하고 있습니다.

숲에는 동식물, 수계, 암석 등이 존재하며 그 형상 또한 다변화적이기 때문에 위치와 시간에 따라서 인체의 오감을 통해 지각할 수 있는 색채, 음향, 형상의 변화 무쌍한 자연미를 보유하고 있습니다. 이는 도시생활에서 느낄 수 없는 신선한 매력을 우리에게 선사합니다. 또한 산림환경에서 일어나고 있는 복잡한 자연순환의 신비한 질서는 선한 마음과 안정과 균형을 꾀할 수 있는 조화 질서의 아름다움인 사회미를 제공하며 자연 형상의 모방 등을 통한 건축, 회화, 조각 등의 예술적 창조를 가능케 하는 풍부한 상상력과 창의성을 발휘하게 합니다. 이들 귀중한 심미적 자원을 통해 우리 선조들은 풍부한 상상력과 창의성, 그리고 인간 본성의 욕망에서 벗어난 안정된 선(善)의 심성을 얻었습니다.

우리 국토가 금수강산으로 불리어온 이유는 산림이 갖고 있는 특이하고도 다양한 지형의 기복과 각양 각색의 질감, 시원한 계곡 물소리 등 다양한 미적 체험을 할 수 있는 귀중한 심미 자원의 덕택이었습니다. 이들 심미 자원을 통해 시·공간적으로 다양하게 펼쳐지는 자연의 아름다움 감상과 창조의 영감을 얻을 수 있었으며 산림환경의 자연 순환 질서와 그 속에서 피어나는 조화 질서미를 통해 아름다운 심성을 함양할 수 있었습니다.

언제부턴가 우리는 산림의 이러한 심미적 요소들을 제대로 지각하지 못한 채 살아가고 있습니다. 아름다움을 충분히 지각하지 못하는 근본 이유는 우리의 무디어진 오감과 황폐화된 심성이 주된 원인입니다. 도시화 과학화에 의해 사고는 편리성과 기능성만을 중시하는 편향된 방향으로 변질되고 있으며 상대적으로 아름다움을 지각할 수 있는 감성의 문은 점점 좁아지고 있는 것이 현대를 살아가고 있는 우리들의 자화상입니다.

미래학자 토플러는 산업혁명을 자연과의 전쟁으로 보고 사회적 적자생존원칙의 대두와 좋고 큰 것을 추구하는 인간 성향을 태동시켰다고 지적하고 있습니다. 이러한 인간 활동은 자연 생태적 순환 구조를 방해하는 공간구조의 비자연적 변화 초래와 이로 인해

4

인간사회 질서의 혼돈을 가중시켰습니다. 시골 어린이들은 나무를 놀이 장소로 인식하는데 반하여 도시 어린이들은 건축 재료의 목재 자원으로 인식하는 비중이 상대적으로 높았다는 한 연구보고는 산림과 같은 자연의 접촉 기회가 적을 경우 초래될 수 있는 인식 차이를 극명하게 보여주고 있습니다. 기능성과 편리성을 중시하고 있는 과학 기술 문명 결과에서 파생된 감성의 황폐화 정도가 어느 정도인지를 단적으로 보여준 흥미로운 예가 아닐 수 없습니다.

산림의 가장 큰 매력 요소는 독특한 지형과 다양하면서도 조화로운 색채 물결입니다. 비록 색에서 나오는 여러 이미지 요소를 의식하지 못하는 경우가 대부분이지만 색채와의 친근적 교감은 감성이 무디어진 현대인들의 오감을 열 수 있는 충분한 자극적 힘을 갖고 있습니다. 플라톤이 색을 '모든 물체에서 나오는 불꽃'이라 언급한 불꽃은 영혼을 자극하는 잠재적 힘을 함축한 적절한 표현입니다. 산림 환경은 바로 날로 황폐화되어 가는 현대인들의 닫혀진 감성의 문을 열어주고 아름다운 영혼을 가꾸어 줄 수 있는 귀중한 심미 자원입니다.

'숲을그리는 마음들', '그림 속의 숲', '숲을 통한 심성의 채색'의 3부문으로 진행되는 금년도 <숲과 미술> 학술토론회가 산림환경에 대한 심미적 가치의 재발견 기회와 황폐화 되어 가고 있는 우리의 심성을 곱게 채색하고 형상화하는데 중요한 전기를 마련할 수 있길 기대합니다.

바쁘신 중에도 귀한 글을 주신 발표 연사분들과 해마다 학술토론회 총서를 출간해 주는 수문출판사, 물심 양면으로 학술토론회를 지원해주는 하나은행, 아늑한 숲에서 학술토론회를 열 수 있도록 장소를 제공해준 북부지방산림관리청, 그리고 「숲과 문화」 구독 회원 여러분들께 감사의 말씀을 드립니다.

2001년 8월

송형섭

서시

나 목

김 영 무

이파리는커녕
새 한 마리 날아오지 않는데

묵은 가지들은 뒤틀리고
잔가지만 어린 뿌리 뻗어
허공에 잠들었는데

그 나무 아래
흰저고리 검정치마
애 업은 아낙네
누구를 기다리나

하늘도 땅도
희뿌옇구나

팔짱낀 채 함지박 이고 가는
또 다른 아낙네
검정치마 황토저고리
붙박이 발길로
어디를 가나

눈도 오지 않는 납작한
박수근의 그림 속
노동과 기다림의 가지 끝마다
천근 만근
 없는 열매들

나무 한 그루 하늘 속에
뿌리 쳐박은 그 아래
검정치마 흰저고리
등에 업힌 아이야

네 숨결
히공 중에 새근새근
샘물이거라
봄의 실핏줄이거라

차례

3. 숲을 통한 심성의 채색

소나무를 그리는 마음

이 영 복

소나무! 말만 들어도 친근하고 반갑게 들리는 나무 중의 나무.

詩思竹間得 道心松下生
대나무 사이에서 시상이 떠오르고
소나무 아래에서 도심이 생긴다.

우리의 산하 어디에서나 볼 수 있는 소나무는 애국가 가사와 같이 우리 민족의 기상을 상징해온 나무로 우리 생활 속에서 물질적으로나 정신문화에 지주적 영향을 주었으며 또한 문학과 특히 조형미술에 있어 창작 주제(主題)의 대상으로 한 영역을 이루어왔다.

필자는 뒷동산 왕솔밭 동네에서 태어나 솔밭 속에서 놀며 자라서인지 일찍이 남달리 소나무를 좋아했다. 그림을 그려온 지 40여 년 산수를 전공하면서 소나무, 억새풀, 시원(始原)의 이미지 등으로 여러 대상을 그림의 소재로 작업해 오기까지 그 중에서도 소나무를 즐겨 그려 왔으나 아직도 소나무 그림은 어렵다.

늘 기대와 즐거운 마음으로 소나무를 찾아가고 작업에 임할 때는 마음을 가다듬어 긴장된 상태에서 때로는 자유스런 마음으로 붓을 잡지만 소나무만이 지니고 있는 특징적 이미지가 있기에 때와 시간에 따라 마음에 일어나는 느낌이 달라지는 경우가 있어 대상(對象)의 첫 이미지가 담긴 사의적(寫意的)인 형상화(形象化)가 그리 쉽지 않아 가끔 상념(想念)에 잠긴다.

'그저 소나무 그림이다' 라고만 보여져서는 굳이 소나무 그림을 그리는 의미가 없기 때문이다. 시인 박희진님의 '소나무에 관하여' 란 시문(詩文) 중에 '사람의 나이도 이순(耳順)은 돼야 소나무가 제대로 시야에 들어오리' 또 '일가풍(一家風)이란 말의 뜻을 알려거든 소나무를 보아라' 한 이 시의(詩意)가 가끔 떠오른다.

고송(古松) 수만 본을 그리고 비로소 그 진의(眞意)를 알았다는 형호(荊浩).

형호는 당말(唐末)에 활동한 산수화가요 화론가였다. 미술사가에 따라 견해는 조금씩 다르나 일지사(一志社)刊 동양화론 편저자 김종태(金種太)는 그의 편저에 '형호(荊浩)는 산수화가(山水畵家)임과 동시에 위대한 화론가(畵論家)였다' 라고 하고 '당나라 말에 발전되고 있었던 산수화를 동양회화(東洋繪畵)에 정착시켜 북송(北宋)이후 천여 년간의 회화주류를 이루게 한 사람이다' 라고 기술하였다.

천여 년간 고금을 통하여 많은 화가와 화론가들이 오고 가면서 적지 않은 업적과 발자취를 남겼으나 그 중에 형호를 새삼 밝히는 것은

그림 1. 충북 보은군 외속리면 서원리 부인송(1993년 작). 정이품송과 내외지간의 전설이 있다.

처음부터 회화작업(繪畵作業)의 경물(景物) 대상을 이 땅에 많은 물상(物像)중에 필연적 이었지만 하필이면 소나무를 만나 수만 본을 그린 후 그 진의를 알았다는 형호의 시대를 초월한 매력에 끌리어 그에 관한 문헌을 탐독하던 중 동양회화 사상의 진수라 할 만한 그의 자서적 미학철학서 「필법기(筆法記)」를 접하면서 깊은 감명을 받았고 후대에도 그의 중심 사상은 면면이 이어져 큰 영향을 미치게 될 것이라고 생각되었기 때문이다.

「필법기(筆法記)」의 구체적인 내용은 생략하고 이해를 돕기 위해 필법기가 형성된 정

황을 주해된 글과 원문을 옮겨 내용을 살펴본다.

태행산 홍곡(太行山 洪谷)이라는 곳이 있는데 그곳에는 수무(數畝)의 밭이 있다. 나는 늘 그것을 일구어 나날을 먹고 살았다. 때로는 신정산(神鉦山)에 올라 사방의 경치를 바라보고 인적을 피하여 산다. 돌—사립문을 들어서니 이끼는 이슬을 머금고 괴석에는 김이 서리고 있었다. 그곳을 걸어 들어가니 모두 고송(古松)들이었다. 그중 유독 큰 아름드리 나무가 있는데 껍질이 늙어 푸른 이

끼로 덮이고 우둘투둘한 비늘이 하늘로 향해 있어 노송의 전체 모습이 규용(叫龍)의 기세로 구름을 붙잡으려는 듯 하였다.

숲을 이룬 노송(老松)은 상쾌한 기운으로 가득하고 그렇지 못한 것은 마디를 안고 구부러져 있었다. 어떤 것은 뿌리가 흙 밖으로 나오고 어떤 것은 비스듬히 누워서 큰 물살을 가르고 언덕에 매달려 이끼를 씻기우고 돌을 가르고 있어 그 신기함에 놀라 두루 감상을 하였다.

다음날 붓을 휴대하고 그리기 시작하여 무릇 수만 본을 그리고 비로소 그 진의를 알았다. 다음해 봄에 석고암(石鼓巖) 사이로 오다 가 한 노인을 만나 물음을 받자 여기 오게 된 까닭을 빼놓지 않고 대답하였다.

－金鐘太 註解－

太行山有洪谷, 其間數畝之田, 吾常耕而食之, 有日登神鉦山四望, 廻迹人大巖屛, 苔徑露水, 怪石詳烟疾進其處皆古松也, 中獨圍大者, 皮老蒼蘇, 翔麟乘空, 蟠虯之勢, 欲附雲漢, 成林者 爽氣重榮, 不能者抱節自屈, 或廻根出土, 或偃截巨流, 屹岸盤溪, 披苔裂石, 因驚其異, 遍而賞之, 明日携筆復就寫之, 凡數萬本, 方知其眞

이 이상의 내용은 형호가 태행산 홍곡이라는 자연 속에서 도가적인 삶을 살면서 자연적으로 자연의 아름다움으로 그 본질을 삼아 체험한 글이 필법기(筆法記) 같은 화론이 형성될 수 있었다는 대체적인 내용이다. 어느 날 신정산에 올라 사방을 바라보며 발길을 돌리다 병풍 같은 대암을 만나 안에 들어서니, 이끼 낀 소로와 이슬 괴석과 상연이 보여 더 들어가 보니 그곳은 모두 고송들이었다' 고 그 아름다운 경관을 술회하고 있다.

그곳에서 아름드리 고송을 만나 그 기이함과 경외(敬畏)스런 소나무들의 다양한 형태들을 보고 놀라 두루 감상하고 다음날부터 붓을 휴대하고 그리기 시작하여 수만 본에 이르러 비로소 그 진의를 알았다는 형호는 소나무뿐만 아니라 회화(繪畵)의 근본 이치와 더 나아가 우주의 모든 섭리도 깨달았을 것이라고 생각된다.

소나무를 수만 장을 그렸다는 것은 그만큼 노력 없이는 쉽게 성취될 수 없다는 것을 의미하는 것으로 현금(現今) 우리 후학들에게도 시사하는 바 크다 하겠다.

신정산(神鉦山)에 올라 소나무를 만나 그 참뜻을 깨닫고 소나무를 미적 대상으로 예술가의 실천적 관조를 창작 이론으로 이끌어' 자기 미학철학의 근원이 되었던 형호(荊浩)는 다음해 봄에 석고암(石鼓巖) 사이에서 한 노인을 만나 그 노인으로부터 문답 형식으로 회화에 있어서 육요(六要)라는 가르침을 받는다. 육요(六要)의 내용은 작화(作畵)에 임하는 정신세계와 요의(要意)를 여섯 가지로 제시한 것으로 여섯 요의를 대략 소개(紹介)하면 다음과 같다.

노인이 "자네는 筆法을 아는 사람이군." 하고 말했다. 내가 그 노인에게 말하기를 "노인께서는 野人인 것 같은데 어찌 필법을 잘 아십

그림 2. 중국 황산에 있는 수금송. 우표로까지 등장된 소나무

그림 3. 석파정 노송. 대원군의 별저에 있는 고송

니까?" 하고 물으니 노인이 대답하기를 "그대는 어떻게 내 속에 품고 있는 뜻을 아는가?" 라고 하였다.

이 말을 들으니 놀랍고 부끄러웠다. 노인은 또 말하기를 "내 젊어서 학문을 좋아하여 마침내 뜻을 이루었다. 대체로 회화엔 六要가 있는데 첫째는 氣, 둘째는 韻, 셋째는 思, 넷째는 景致, 다섯째는 筆, 여섯째는 墨이다" 라고 설명하였다. 내가 "그림이란 아름다운 것입니다. 형태를 귀하게 하여 眞을 얻으면 어찌 이것을 나쁘다 하겠습니까?" 라고 하니 노인은 "그렇지 않다. 그림이란 그리는 것이다. 物象을 헤아려 보고 그 眞을 얻는 것이다. 物質의 아름다움에서 그 아름다움을 취하는 것이고 物質의 實에서 그 實을 취하는 것이다. 아름다운 것이 實이 된다고 고집해서는 안 된다. 만약 術을 모르면 그럴듯한 形態는 가하나 眞을 도모할 수는 없다" 라고 말했다.

나는 묻기를 "그러면 무엇이 형태고 무엇이 眞입니까?" 하니 노인은 대답하기를 "형태라는 것은 그 形을 얻어 그 氣를 남기는 것이요, 眞이라는 것은 氣質이 모두 왕성한 것이다. 모든 氣는 아름다움을 傳하고 형상을 남기는 것이며 象은 죽는 것이다" 라고 말했다. 나는 감사하다고 말하며 다시 물었다(이하 생략…).

산신령적(山神靈的) 존재의 한 노인을 만나 가르침을 받아 그의 미학적 철학(美學的 哲學)이 형성된 창작사상기(創作思想記)가 곧 형호의 「필법기(筆法記)」라 하겠다.

강행원은 그의 저 「문인화론의 미학」에서 '형호미학의 전체적인 맥락은 노장사상의 무위자연에 대한 애정으로부터 한 예술가에 이르는 은일한 선비의 회화적 궤범(軌範)이라고 할 수 있다. 그 내용의 핵심이 되는 점은 명리와 잡욕(雜欲)을 버리고 밭을 일구며 자연과 함께 살아간 작가의 초월한 심령과 고결한 정신이다'라고 하였다.

소나무 수만 본을 그리고 비로소 그 참 진의를 알았다는 형호는 동양미술사에 큰 획을 그었고 큰 업적을 남긴 화가요 '위대한 화론가(畫論家)'였다.

소나무의 다양한 형태와 조형성

이른 봄 춘분(春分)쯤이면 솔처럼 독야청청이라는 한자표현이 걸맞게 솔이 더욱 푸르러지고 푸른 하늘을 배경으로 윤곽이 드러나는 소나무의 선(線)은 천지인(天地人) 합일(合一)의 세계로 이어주는 선이다. 밋밋한 산등성이나 하천에서도 흔히 볼 수 있는 소나무숲의 선은 전혀 급하지 않다. 야산을 둘러싸고 퍼져나가도 넘치지 않고 자연스럽고 부드러우며 둥그스름한 선을 이룬다. 우리의 미는 소박한 선(線)의 미라고 한다. 야산의 능선이 그러하고 한옥이나 초가집 지붕 처마의 선이나 버선의 코가 그렇듯이 우리의 선은 지나침이 없다.

소나무가 구불구불 휘어진 것 같지만 굽어지면서도 기(氣)가 서리듯 쉬었다가 다시 굽어지는 곡선이 있는가 하면 쭉쭉 뻗은 직선도 있다.

우리 나라 소나무의 선은 아주 자연스런 곡선과 직선의 조화로운 선의 묘미가 함께 하고 있다. 개개 소나무마다 소나무의 특징적 공통점을 지니고 있으나 기둥격인 둥치는 물론 가지의 선(線)은 천차만별(千差萬別) 각기 다르다.

화가가 아니더라도 누구나 크고 우람한 나무 밑에 들어가면 위로 올려다보기도 하고 둘러보게 된다. 필자 역시(亦是) 스케치할 소나무 대상(對象)을 만나면 그 나무의 특징적 인상이 있기 때문에 나무 근처에서 나무 전체를 바라본 형태와 분위기를 스케치북에 담아오는 것은 당연지사(當然之事)요, 나무 안으로 들어가 원둥치를 중심으로 상하 동서남북 앞뒤로 펼쳐진 가지들이 다양한 복합선(複合線)을 이루고 있는 것에 매료되어 스케치는 물론 작품으로 재구성하는 경우 새로운 맛의 형상성을 보게 된다.

사생작 그림 1(1993년 사생)은 충북 보은군 외속리면 서원리에 있는 속칭 '부인송'을 나무 둥치 쪽으로 가까이 들어가 사생한 것으로 수령 6백여 년이 되었으나 수세가 아직 왕성하다. 이 소나무는 정이품송(正二品松)과 내외지간이라는 전설이 있는데 밑둥 50센티미터 위에서부터 둘로 갈라졌기 때문에 암소나무이고 곧게 자란 정이품송은 숫소나무로 불

그림 4. 군송. 다양한 선의 집합으로 큰 선을 이루어 아름다움을 더해준다.

리기 때문이다.

나무 등치의 가지들은 서로 선(線)을 긋는 듯 교묘하게 얽히어 한 나무의 형태 즉, 수형(樹形)을 형성하고 전체수형의 형세에 따라 상징적 의미의 형상으로 붙여진 명목(名木)들이 있다. 이 '부인송'과 같이 각각 무엇을 상징하는 나무들이 곳곳에 적지 않이 있다.

경북 청도의 유송(柳松), 전남 관산의 효자송, 전북 완산의 학송(鶴松)등 이외 여러 그루가 있으며 중국 황산에 있는 수금송(竪琴松 · 그림 2 : 이 수금송은 널리 알려져 중국 우표로까지 등장된 소나무), 와룡송(臥龍松), 영객송(迎客松)등 상징하는 나무들이 많이 있다.

이렇듯 무엇을 상징하는 소나무들이 있는가 하면 우리에게 큰 감흥을 주는 소나무도 많다. 우리 주변에 흔히 보고 만나는 소나무는 누구에게나 친근감을 주는 나무이나 그 많은 소나무 중에 더욱 소중한 나무가 있다. 푸근하고 넉넉하게 감싸주려는 듯한 고송(古松)으로 대원군의 별저였던 석파정(石坡亭) 노송(그림3), 운문사의 반송(처진 소나무), 많은 학생들에게 장학금도 주고 재산세도 내고 있어 유명한 석송령(石松靈)등이 그러하고, 웅장하며 신령스러워 신운(神韻)이 감도는 듯한 노송(老松)도 있다.

경남 합천군 묘산면 화양리의 당산목(堂山木)인 구룡송(龜龍松), 이 소나무는 수관(樹冠) 폭이 25미터쯤 되는 거대한 몸집이다. 몸집의 크기와 자태(姿態)의 당당함에 있어서 우리 나라 최고 명목이라 말할 수 있다.

충북 괴산의 왕소나무와 정선의 천년송 역시 놀라운 감동을 준다. 이외에도 여러 곳에 신령스런 나무가 있으나 줄이거니와 또한 소나무숲은 다양한 선(線)의 집합으로 큰 선을 이루어 아름다움을 더해주는 군송(群松)들이 있다 (그림4).

우리 나라 산하에는 경북 영주에 있는 소수 서원의 장엄한 노송숲을 비롯해 많은 소나무숲이 있지만 섬진강 하류의 강변에는 군송(群松)들로 이어지는데(약 2킬로미터), 배(돛단배)를 타고 백사장 위 군송들을 바라보노라면 '아름다움'이라는 말로는 다 표현할 수 없는 장관(壯觀)의 별천지 세계로 시상(詩想)과 큰 영감(靈感)을 얻게 된다.

또 빼놓을 수 없는 숲 안면도(安眠島) 솔밭이다. 안면도는 조선조 이전부터 소나무숲으로 이름난 곳이다. 약 2만6천여 홍송이 미끈하게 쭉-쭉 천공을 향해 치솟아 약동하는 듯 생기가 있어 소나무의 또 다른 수려한 선의 미를 느끼게 한다.

그러나 이 안면도 소나무도 큰 수난기가 있었는데 이곳 역시 일본의 침해를 받아 1927년 2월에 송림지대 6천4백 정보가 83만2천 원에 거의 강제로 일본의 '주식회사 마생상점' 이라는 회사에 팔려 벌채해 갔다고 한다.(1995년 9월 충남도지와 안면도휴양림 관리사무소 안규원씨의 도움말에 의한 숫자와 연도 등 관련내용을 쓴다.)

그래서인지 현재의 안면도 소나무는 수령이 50~80년 생의 소나무가 울울창창하다. 우리 소나무의 자연스러운 선은 우리 산하와 사람을 하나로 이어주는 선이라는 점에서 몇몇 소나무와 숲을 소개하였다. 이 묘미한 선의 형성은 다양한 형태를 이루고 겉에 나타난 형태와 내면적으로 부여된 의미의 정신세계가 병존(竝存)된 조화로움은 격조 높은 조형예술 구현(具顯)이라고 할 수 있지 않은가….

이러한 측면에서 개개 소나무가 가지고 있는 형태적 특징과 소나무숲의 복합적인 선의 다양한 형태와 조형성과의 연관 관계를 생각해 보았다.

일찍이 송(松)나라 시대 한졸(韓拙)은 그의 저 「산수순전집(山水純全集)」임목론(林木論)에서 소나무의 다양한 형태에 따른 여러 형

그림 5. 노송. 간결하나 소나무의 모든 것을 볼수 있다.

상의 비견(比肩)을 논한 글이 다음과 같이 전하고 있다.

木貴叫健老硬, 其形勢甚多, 或聳而拔逸者, 或屈折而俯仰者, 或躬身而若揖者, 或如醉人而狂舞者. 或如披頭仗劍者, 皆松也, 或如怒龍驚 之勢, 騰龍伏虎之形, 似狂怪而飄逸, 似偃蹇而躬身, 或離披倒　如飲于水中, 或　崖嶮峻倒崖, 而身覆下者, 爲松之儀, 其勢萬狀, 變態莫測

　나무는 용트림을 하면서 강건하고 노숙하며 굳센 모습을 귀하게 여기는데 그러한 형세를 지닌 나무는 매우 많다. 혹 뽑힐 듯이 솟아올라 빼어난 나무도 있으며, 혹은 굴절을 하면서 숙였다간 쳐드는 나무도 있으며, 혹은 사람의 몸이 두 손을 잡고 공손히 읍(揖)을 하며 굽힐 듯한 나무도 있고, 혹은 술에 취한 사람이 미친 듯이 춤을 추는 형태와 같은 나무의 형세도 있으며, 혹은 머리를 풀어헤치고 장검을 짚고 있는 듯한 나무의 형세도 있는데 이 모든 형세는 소나무만이 지닌 형태이다. 혹은 노하고 놀란 용과 같은 형세도 있고, 나는 용이나 엎드린 호랑이와 같은 형세도 있고, 미치고 괴이한 사람의 초연한 듯한 형세도 있으며, 몸을 거만한 자세로 구부정하게 취하는 듯한 형세도 있고, 혹은 서로 분리하고 헤쳐 있어 거꾸로 주저주저하는 듯한 형세도 있고, 몸을 숙이고 물속에서 물을 마시는 듯한 형세도 있으며, 혹은 험준한 산에 거꾸로 매달린 듯 험준한 절벽에서 몸이 뒤집혀 내려오는 듯한 형세도 있는데, 이 모든 형세는 소나무가 지닌 의표(儀表)이다. 그 형세는 천태만상이어서 그 변태로움은 이루 다 헤아릴 수조차 없다(宋燦禹 譯解).

한졸(韓拙)은 높은 심미안(審美眼)을 가지고 소나무를 관찰하고 관조(觀照)하여 그 형태를 다양한 형상으로 보았고 소나무를 그릴 때는 그 지형과 환경 나무의 상태에 따라 어떻게 표현해야 하는가라는 방법까지 제시(提示)하면서 "소나무는 나무 가운데서도 사람의 신분으로 말하면 공후(公侯)와 같이 고귀하여 여러 일반적인 나무 가운데서 가장 으뜸이다"라고 하였다.

옛 명현(名賢)이나 선비들도 소나무와 관계된 시문을 많이 남기어 전해지고 있는데 소나무 자체 인상을 찬(贊)한 글과 하나의 인격체로 의인화(擬人化)하여 대한 글도 볼 수 있는데 대체로 용(龍)을 빌려 용으로 비유 형상화하여 은유적(隱喩的)으로 세상을 풍자(諷刺)하거나 자기포부와 이상을 간접으로 나타내기도 하였다.

種 松
檻邊除棘種稚松　長閱千年想作龍
莫謂寸根成得晚　明堂支日軒豐功
서경덕 선생 詩

소나무를 심고
난간가 가시덤불 젖히고 어린 소나무 심으니
자라서 千年 뒤 용트림된 모습 눈에 선하네.
짧은 뿌리 더디 자란다고 이르지 말게나.
명당의 재목되는 날이면 많은 공로 새겨지리라.

이같이 소나무의 다양한 형상(形象)은 나무를 보는 사람이 보려는 나무의 위치와 방향, 때와 시간관계에도 형상이 조금씩 달리 보일 수 있고 보는 사람의 안목과 인식의 차이에서도 다소간 다를 수 있겠으나 대체적 현상(現象)의 느낌은 같을 것이라고 생각한다.

소나무의 형태 즉, 형상에 대하여 이렇게 장황하게 열거한 것은 물상(物象)의 중요성 때문이다. 형호(荊浩)는 그의 「필법기(筆法記)」에서 회화(繪畵)란 그리는 것으로서 물상(物象)을 헤아려 그 진(眞)을 취하는 것이라고 하였다. 회화의 목적은 물상을 그리는 것인데 물상 속에 내재하고 있는 진실(眞實)을 취해야 한다는 것이다.

즉, 화가는 물상의 생명력(生命力)을 표현하여야 한다는 것이다. 참 함축된 의미다. 물상의 생명력을 제대로 표현하려면 대상의 형태 즉, 그 상(象)을 정확하게 관찰하고 파악하며 관조할 때 무엇을 어떻게 표현할 것인가에 참 진실의 상을 얻게 된다고 생각한다.

형호(荊浩)가 수만 본을 그린 후에야 그 참을 깨달았다는 것은 그렇게 많은 노력이 있어야 그 문리에 도통(道通)하게 된다는 평범한 진리다.

청나라시대 화가요 화론가인 석도(石濤)는 회화는 일획에서 시작된다는 유명한 일획론자로 그림은 자아에서 형성되는 마음을 붓으로 연구하는 것이라 하고, "일획법이 밝으면 법칙의 장애가 눈에 보이지 않아서 그림은 가히 마음을 따라가며 그림이 마음을 따라가게 되면 장애는 멀어진다"라고 석도 자신의 회화철학을 세웠다.

그러나 처음부터 마음에 맡긴다는 말은 아닐 것이다. 그는 "황산(黃山)은 나의 스승이며, 나는 황산의 벗이다"라고 한 것을 보면 그가 얼마나 많은 황산이라는 대자연을 그렸는가를 짐작하게 된다.

소나무도 실체의 상을 많이 취해야 한다. 실체를 많이 하면 실체가 없어도 심상(心象)의 진실한 나무상이 보이며 간결하나 소나무의 모든 것을 볼 수 있는 소나무가 나오며(그림 5), 번(繁)하나 운치(韻致)를 잃지 않는 작품이 나온다. 옛 화론에 이런 글이 있다.

惟先矩度 森嚴而後 超神盡變
有法之極 歸於無法

우선 이미 있는 법도(法度)를
엄격히 지킨 뒤에라야
초진진변(超神盡變)하니
유법(有法)의 극(極)이
무법(無法)으로 돌아가는 것이다.

여기에 무법(無法)으로 돌아간다는 뜻은 이미 있는 법을 최선을 다하여 하면 또 하나의 새로운 법이 나타나게 된다는 것이다. 지금 있는 필법이나 과거로부터 내려온 것이나 지금의 것에 최선을 다할 때에는 새로운 자기 것이 나타나 일가를 이루게 된다는 것 참으로 화론의 진수라고 할 수 있다.

지금 보이는 것에 최선을 다하면 안 보이는 것에도 통달할 수 있다는 의미도 포함된 것이리라.

2001년 7월 청송헌(廳松軒)에서

이영복 (李英馥)은 홍익대학교 미술대학 동양화를 전공하였다. 다수의 개인전과 국립 현대 미술관 초대 출품, 서울미술대전 추진위원 및 출품, 동아일보사 주최 동아미술제 심사위원을 역임하였다. 현재 중진화가로 활발한 작품활동을 하고 있다.

내 마음 속의 숲

김 선 두

백두대간의 길들은 간혹 나타나는 고개나 밭, 암릉지대 등을 제외하면 거의 모든 길들이 숲길이다. 산길이지만 또한 숲길이라 불러도 과언이 아니다. 밖에서 산을 보면 울창한 나무들로 빽빽한 저 산 속에 무슨 길이 있을까 싶어도 일단 산에 들면 실낱같은 길이 계속 이어지는 것이다. 어쩌다 마을이나 밭에서 길이 끊긴 듯해도 이내 대간길은 그 초입에 리본을 달고 우리를 반갑게 맞이한다. 이 땅의 삶이 세대를 이어 계속되는 것처럼 유장하다.

숲길은 또한 자연이 만든 터널길이기도 하다. 소나무, 싸리나무, 참나무, 산죽, 진달래, 철쭉 등이 만든 터널길이다. 인간이 만든 터널이야 열었던 창도 닫아야 할만큼 자동차 매연으로 찌들었지만 숲의 터널은 향긋한 꽃과 청량한 나뭇잎의 향으로 그득하다. 코를 통해 전해 오는 이런 자연의 향은 고단한 산행길에 힘을 주는 보약과 같다.

숲은 일견 고요해 보이지만 자연의 변화 속에서 온갖 뭇 생명들이 바쁘게 자신들의 삶을 이어가는 소리로 소란하다. 봄이 되면 아기 풀과 어린잎들이 기지개 켜는 소리와 산새들의

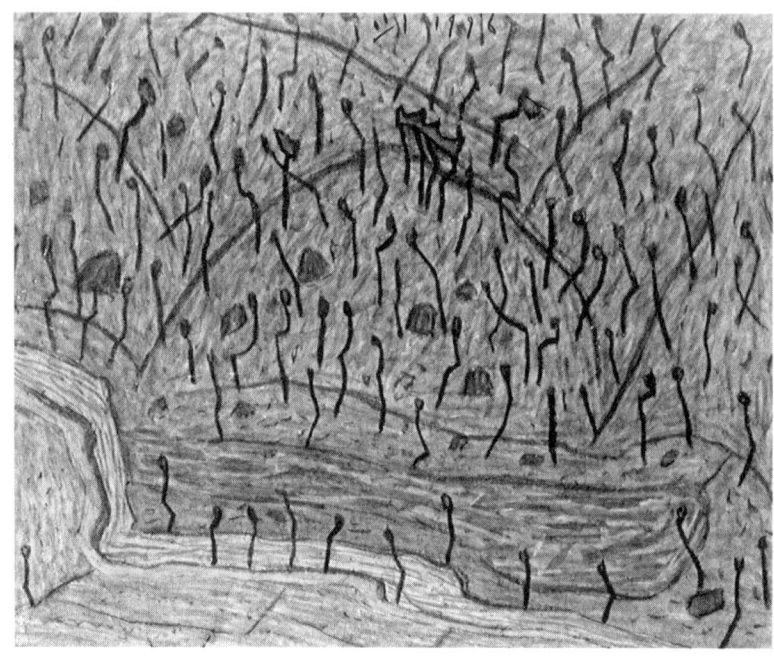

합창
71x91cm
1996년 작

봄길. 138x67cm, 1997년 작

사랑노래로 시끄럽고, 여름이면 온갖 곤충들의 합창과 불어난 물이 바위를 때리며 계곡 아래로 힘차게 흘러가는 소리로 가득하다. 가을이 되면 열매가 익어 땅에 떨어지는 소리와 함께 단풍잎들의 패션 경연으로 요란하며, 겨울에는 많은 생명들이 일견 사라져버린 듯하지만 풀들은 얼어붙은 땅 아래서 다시 찾아 올 새로운 봄의 싹을 틔우기 위해 바쁘다.

지난봄 덕유산 종주 중에 보았던 나무들이 싹을 틔우는 광경은 장관이었다. 파릇한 새싹들이 저 아래 산자락으로부터 치고 올라오는 것이 마치 고지를 향해 돌격하는 수십만의 병사들 같았다. 소리 없는 거대한 함성, 그 소리는 번개 뒤끝의 우렛소리보다도 크게 들리는 듯 했다. 유치환 선생이 그의 시 '깃발'에서 '소리 없는 아우성'이라는 말을 했지만 이 멋진 광경에서 그 실체를 보았다. 이는 산 위에서 들리는 봄이 오는 소리가 굉장하다는 것을, 산이 들려주는 생명의 노래가 인간이 만든 것과는 비교할 수 없을 정도로 그 규모가 얼마나 큰가

를 난생 처음 알게 해 주었다. 이 소리는 산밑에서는 들을 수 있는 소리도 아니다. 4월의 짧은 기간에 잠시 들을 수 있을 뿐이다.

산행길에 빼 놓을 수 없는 것이 야생화를 보는 즐거움이다. 나는 야생화야말로 향기 나는 산의 보석이라고 늘 생각해 왔다. 시중의 보석에는 향기가 없지만 산 속의 보석에는 향기가 있다. 무수히 많은 낙엽들이, 꽃들이, 풀들이 긴 세월 동안 피었다 져서 흙이 되어버린 땅으로부터 비롯된 시간의 향기다. 이 자연의 향은 하루아침에 만들어진 인공의 향과는 달라 그윽하기 그지없다. 자연의 향은 인고의 세월 속에서 우러나온다. 대간길에서 만난 숲의 풍경들은 요즘 내 생활의 행복이 아닐 수 없다.

내 어린 시절에도 숲이 있었다. 이름하여 번덕까끔. 첫 개인전 포스터로 쓴 작품으로 '나의 까끔'이라는 것이 있는데 바로 이 번덕까끔을 그린 것이다. 내 고향에서는 그리 높지 않은 마을 주변의 야트막한 동산을 일러 부르는 것이 까끔이다.

백두대간 길에 만난 숲. 60.5x90.5cm

한 재미가 있었다. 낫치기가 시들해지면 근처 냇가에 나가 맑은 물에서 멱을 감았다. 실컷 멱을 감고 입술이 파래질 때가 되면 이끼가 가득 낀 검은 바위에 내가 좋아했던 호랑이를 돌로 두들겨 새기곤 하였다. 내 화가의 꿈은 이 어설픈 암각화로부터 시작되었는지도 모르겠다.

몇 년 전 시간을 내어 찾았던 번덕까끔은 풀과 나무들이 울울해지면서 풀과 나뭇짐을 지고 오르내렸던 산길이 감쪽같이 지워지고 없었다. 법정스님께서 새들이 떠나간 숲은 적막하다고 했지만 친구들이 떠나버린 숲은 슬픔이었다. 하도 사람들이 밟고 지나다녀 반질거리다 못해 차르르 윤이 났던 번덕까끔의 산길과 유년의 추억과 꿈이 묻어 있는 솔밭은 지금 걷고 있는 백두대간의 숲길과 더불어 내 마음 속에서 영원히 마르지 않는 창작의 샘으로 존재할 것이다.

행(行). 91x61cm, 2000년 작

번덕까끔은 신작로에서 조금 올라가면 만나는 천관산 동남쪽자락에 있는 2만여 평의 조그만 야산이다. 산은 약간 경사졌고 크지는 않지만 건강한 소나무들이 많다. 산 가운데에는 꾸불꾸불 산길이 나 있고, 산의 중심부에는 금잔디가 깔린 널찍한 터의 산소와 집채 만한 바위들이 서너 개 있었다. 이 숲은 어린 시절의 일터이자 놀이터요 꿈이 풋감처럼 싱그러웠던 터전이었다.

이곳에서 동네친구들과 많은 시간을 보냈다. 여름이면 풀베기, 겨울에는 갈퀴나무를 하였다. 풀베기나 갈퀴나무질이 끝나면 우리는 어김없이 놀았는데, 풀을 한 주먹씩 베어오거나 갈퀴나무를 몇 갈퀴 긁어모아 낫을 공중에 빙글 던져 누가 땅에 많이 꼽는가로 승부를 결정 짓는 낫치기를 하였다. 낫치기는 가슴 조이는

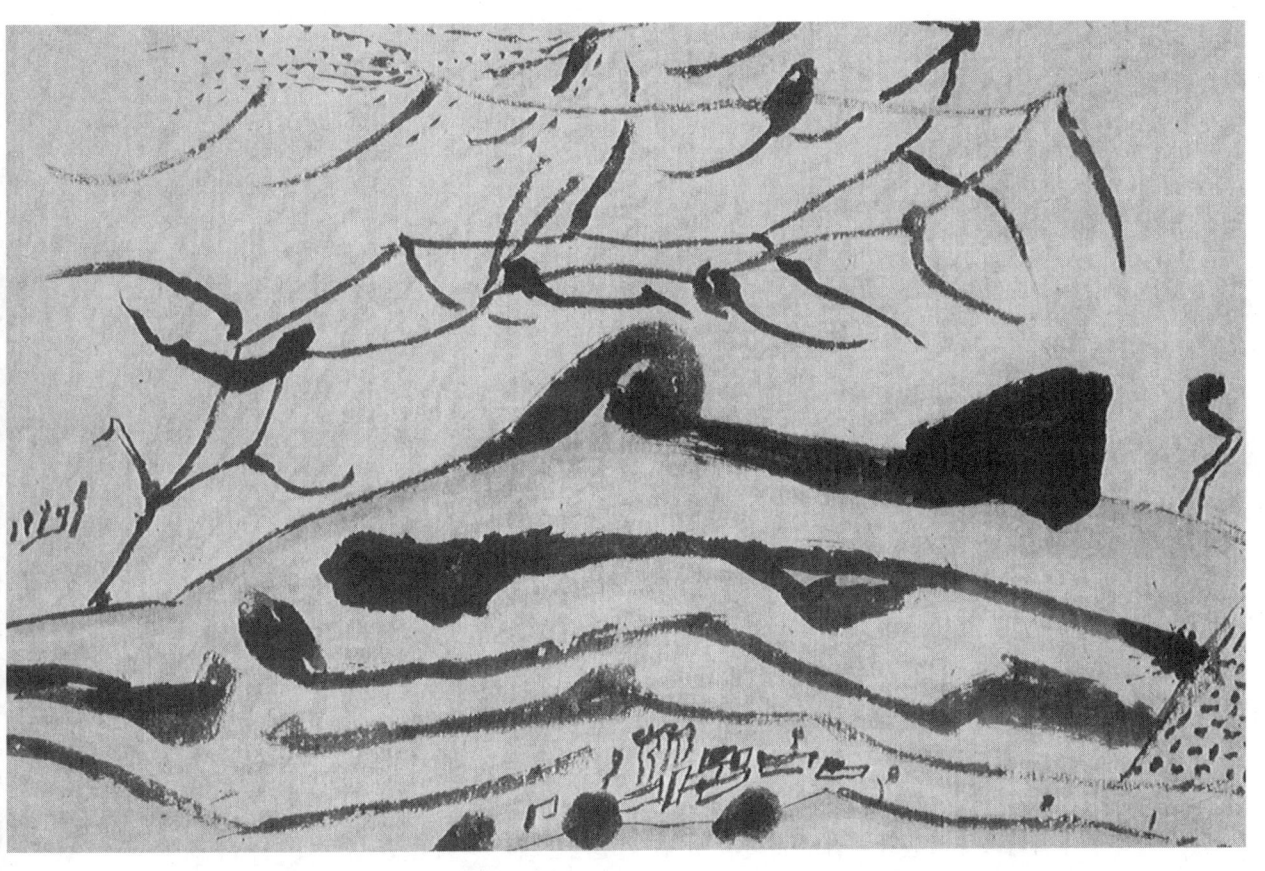

그리운 잡풀들. 91.5x59.5cm, 1999년 작

김선두는 중앙대학교 예술대학 한국화과 및 동대학원을 졸업하였다. 개인전 5회 및 기획전에 다수 작품을 출품하여 왔으며 현재 중앙대학교 예술대학 한국화과의 교수로 재직하고 있다.

소낭구의 멋을 찾아서

김 경 인

1. 숲-미술

새 천년을 맞아 제9차 학술토론회의 화두가 <숲과 미술>인데 숲과 미술의 만남은 자연과 인간 행위간에 이루어지는 인간 정서의 순화와 생명이라는 전제에서 시작될 것 같다. 숲을 대상으로 해서 직접 그리거나 응용된 그림들과 기호는, 동서 고금을 통해서 수없이 많을 것이고 다양할 것이다. 숲은 주로 풀과 나무들로 이루어지지만 그 수목들은 다시 도상화되거나 상징화되어 그림으로 태어나기도 한다. 북구나 시베리아 벌판의 자작나무 숲은 서정시를 잉태하고 남태평양의 야자수 그늘에는 그리움과 낭만이 깃들여 있다. 한국 산천의 수려함과 소나무의 기품과 멋이 어울려, 일찍이 옛 시인과 묵객들이 이를 칭송하는 시화를 남기고 있다. 우리가 관념으로 갖고 있는 안개 낀 숲의 이미지는 울창하고 외경스러우며 비밀스런 얘기들로 가득 찬 곳으로 여겨지고 있다. 숲에 대한 사람들의 상상력은 언제나 신비스러운 전설로 살아서 전해지고 있다.

실상 숲의 모습을 그림으로 재현해 낸다는 것은 거의 불가능한 일일 것이고 한계가 있겠지만 그것을 시각적 형상으로의 재현이 아닌 마음의 눈으로 해석해 낸 그림으로 만들어 내는 일은 비단 숲뿐만 아니라 방법적으로는 미술영역의 내용이며 역사일 것이다. 그림의 시작은 들소와 사슴들이 바위에서 암각화로 태어나고 돌을 쪼아서 만든 비너스가 풍요의 여신으로 탄생되기도 하며 신화로 엮어진 얘기들이 모여 그리스 신상들은 재현시키고 있었다.

소나무의 역동적인 힘은 고구려 벽화에서 다시 태어나고 고려자기의 유려한 선에는 소나무의 부드럽고 리드미컬한 변화가 살아 숨쉬고 있다. 그렇게 알게 모르게 체득된 시각인자들이 세월 지나 기질이 되고 그 기질은 미술품의 형질을 결정지을 것 같다. 지금은 기계적인 결정론이라 하지만 한 나라의 미술 문화는 민족이나 관습 기후 풍토 등 자연환경에 크게 영향을 받게 된다는 이뽈이뜨 페느(Hippolyte Taine, 1828~1893)의 학설을 음미해 볼 만하다는 생각이다. 소나무를 대할 때마다 내 가설로 갖고 있는 우리 문화 유산들과 소나무의 조형성에 얽힌 유기적 관계가 있다는 점에서 더욱 그러하다.

숲은 수많은 수목과 풀과 꽃들로 존재하고 있지만 그곳에는 바람과 개울소리와 빛이 있으며 자욱한 안개와 어둠이 있고 서로 다른 새소리와 풀벌레 소리 외에 우리가 알아들을 수 없는 무수한 소리의 울림이 그곳에 살고 있다. 결국 숲은 생명력으로 존재하는 빛과 그늘, 신비한 노래들과 반짝이는 색채로 이루어진 생명체들의 비밀스러운 세상이다. 숲의 침묵 속에는 삶과 죽음의 드라마가 아름다운 윤회로

노송, 고산에 서다-설악 구송도(九松圖)부분

순환되고 있다.

일찍이 동양인들은 자연의 질서와 이치를 도(道)라 일컬어 왔고 물은 위에서 낮은 곳으로 흐르며 빈 곳을 채우고 넘쳐흐르는 순리적인 가치관에 따라서 살아가는 지혜를 덕(德)으로 삼아 행하는 삶을 노래하고 있었다. 따라서 동양화의 산수화 장르는 사람들이 이상향으로 꿈꾸는 풍광을 전개시키고 있었는데 높은 산과 산허리를 감싸 도는 운무와 바위틈에 총총히 모여 있는 수목들, 강물과 조각배, 사람들은 차라리 그들과 하나 되어 있다. 그려진 인물들은 자연과 수목과 한가족처럼 편안하게 화폭 속에 앉아 있다.

그에 비해 서양의 그림 속에는 언제나 인간이 화폭의 가운데 있어야 했으며 자연 풍광이나 사물들은 사람을 위해 존재하고 있는 장식적 효과나 부산물에 다름 아니었다. 동양과 달리 서양의 자연은 순응과 동화의 대상이 아니며 극복하고 정복해야 할 대상이었다. 여러 가

도문리 노송. 유채, 162.2×130.3cm, 1995년 작

지 이유가 있겠지만 지나친 과학기술과 개발 논리에 의해서 지구의 자연은 무참히 파괴되고 있다. 인간의 오만과 물질지상주의가 자초하고 있는 자연의 어두운 미래에 대한 각성이 요구되는 시점이다.

젊은 시절 본인의 관심사는 인간과 사회였고 시대성에 처한 상황이 그림의 소재였으며 그것은 한국적인 소재와 관련된 내용이었다. 전술한 바 소나무는 한국 사람들의 조형의식 속에 뿌리깊게 박혀 있어 각가지 문화유산의 선과 형태를 이루게 되는 또는 형질을 결정하는 요인 중에 하나일 것이라는 가정 하에 10년간 소나무를 소재로 그림을 하게 되었다. 그렇게 한국의 소나무를 찾아다니는 동안 소나무뿐만 아닌 숲과 만나게 되고 때로는 그 숲 속에서 몇 날을 보내면서 숲의 내음과 계곡 오솔길을 따라 내려오는 물소리와 서늘한 기운은 몽환적인 짙은 향수가 되어 여운처럼 머릿속에 남아 있다.

옛부터 소나무에 대한 시인, 묵객들의 느낌과 칭송을 담은 시와 그림은 동양과 한국인들의 소나무에 대한 각별한 마음과 정이 어떠했는가를 짐작케 하고 있다. 중국의 대표적 시인 도연명(陶淵明, 365～427)의 귀거래사(歸去來辭)에서 '撫孤松(무고송)'으로 시작되는 소나무에 관련된 고사(故事)는 조선시대 소나무 그림과 시에 영향을 미치고 있기도 하다. 오래된 소나무 그림 얘기는 신라의 솔거가 그렸다는 황룡사의 노송도나 백제 전돌에 새겨진 소나무(?)를 비롯 고려의 이제현(李齊賢, 1287～1367), 조선시대의 이상좌(李上左), 겸재 정선(鄭敾, 1676～1759), 이인상(李麟祥, 1710～1760), 김홍도(金弘道, 1745～1816), 이인문(李寅文, 1745～1821), 말기의 이재관(李在寬, 1783～1837), 김정희(金正喜, 1786～1857), 김수철(19C), 장승업(張承業, 1843～1897) 등 대표적 화가들의 소나

꽃지에서. 72.7x60.6cm, 1999년 작

무 그림들은 한국성을 대표할 수 있는 조형성을 보여주고 있다.

　소나무는 잘 알려진 대로 군자의 풍모, 지조, 절개, 우정, 장수의 길상(吉祥)으로 상징되고 있다. 소나무는 한국에 널리 분포되어 있고 더불어 소나무는 '백목지왕(百木之王),만수지왕(萬樹之王)'으로 존중되어 왔는데 그를 찾아 다니면서 만나면 과연 나무 중의 왕이라는 생각이 절로 난다. 1983년 여름 숲과 문화 연구회에서 개최한 〈소나무와 우리 문화〉 세미나가 있었고 그것은 소나무에 대한 본인의 눈과 귀가 조금 열리게 된 계기가 되었다. 그때 사석에서 류장발 교수의 얘기를 흥미 있게 경청한 일이 있었는데 경주지역의 안강송(사진 1)이 구부러지고 비틀려 있는 것이 많은 이유는,

경주를 중심한 신라 천년 고도의 가옥들은 대부분 소나무 목재로 건축되었고 이때 반듯한 소나무 재목들이 쓰여지면서 나머지 목재로 쓸 수 없는 구부러진 나무 유전자의 대물림의 결과라는 것이었다. 과연 경남지방의 소나무들을 보면서 교수님의 논리가 생각났다.

　다른 뜻이지만 장자의 고사(故事)에도 이와 같은 비유를 볼 수 있는데 반듯하게 잘 생긴 나무는 일찍이 모두 재목으로 잘려 나갔지만 용도로는 널 하나 짤 수 없는 쓸모 없어 보이는 나무가 사람들의 관심 밖에서 살아 천년의 거목이 되고 삼천 필의 우마가 쉴 수 있는 큰 그늘을 베풀게 되었다는 것이다.

　자연적인 생태환경에 대해 목전의 이익만 좇는 지나친 개입은 마땅히 재고되어야 할 것으

28

사진 1. 안강송

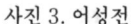
사진 3. 어성전

사진 2. 속초 노학동 보호수

로 생각된다. 인간 중심의 경제적 가치로만 여겨온 숲의 운명과 인위적인 숲 가꾸기마저 획일성을 낳게 되고 숲의 다양한 얼굴과 있는 그대로의 자연스러움이 파괴되고 있는 현상이 안타깝다.

자연 그대로의 것과 인간의 간섭으로 빚어지는 갈등, 한없는 인간의 물질적 욕구로 파괴되는 자연, 숲, 숲이 산업 경제적 대상뿐이 아닌 문화적 가치로서의 인식 전환은 생명의 존엄성과 직결되는 중요성을 지닌다. 그래서 이 자리를 만들고 숲과 문화의 방향 설정과 꾸준한 노력을 기울여 오시는 분들께 감사하는 마음이 새롭다.

2. 소나무의 멋을 찾아서

여러 해 소나무를 그리기 위해 소나무의 멋을 찾아 전국을 돌아다니면서도 지금도 만나지 못한 무수한 멋진 소나무들에게 아쉬움이

사진 4. 울산바위

사진 5. 설악 고산노송

남는다. 멋은 무엇인가? 백기수의 「미의 사색」에서 '멋'과 '맛'은 발생적 친연성(親緣性)을 지닌 하나의 Word family를 형성하는 말이며 '멋'은 '맛'으로부터 분화된 어사로서 자연의 미적 대상이나 예술 작품에 있어서 이른바 미적인 것을 말한다고 밝히고 있다.

소나무의 멋은 한국인에게는 자연적 미적 대상을 넘어 한국인의 심성과도 닮아 있는 대상이며 조형적으로 체득되어진 상징적 존재일 것이다. 군자의 풍모, 절개, 장수 등의 상징성 외에 반굴(盤屈), 용린(龍鱗)으로 불려지는 형태감과 운치에 대해 이미 관념화되다시피 되었다.

선입견 없이 소나무를 만나고 느끼고 싶어 자료를 얻고 귀동냥을 하면서 찾아다닌 것이 십년 세월이 흘렀다. 처음엔 대부분 유명세가 붙어 있는 노목과 거목을 만나게 되었고 큰 솔밭을 찾아다니게 되었다. 위압감을 줄 정도의 큰나무나 오래 된 나무들을 만나면 그것은 나무라기보다는 사람 같다는 느낌이 들 때가 많다. 때로는 영험스러움이 있는 것 같고, 인자한 노인의 미소 같은 정감이 느껴지기도 한다.

주로 강원도와 경북지방 일대에 분포되어 있는 금강송이나 안강송이라고 하는 경주지역에서 볼 수 있는 구부러진 소나무들, 그리고 서남 해안지역을 따라서는 해송으로 불리는 곰솔, 해송과 적송 중에 어떻게 구분해야할지 애매한 형태의 소나무는 가장 많이 분포되어 있어 보인다.

다니면서 느낀 것이지만 처음엔 이름 있는 거목이나 노송을 찾거나 고성이나 소수서원, 통도사, 하동의 송람공원, 고창읍성, 울진, 대관령 같은 큰 솔밭을 섭렵하게 되었다. 그러나 언제나 감탄하게 하는 것은 이름 없는 동네, 아무렇지도 않게 모여 서 있는 평범한 소나무들에서 깊은 감동을 받게 되는 경우가 흔하다. 취향의 문제이겠지만 대관령이나 소광리의 대표적 금강송 군락지에서는 그림 그릴 엄두가 나질 않는다. 그 나무들이 너무 건강하게 빽빽하게 서 있어서일 것 같다. 때로 예술은 좀 삐딱하거나 덜 건강한 틈새에서 더 민감하게 성숙했을 것이라는 생각이다.

깊은 골짜기나 산사에서 당당하게 서 있는 적송의 모습이 군자의 풍모로 칭송 받아 마땅하다. 하늘로 치솟은 장관에 버들가지처럼 살짝 늘어진 능청과 섬세함으로 엮어내는 어울림은 소나무만의 특성이다. 수직적 긴장감과 상승의 힘은 붉은 색과 더불어 금강송(사진 2)의 얼굴이다.

　오원 장승업의 그림과 이인상의 〈설송도〉에서, 십장생도에서도 붉게 타는 소나무가 있다. 진부령을 넘고 동해안을 따라 강릉 주위에는 온통 소나무 바다다. 독야청청 혼자 서 있는 적송(사진 3)은 좌우로 가지를 뻗어 균형을 유지하고 있으므로 그것은 평범할 수 있다. 왼쪽에 땅을 향해 수직으로 툭 떨구어 내린 가지 하나의 모습은 소나무만이 갖고 있는 파격의 멋이라 아니할 수 없다. 대체로 적송은 밝

고 부드러운 주황색으로 우리를 매료시키고 있지만 아래 몸통에서는 투명하고 엷은 회색과 황토빛의 컴비네이션이 다른 나라의 소나무에서는 볼 수 없는 아름다움이고 중요한 특성 중의 하나라 할 수 있다(사진 4).

　또 적송의 솔잎포기가 대체로 부드러운 원형으로 층을 이루지만 설악산과 같이 높은 바위틈에서 자란 나무는 세찬 바람과 시련을 이겨낸 탓인지 그 형상마저 돌을 닮고 있다(사진 5). 나는 그 나무를 석송(石松)이라 부르고 있다.

　소나무들이 홀로 서 있거나 몇 그루가 모여 이런저런 모습을 연출하며 서 있는 풍경은 우리들 눈에는 익숙한 아름다움이다.(사진 6) 겸재 정선의 〈사직송도〉와 같은 격렬한 몸짓으로 보여주는 옆으로 퍼져나간(사진 1, 사진 4) 소나무는 또 다른 멋을 느끼게 하고 있다. 겸재도 그 절묘한 용트림의 묘를 그냥 보아 넘길

사진 6. 실상사 지이산

사진 8. 경주 남산

사진 7.

사진 9. 해남곰솔

사진 10. 제주 해송

사진 11. 해남 장군송

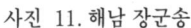

수 없었을 것이다.

소나무 형태의 매우 중요한 멋 중에는 파격성을 빼놓을 수 없다.(사진 4) 그렇게 자유 자재로 상하좌우로 용솟는 힘은 어느 나무에서도 볼 수 없는 특징이라 생각된다. 상식적인 리듬에 돌발적인 어떤 요소를 가미해서 참신성과 시각적인 느낌을 환기시키고 있다.(사진 7)에서처럼 왼쪽에 불거져나온 마른 가지 하나가 조형적 아름다움을 연출하고 있는 것이 또한 소나무의 멋이다. 같은 경우에는 용트림이 사방을 흔들고 한쪽엔 직선의 강인함이 대비를 이루고 있다. 소나무가 갖고 있는 남성적이고 직선적 요소와 여성적 유연성이 공존함으로 해서 완결미를 높이고 있다.

사진 12. 화엄사 길

사진 13. 진안 장수

전술한 대로 경주지역으로 분포된 안강송(사진 8)은 그대로 살아 있는 유기체의 형상이지 나무의 그것이 아니다. 경주 남산 아래쪽에서 벌이고 있는 나무들의 춤마당에 서 있었던 기억이 새롭다. 그곳 소나무들의 조형적인 멋은 예측할 수 없는 어떤 자유로움으로 우리에게 다가오고 있다. 그곳에서 감포 해변을 따라 부산에 이르는 동안에는 경상도 사투리처럼 억세고 강인한 해송들의 검푸른 색채들과 만나게 되는데 억세고 도전적인 해송의 멋은 바다 사나이를 연상하게 된다.(사진 9) 이 나무 사이에서 보이는 형태 외에 공간의 선들은 확실한 맺고 끊음의 조형성을 보여주고 있다.

같은 곰솔(해송)이면서 제주대학 뒤쪽에 서 있는 거목(사진 10)은 수직적인 위엄과 양적인 무게를 느끼게 하며 우람한 멋을 뽐내고 있다. 섬 특유의 넉넉한 토양과 습도 때문인지 검푸른 나무기둥은 해송에서는 보기 드문 살집을 간직하고 있다. (사진 11)의 해남 장군송은 그 별명만큼이나 당당한 모습으로 하늘을 끌어안고 있다. 성을 지키는 장군의 모습으로 해서 일명 장군송으로 불려지고 있어 소나무의 다양한 면모를 거침없이 보여주고 있는 것이다.

(사진 12)이나 (사진 13)에서 보여지고 있는 지그재그의 특성과 멋 또는 S字형으로 춤추는 모습의 소나무는 누가 뭐라 해도 소나무 특유의 조형성을 대표하는 멋이라 할 수밖에 없다. 소나무의 멋은 한마디로 말할 수 없는 다양성, 남성과 여성적인 조화, 긴장과 여유, 사나움과 정말로 부드러운 아름다움을 두루 갖춘 한국적인 풍류에 걸맞는 인격체로 말해야 될 것 같다.

김경인은 개인전 6회와 쌍파울로 국제 비엔날레(브라질), 카뉴 국제 회화제(프랑스), 현대미술초대전(국립현대미술관)에 초대되어 참여하였고, 제6회 이중섭 미술상을 수상하였다. 현재 인하대 학교 사범대학 교수로 후진을 양성하고 있다.

고향의 산과 숲 그리고 초가

임 무 상

금수강산인 우리 나라는 어느 지방이고 산자수려함이 아닌 곳이 없지만 내 고향 문경(聞慶)은 다른 지방보다 산과 계곡이 많아 숲이 좋고 물이 맑아 자랑할 곳이 많은 청정지역이다. 백두산에서 지리산까지 백두대간(白頭大幹)이 태백산과 소백산을 거쳐 문경땅을 에워싸며 동북쪽에서 서남쪽으로 지나면서 충청북도와 도계를 이루는 곳이다. 일반적으로 타지역에 비해 험준한 산세가 많아 그 장엄함이 이를 데 없으며 문경의 진산(鎭山)인 주흘산(主屹山)을 중심으로 명산대찰이 많은데다 고을마다 비경의 계곡들이 산재해 있어 예로부터 문경팔경(聞慶八景)이라 일컬었다 .

반세기 전만 해도 입산금지, 산림녹화, 산불조심 등 팻말이 산 입구마다 세워져 있었고 지방마다 구호를 내걸 만큼 대부분 산림들이 황폐하여 벌거벗은 민둥산들을 어디서나 쉽게 볼 수 있어 홍수와 토사유출의 위험이 늘 도사리고 있었다. 아마도 지난 일제 36년간 산림보호가 제대로 이루어졌을리 만무하고 당시 대부분의 농촌에서는 땔감을 목적으로 마구잡이로 베어냈던 것이 가장 큰 원인일 것이다. 또한 유일한 건축자재인 목재를 채취하기 위해 벌목이 성행했던 것 역시 이유 중의 하나일 것이라는 생각이 든다. 얼마 전 민통선 근방을 다녀올 기회가 있었는데 북쪽지역은 산림들이 거의 훼손되어 벌거벗은 산들이 을씨년스럽게 널려 있는 것을 보았다. 경제적 어려움으로 녹화사업마저 방치해 두는구나 하는 안타까운 현장을 보고 나니 마음이 무거웠다. 당시 우리 대부분의 산들이 오늘날 북한지역처럼 붉은 살을 드러내고 있었는데 산업사회로 접어들면서 급속한 경제 성장으로 지난 30년 동안 숲이 보호받게 되었고 지금은 전 국토가 녹지대를 방불케 할만큼 삼림(森林)이 우거져 있음을 보고 격세지감을 느낀다.

예로부터 문경지방은 산이 높고 골이 깊어 어느 지방보다 숲과 나무들이 비교적 잘 보호되어 있었다. 주요 산들과 명승지를 살펴보면 문경에서 제일 높은 1,162미터의 문수봉(文殊峰)을 비롯해서 으뜸산인 대미산(大美山), 문경의 진산인 주흘산(主屹山)이 북쪽 뒷편에 높이 솟아 문경읍을 감싸고 있다. 제 3관문이 있는 조령산(鳥嶺山)으로 달리면 주흘산과의 사이에 경상북도 새재 도립공원이 있다.

문경새재는 조선시대 한양과 영남을 잇는 가장 큰 관문으로서 주흘관(主屹關), 조곡관(鳥谷關), 조령관(鳥嶺關) 등 세 개의 관문이 있어 유서 깊은 새재 길을 찾는 사람들의 발길이 오늘도 끊이지 않고 있다. 숲이 좋아 새들의 서식지요, 자연 그대로의 암반 위로 옥구슬처럼 흐르는 계곡 물소리를 음미하며 소나무숲 터널이 이어지는 산책로를 따라 두어 시간 걷노라면 지난날 과거보러 한양으로 떠나던 선

그림 1. 린(隣)-곡선미학. 158x123cm, 1998년 작

비님네들의 심경을 조금은 교감할 수 있을 것이다.

제 2관문인 조곡관을 지나 약 500미터 지점에 가면 '문경새재 아리랑비'가 있다.

문경새재 물박달나무
홍두깨 방망이로 다 나간다

(후렴)아리랑 아리랑 아라리요
아리랑 고개를 넘어간다

홍두깨 방망이 팔자 좋아
큰 애기 손질에 놀아난다
문경새재 넘어갈 제
구비야 구비야 눈물이 난다

이러한 노랫말이 문경아리랑이다.

옛날 이곳에 터를 잡고 살았던 사람들의 애환과, 새재를 넘나들었던 많은 이들의 사연을 엿볼 수 있게 된다. 또한 새재의 명물 태조왕건 야외셋트장이 제 1관문 주흘관 뒷편에 자리하고 있는데다 얼마 전 대규모 문경종합유황온천장이 개발되어 다목적 휴양도시로 발돋움하게 되었다. 주말에는 전국에서 몰려드는 많은 관광객들이 북새통을 이루어 새로운 관광명소로 각광을 받고 있다. 조령산에서 뻗은 이우리재(梨花嶺)는 재작년 터널을 뚫기 전까지만 해도 고향을 찾는 유일한 교통로였다. 깎아지른 절벽에다 경사진 고갯길을 굽이굽이 몇 굽이를 돌아 오르내리며 얼마나 많은 날들을 마음 조리며 설렜던가. 도계(道界)가

아리랑 아리랑 아라리오 아리랑 고개로 넘어
간다 문경새재 물박달나무 홍두깨 방망이로
다나간다 문경아리랑 일부를 적다

그림 2. 문경아리랑. 64X48cm, 1998년 작

있는 고개 마루턱 이화령휴게소에 이르러 따끈한 차 한잔 나누노라면 안개는 자욱히 산허리에 피어오르고 발아래 아스라이 펼쳐지는 진풍경에 절로 감흥이 인다.

　　이화령 목덜미에 앉고 보면
　　세상은 아득히 멀고
　　구름은 다가와서 오라고 손짓하네
　　바람은 잠시 왔다가
　　소쩍새 한 마리 몰고 간다.

　이우리재 연봉인 백화산(白華山)에서 이어지는 희양산(曦陽山) 아래는 신라시대 구산선문(九山禪門) 중의 하나인 봉암사(奉巖寺)가 자리하고 있다. 다시 장성봉(長成峰)에서 가은(加恩) 대야산(大耶山), 조항산(鳥項山), 청화산(靑華山)이 이어지며 곧장 능선을 따라가면 속리산에 이른다. 넓디 넓은 거대한 암석들

을 다듬어 놓은 듯 자연스럽게 포개진 하얀 암반들이 절묘한 모양을 이루고 있는 사이로 수정 같은 옥계수가 흐르는 아름다운 선유동계곡(仙遊洞溪谷·가은읍 완장리 소재)의 아홉 구비마다 우거진 숲이 절경을 이룬다. 대야산의 빼어난 풍광과 어우러진 용추계곡(龍湫溪谷)을 비롯해서 병풍처럼 둘러 친 층암절벽과 청류수가 빚어 만든 기암괴석으로 어우러진 쌍룡계곡(雙龍溪谷·농암면 내서리 소재)은 보는 이로 하여금 절로 감탄사가 나온다.

　호계(虎溪)와 마성(麻城)의 경계를 이루는 오정산(烏井山)에서 동북쪽 방향으로 이어지는 연봉인 배나무산(일명 仙岩山)은 내가 태어난 고향마을 바로 뒤쪽에 위치하여 가장 가까이서 마주하는 명산이다. 산봉우리가 오목하게 파여 있어 아주 오랜 옛날 천지개벽이 있었는데 사람들이 배를 타고 이곳으로 넘어왔다고 해서 월주산(越舟山)이라고 부르는 이도

36

그림 3. 고향으로 가는 길(이화령), 94x70cm, 1991년 작

있다. 문경읍과 산북면을 경계하면서 운달산(雲達山)과 단산(檀山)이 달리고 있고 동로면 쪽으로 뻗은 공덕산(功德山·일명 四佛山)과 천주산(天柱山)이 솟구쳐 있으며 예천군 접경인 동로 황장산(黃腸山)에서 매봉, 국사봉(國師峰)으로 이어진다. 남으로는 상주시와 경계를 이루는 작약산(芍藥山), 어룡산(魚龍山) 봉우리로 이어지면서 끝난 지점에 경북 팔경 중의 하나인 진남교반이 있다.

임진왜란 당시 격전지였던 고모산성(姑母山城)이 숲속에 파묻혀 의연하고 산성 중턱에서 내려 쏟는 인공폭포와 굽이진 강폭을 가로지른 백색교반이 근사하게 어우러지지만 건너편 강변 노송 군락이 고색창연한 팔각정 누각과 조화를 이뤄 진남유원지의 진수를 만끽케 한다. 이 외에도 지산맥(支山脈)의 발달로 수많은 크고 작은 산들이 이어지고 아름다운 계곡과 천연 숲이 어우러져 많은 경승지와 휴식처가 있는 고장이 문경이다. 그 중에도 내가 태어나고 유년시절을 보냈던 내고향 읍실(문경군 산북면 우곡1리)은 문경땅에서도 보기 드문 오지마을이다. 사방이 산으로 둘러쳐 있고 하늘만 빼곰이 뚫린 전형적인 산촌(山村)이다. 숲과 나무를 벗하며 자란터라 도무지 세

그림 4. 고향집. 37x46cm, 1993년 작

상 밖의 물정을 담쌓고 살았다.

지금은 길도 넓히고 시멘트로 포장도 했지만 당시에는 신작로에서 오리 길을 산 계곡을 따라 거슬러 올라가야 우리 마을이 있었으니 말이다. 가끔 산에 올라 주변 풍광을 보노라면 온통 산들만 겹겹이 쌓여 있을 뿐 저 멀리 산 계곡 사이로 빚어나는 이목정(梨木亭) 들녘이 평지를 볼 수 있는 유일한 풍경이었다.

워낙 첩첩산중에 있는 마을이라 한국전쟁통에도 패잔병 두 명이 길을 잘못 들어 우리 마을을 거쳐 지나갈 정도로 사람 왕래가 뜸해 당시 대처 사람들이 전쟁을 피해 모여드는 유일한 피난처이기도 했다. 옹기종기 모여 정답게 부락을 이루고 사는 초가들이 숲 속에 쌓여 한 폭의 그림 같은 아름다움을 연출하고 있었다.

지금도 눈감으면 그때 고향의 아련한 추억들이 떠오르고 눈물이 날 정도로 찡해온다. 방문을 열면 메캐한 메주 내음이 코를 찌르지만 그래도 싫지 않은 곳, 하늘만 보는 초가지붕에는 박넝쿨이 주렁주렁 매달리고 뒷뜰엔 붉은 감이 탐스럽게 열릴 때면 추수가 끝나 앞마당에 노적가리가 가지런히 쌓이는 그 곳, 아직도 그 애틋한 고향집을 생각하면 가슴이 뭉클해진다. 구수한 된장찌개, 고추장 맛, 김치 깍두기 어느 하나 고향의 맛과 정취가 아니 깃든 곳 없으며 내 놀던 그 곳은 마음놓고 숨을 쉬어도 물을 마셔도 좋은 곳이었다.

1970년대 초에 일기 시작한 농촌 새마을 운동으로 초가는 자취를 감추고 시멘트 블록에다 슬레이트가 등장하고 갖가지 도료로 페인트칠이 난무하더니 급기야는 땅을 팽개치고 도회지로 떠난 사람들, 묵정밭 일굴 젊은이들은 찾아보기 드물고 고향엔 노인들만 남아 빈 집을 쓸쓸히 지키고 있을 뿐이다. 옛 정취는 간데 없고 금세 유령이라도 나올 듯한 텅빈 집들이 그대로 방치된 채 삭막한 분위기로 탈바꿈하고 말았으니 분명 내 고향은 아니었다. 지

난날 따뜻했던 고향의 온정은 찾아볼 수 없고 잡초만 무성하니 세월의 무상함을 절감케 한다.

우리 나라 지형엔 두리뭉실하고 납작한 초가 모양이나 기와 형태의 곡선이 건축 양식에 제격이다. 특히 우리 민족은 오랫동안 곡선문화권 손에 동화되어 익숙해 있는 것 또한 사실이다. 곡선은 원융무애(圓融無碍)하여 하나가 모두요, 모두가 하나됨을 뜻한다. 직선(直線)은 목적을 나타내지만 곡선(曲線)은 목적이면서도 목적이 아님을 나타낸다. 분명히 동양인의 선(禪)사상에서는 곡선이나 원(圓)은 양보이고 자기 해방으로 이해된다. 우리 민족 고유의 이웃(隣)사랑이 다른 민족과는 사뭇 다르게 나타나는 것이 특징이다. 따라서 곡선문화(曲線文化)와 공동체의식(共同體意識)이라는 우리다운 정체성을 낳게 된 것은 결코 우연한 일은아닐 것이다.

오늘날 무분별하게 범람하는 콘크리트 문화를 가져 온 직접적인 원인은 직선 문화인 서구문화를 여과 없이 받아들인데 있다. 가는 곳마다 서구식 건축양식을 그대로 본따 옮겨놓거나 볼썽사나운 건축물들이 난립하고 있으니 갓 쓰고 양복 입은 격이랄까. 우리 문화의 정체성 부재의 한 단면이라고 볼 수 있다. 나라마다 그 민족의 고유한 문화가 있어 이를 계승 발전시키는 것이 옳은 일이요, 바람직한 일일 것이다. 그럼에도 불구하고 오늘날 급격히 밀려오는 서구문화의 유입으로 의식구조는 서서히 외세에 잠식되어 분명히 생활에 편리함을 느끼고 물질적 풍요를 가져왔지만 반면에 정신적 결핍과 갈등, 모순으로 이어져 급기야는 이기주의, 개인주의 팽배로 정서는 메마르고 감성마저 고갈되어 비정한 사회로 추락하고 만 것이다. 이리하여 우리의 전통문화는 서서히 퇴색되고 국적 없는 문화가 판을 치고 있는 것이 현실이다.

그림 5. Rhin(隣)-Old feeling. 63x51cm, 1999년 작

'초가문화(草家文化)는 자연(自然)과 인간(人間)의 축제적 만남이다. 그것은 대우주(大宇宙)와 소우주(小宇宙)의 대 합창이었다. 인간을 자연 속으로 끌어드리며 자연을 인간에게 와닿게 하여 천지인합일(天地人合一)의 인문주의 세계를 열어 놓게 하였다'라고 많은 식자층에서는 초가문화를 예찬하고 있다. 현대 건축가 프랑크로이드라이트는 '건축은 절대로 자연의 의지를 거슬러서는 안 된다'고 말하면서 당대의 많은 건축가들이 즐겼던 수직선 양식을 포기하고 시종일관 수평선을 그의 건축에 적용했다. 다시 말해서 우뚝 솟은 수직적인 조형이 아니라 납작형 건축이며 다름 아닌 우

그림 6. 린(隣)-설야. 61x52cm, 1999년 작

리 전통 건축양식과 맥을 같이 한다고 볼 수 있다. 일본학자 야나기(柳宗悅)는 한국의 초가집 모양에서 조선시대의 백자(白磁)에서처럼 후덕한 모성애와 평화를 느낀다고 했던 것이다. 이처럼 우리의 초가문화는 과학적이고 합리적이며 자연 친화적임을 입증하고도 남음이 있다. 초가(草家)는 자연과 인간을 조화시키려 했던 조상들의 지혜와 영혼이 스며 있는 우리 민족의 진면목임에는 아무도 부인 못할 것이다. 우리 것에 대한 우수성과 소중함을 알고 잘 보존해야 함에도 불구하고 마구버리는 작금의 풍토 때문에 초가마을은 이제 거의 찾아볼 수 없어 참으로 안타까움을 금할 길 없다.

유년시절 산에 오를 때마다 가장 정답게 다가서는 산이 있었다. 동쪽으로는 천주산이 하늘을 찌를 듯 우뚝 솟아 있고 서북쪽으로는 배나무산, 북쪽으로는 운달산, 동북쪽으로는 공덕산이 파노라마처럼 펼쳐 온다. 그 위대한 자연 앞에 호연지기(浩然之氣)를 기르며 교감했던 형언할 수 없는 벅찬 감동이 아직도 오롯이 밀려오는 듯 하다.

운달산 아래 내가 다녔던 초등학교가 있었는데 이름하여 김룡국민학교다. 고찰 김룡사(金龍寺)와 이웃하고 있어 붙여진 이름이다. '엄연히 높이 솟은 운달산 아래~' 이렇게 시작되는 교가가 아직도 귓전에 메아리쳐 온다. 이농(離農)현상으로 수용할 학생수가 급격히 줄어서 60여 년의 역사를 뒤로 하고 연전에 폐교의 비운을 맞았다는 소식을 전해 듣고 만감이 교차하는 아쉬움이 남는다. 빽빽이 들어선 활엽수 원시림이 하늘을 가리고 전나무 숲과 서어나무 군락지가 꽉 들어찬 운달산(雲達山)은 포근한 느낌이 드는 신비로운 산이다. 특히 신라 진평왕 10년(서기 588년) 운달 조사가 창건한 김룡사(金龍寺)는 많은 고승대덕(高僧大德)을 배출한 유서 깊은 고찰이다.

일주문을 지나 운달산 등산로로 접어들어 화장암 암자길을 따라 오르면 능선과 계곡 쪽으로 갈라지는데 능선을 타고 50분쯤 더 오르면 금선대를 만난다. 이 암자는 한국전쟁 당시 소위 빨치산들의 근거지가 되었던 후미진 곳이다. 다시 40여분 올라야 운달산 정상과 마주하게 되는데 이곳은 세상과는 아득히 멀고 탈속한 도사들만이 기거할 것만 같은 변방이었다. 문득 당(唐)나라 시인 이백(李白)의 '도사(道士)를 찾아' 중에서 몇 구절 떠오른다.

群峭碧摩天　군초벽마천
逍遙不記年　소요불기년
撥雲尋古道　발운심고도
倚樹聽流泉　의수청류천

봉우리들은 하늘에 치솟고
도사는 햇수를 모르고 산다.
구름을 헤쳐 길을 찾아 가다가
나무에 기대어 숨돌리며 듣는 샘물소리

계곡 물이 차가와 냉골로 불리며 빽빽이 들어선 전나무 숲으로 뒤덮여 태고적 신비를 고스란히 간직하고 있는 운달계곡(雲達溪谷)은 여름철 관광객이 즐겨 찾는 명소이기도 하다. 이곳에 서면 한 여름에도 냉기를 느낄 정도로 자연 피서지로서는 일품이다. 계곡의 비경과 울창한 원시림 그리고 고찰 김룡사는 운달산의 자랑이라 하겠다. 신라 진평왕 9년(587년)에 창건된 공덕산 대승사(大乘寺) 또한 고승대덕을 배출하였으며 1400여 년의 역사를 지켜오고 있다.

연전에 열반하신 성철(性徹) 큰스님이 득도하실 때 장좌불와(長座不臥)를 한 곳으로 잘 알려진 가람이기도 하다. 아름드리 전나무숲과 낙엽송으로 조성된 경내 입구부터 천년 고찰의 장엄함을 새삼 느끼게 한다. 공덕산(功

그림 7. 산사람들. 123x120cm, 1993년 작

德山) 고지 남쪽으로 내려가면 공덕산을 사불
산(四佛山)이라고 부르게 한 사불암이 있고
서쪽으로 계속 능선을 타면 묘적암이라는 조
그마한 암자쪽으로 내려갈 수 있으나 서북쪽
에 형성된 암벽들이 천길 낭떠러지로 이어지
고 있기 때문에 매우 위험한 곳이기도 하다.
  옛날 해인사 대화재 때 이곳에 머물던 사명대
사께서 상추로 물을 뿌려 비를 만들어 불을 껐

다는 일화가 전해오기도 한다. 사불암에서 내
려서면 바로 아래 비구니스님들의 수도도량
인 윤필암이 자리하고 있다. 하늘을 가리는 참
나무와 소나무 숲이 우거진 초입에 들어서면
기화요초 만발하고 뜰 앞 연못에는 비단잉어
들이 노닐고 잘 꾸며진 도량과 주변 경관이 어
우러져 찾는 이로 하여금 신비로움을 더해준
다. 특히 맞은편 바위 위엔 사불전(四佛殿)이

그림 8. 해질 녘. 64x83cm, 1993년 작

눈길을 끄는데 단배에 불상은 보이지 않고 창밖 사불산을 향해 예불을 드리는 것이 특징이다. 삼라만상이 부처님 아님이 없음을 일깨워주는 한 방편으로 여겨진다. 얼마 전 몇 분의 중견화가들이 이곳을 다녀와 운필암을 주제로 그림을 그려 학고제에서 작품을 발표한 적이 있는데 그만큼 유서 깊고 그윽한 수도처이기도 하다.

마지막으로 천주산(天柱山)은 하늘을 받쳤으니 곧 천주라는 이름을 가진 산으로 우뚝 기둥처럼 솟아 보이는 산이다. 또 이 산은 멀리서 보면 마치 큰 붕어가 입을 벌리고 하늘을 쳐다보고 있는 것 같다고 해서 일명 붕어산이라고 하는데 근처 농업용수로 사용되는 담수호인 경천호와 어우러져 경관이 수려하고 힘차고 생기 넘치는 산이다. 남동쪽에 위치한 천주마을을 비롯해서 주변 부락에는 노송 군락지가 잘 조성되어 농촌의 운치를 한층 더해준다. 천주에서 975번 도로를 따라 북쪽으로 약 1킬로미터 더 올라가면 천주사(天柱寺) 입구가 있다. 이 절 역시 신라 진평왕 때 무념(無念) 대사가 대승사와 같은 해에 창건한 큰 사찰이었다고 전하나 지금 사적은 없는데 고종 43년(1906) 이곳에 은신했던 의병들을 쫓아온 일본군 헌병들이 불태웠다고 전한다.

내 고향은 산이 맑고 물이 좋아 어딜 가도 울창한 숲과 어우러져 마을을 이루고 있어 소위 심산유곡(深山幽谷)의 청정한 고장이라고 하겠다.

고을마다 숲과 나무들이 조화를 이루고 옹기종기 모여 살던 초가의 정경이 우리네 고향 마을이 아니런가. 정서가 메말라 가고 있는 요즘 고향은 우리 마음 속에 늘 따뜻하게 다가온다. 돌아보면 굽이굽이 한 서린 우리 겨레의 애환과 희로애락이 스며 있는 삶의 터전이었고 소박하고 넉넉한 인정이 녹아 내리는 고향의 정취야말로 영원한 우리의 안식처인 것이다.

이토록 고향의 풍광에 심취되어 마냥 좋아하고 예찬하며 고향에 대한 연민의 정이 남달랐기에 오늘날까지 미련을 버리지 못하는 것은 숲과 나무들과 더불어 길러 온 인성 덕분이 아닌가 싶다. 숲과 나무들에 대한 애정만큼이나 애틋하게 스며오는 그리움이나 정념은 생각할수록 절실하게 다가오는 그 무엇인 까닭에 내가 태어난 고향마을의 초가(草家)를 모티브로 하여 빚어내는 내 작업에서 잃어버린 향수를 되찾고 이웃 사랑을 함께 나누며 우리다운 맛과 빛깔이 어우러져 내가 추구하는 한국성이즘이 조금이라도 빚어 나올 수 있다면 더 이상 바램이 없겠다.

2001년 7월 14일
남양주 작업실에서

임무상(林茂相)은 개인전 6회 (롯데 미술관, 서울 갤러리, 동덕아트갤러리 외)와 독도사랑전 초대 (서울 갤러리), 청담미술제 초대(조선 화랑), 명동에의 초대(명동 화랑), 한국현대작가전 초대(열린미술마당 솔), 2001한국미술대작전(예술의전당 미술관), 한국미술강화전 초대(심은미술관), 한국미술세계화전(LA, New York, Paris), 한국현대미술뉴욕초대전(New York Noho Gallery)에 참가했다. 현재는 한국전업미술가협회 부이사장을 맡고 있다.

미술에서의 숲과 나무

백 범 영

그림 1. 우후동천. 56x77cm, 2000년 작

어떤 예술도 마찬가지겠지만 미술은 자연과 밀접한 관계를 갖고 있다. 울창한 숲과 기암괴석, 그리고 누각, 그 속에 뛰노는 서수길금(瑞獸吉禽). 이것은 우리의 옛 그림에서 흔히 볼 수 있는 정경이다. 그림을 통해 본 선인(先人)들의 자연사랑은 유달랐다. 심산(深山)의 계류(溪流)와 아름드리 고목(古木)이 어우러진 자연 속에서 유유자적(悠悠自適)하는 선인들의 아취(雅趣)와 풍모(風貌)는 오늘날에도 충분히 본받을 만한 것이다. 대지(大地)의 기운을 받고 자라난 나무가 모여 숲을 이루고 그 숲이 대지를 감싸며 그 속에서 각종 동물들이 산다. 인간은 이러한 자연의 혜택을 누리면서 정신적 풍요를 누리고 있다. 조화로운 자연

의 정취(情趣)는 조형언어로 표현할 만한 가치가 있음은 새삼 얘기할 필요가 없다. 형호(荊浩)의 필법기(筆法記)를 보면 다음과 같은 구절이 있다.

태행산에 넓은 골이 있는데 그 사이의 몇 두렁 밭을 내가 항상 갈아먹고 살았다. 하루는 신정산에 올라 사방을 바라보다가 돌아오는 길에 큰 바위문을 비집고 들어갔다. 이끼 낀 오솔길에 맑은 물, 괴이한 돌과 상서로운 안개에 이끌려 홀리듯 들어가 보니 모두 오래 묵은 소나무였다. 그 중 유독 큰 아름드리 소나무 하나가 늙고 푸른 이끼가 낀 껍질이 나래를 펴듯이 하늘을 덮어 규룡의 모습을 하고 구름과 은하수에 닿을 듯 하였다. 숲을 이룬 나무들은 상쾌한 기운이 드리워져 있고 그러지 못한 나무들은 마디마디를 감싸고 스스로 굽어 있었다. 혹은 굽은 뿌리가 땅으로 나와 있고 혹은 비스듬히 누워 물살을 막고 있다. 계곡 낭떠러지에 걸려 있는 것은 이끼가 벗겨지고 돌을 가르고 있다. 그 기이함에 놀라 두루 감상하였다. 다음 날 붓을 갖고 다시 가서 수만 장을 그렸는데 비로소 그 참모습과 같았다. (太行山有洪谷, 其間數畝之田, 吾常耕而食之. 有日登神鉦山四望, 迹入大巖扉, 苔徑露水, 怪石祥煙, 疾進其處, 皆古松也. 中獨圍大者, 皮老蒼蘚, 翔鱗乘空, 蟠虬之勢, 欲附雲漢. 成林者, 爽氣

그림 2. 반용. 46x56cm, 2001년 작

重榮, 不能者, 抱節自屈. 或廻根出土, 或偃截巨流. 掛岸盤溪, 披苔裂石. 因警其異, 遍之賞之. 明日携筆復就寫之, 凡數萬本, 方如其眞)

　이렇듯 선인들은 자연 속에서 거닐면서 무한한 상상력과 모티브(motive)를 얻고 자연 그 자체를 그림으로 그리면서 예술적 흥취를 누렸던 것이다. 그러한 방법과 과정은 오늘날에도 큰 변화가 없는 듯 하다. 나무는 자연의 바로미터(barometer)이다. 자연의 주변조건이나 변화과정을 그대로 간직하는 것이 나무이다. 뜨거운 햇볕과 세찬 비바람, 찬서리와 눈보라를 묵묵히 겪으면서 하늘을 향해 꿈틀거리는 것이 나무이다. 사람들이 손만 대지 않는다면 시공(時空)의 변화를 온몸으로 받아들이고 고스란히 보존하는 것이 나무이다. 또 나무는 사람의 심성을 키우는 존재이다. 성인현

자(聖人賢者)들이 살고 이상(理想)을 닦던 터에는 흔히 큰 나무들이 있는 것을 본다. 청풍명월(淸風明月)이 드는 나무 아래에서 고상한 표정으로 사색하며, 낙엽으로 묻힌 뜰을 거닐면서 우주의 섭리(攝理)를 천착(穿鑿)했음을 짐작할 수 있다. 시공의 변화를 감내(堪耐)한 나무를 보면서 먼 훗날의 오늘을 감지(感知)하였을 것이다.
　나무는 또 미술의 주제나 소재로서도 중요한 존재이다. 자연의 상징으로서나 성현들의 표상(表象)으로서 충분한 모티브가 되는 것이다. 동양화 교과서인 개자원화전(芥子園畵傳)에서는 첫 항목이 수보(樹譜)이다. 그 첫 구절에 '산수화를 그리려면 반드시 먼저 나무를 그리고 나무는 반드시 줄기를 먼저 그린다. 줄기를 세우고 점을 찍으면 무성한 숲이 되고 가지를 덧붙이면 고목(枯木)이 된다. 처음 몇 붓질

그림 3. 북한산 소견. 100x133cm, 1998년 작

이 가장 어렵다.(畵山水必先畵樹, 樹必先幹. 幹立加點則成茂林, 增枝則爲枯樹. 下手數筆最難)'라고 하였다.

나무는 숲이 존재하기 위한 전제조건이 된다. 자연을 이해하기 위해서는 나무부터 살펴볼 일이다. 나무를 보면 자연의 조건과 골격(骨格), 정취를 맛볼 수 있을 것이다. 전술(前述)한 상징으로서 나무를 그린다면 작품의 나무는 그 원형질로 환원되는 것이다. 게다가 예술적 상상력이 가미(加味)되어 새로운 존재로 탄생한다. 구불구불 휘어진 고송(古松), 폭우에 뿌리를 드러낸 계곡의 거목(巨木), 개울가의 꺾어진 버드나무, 오래 묵은 동구 밖 느티나무, 담장 옆의 향나무, 향교(鄕校)나 서원(書院)의 은행나무. 이런 나무들은 나름대로 삶의 역정(歷程)과 보편적인 정서도 있겠거니와 예술적 흥취도 지니고 있는 것이다. 이런 보물들을 보게 되면 무심결에 스케치북을 꺼내는 사람이 비단 나만이 아니리라.

나무가 무성한 곳을 숲이라고 한다. 숲은 나무들이 이루어 낸 집합체이다. 나무가 숲은 아니다. 숲은 나무와 나무 사이의 공간이다. 숲이 숲으로 존재하기 위해서는 그 공간에 뛰노는 동물이 살아야 한다. 동물이 없는 숲은 생각할 수도 없다. 인간도 그 속에 있어야 하지 않을까. 숲으로 난 오솔길을 따라가다 보면 산짐승들의 생활 흔적을 볼 수 있고, 산새들의 지저귀는 소리를 들을 수 있다. 발걸음을 멈추고 허리를 구부리면 이름 모를 야생화가 지천에 피어 있고, 귀를 기울이면 풀벌레의 사랑노래가 교향곡을 이룬다.

그것뿐이랴. 태고적부터 솟아오르는 샘물과 물줄기를 이룬 계곡, 오랜 세월 풍상(風霜)을 겪은 바위에 걸터앉으면 시원한 바람이 불어와 삶의 고뇌(苦惱)가 한꺼번에 날아가 버리는 듯 한다. 서울에서만 하더라도 도심(都心)의 비원(秘苑)과 종묘(宗廟), 남산(南山), 북

그림 4. 새봄. 59.5x37cm, 2000년 작

한산(北漢山), 도봉산(道峰山), 관악산(冠岳山) 등이 있고, 변두리의 각 능원(陵園)과 광릉수목원(光陵樹木園)이 있다. 그리고 안면도 소나무숲, 함양 상림(上林), 경주의 계림(鷄林) 등 인공조림지, 전국의 각 명산대찰(名山大刹)의 숲 등 멀지 않은 곳에 살아 숨쉬는 숲이 있다.

국토의 70%가 산으로 둘러싸인 한반도의 숲은 우리의 보물이다. 숲 속에서 동식물은 나름대로 치열한 생존경쟁으로 살아갈테지만, 이를 보는 사람들은 무한한 삶의 활력소를 얻는다. 그림을 그리다 보면 막힐 때가 있는데 그때 숲길을 거닐어 보면 화상이 절로 떠오른다. 사람이 숲에게 주는 것은 없어도 숲은 사람에게 한없이 주기만 하는 존재이다. 숲이 주는 그 고마움이야말로 어디에서 대신 얻을 수 있을까.

그림에서는 숲을 '산수화(山水畵)'라는 방식으로 표현하였다. 경제적 숲이나 생태적인 숲의 개념으로서가 아니라 자연(自然)이라는 형이상학적(形而上學的)인 관점이나 문학·철학·예술적 정서나 흥취로서의 작품들이 많다. 특히 무위자연(無爲自然)의 도가적(道家的)인 풍류(風流)를 지향하는 경향이 짙다. 그것은 천인합일(天人合一)의 절대적 이상향(理想鄕)을 직접 체험하고자 하는 것이고 그것을 예술의 형식으로 절차탁마(切磋琢磨)한 것이

그림 5. 5월(五月). 70x138cm, 1997년 작

다. 주제도 다양하고 형식도 천차만별(千差萬別)이다. 일반적인 완상(玩賞)의 산수화에서부터 고전(古典)에서 주제를 빌려온 은일도(隱逸圖), 풍류도(風流圖), 시의도(詩意圖), 팔일도(八逸圖), 부춘산거도(富春山居圖), 죽림칠현도(竹林七賢圖), 서원아집도(西園雅集圖), 추성부의도(秋聲賦意圖), 몽유도원도(夢遊桃源圖), 송하보월도(松下步月圖), 월야산수도(月夜山水圖), 천보구여도(天保九如圖), 세한도(歲寒圖), 소상팔경도(瀟湘八景圖), 사시팔경도(四時八景圖), 강산무진도(江山無盡圖), 한 시대를 풍미(風靡)한 진경산수화(眞景山水畵), 금강산도(金剛山圖), 기록화 성격의 궁궐도(宮闕圖), 국전시대(國展時代)의 실경산수화(實景山水畵)에 이르기까지 무궁무진하다.

형식에서도 일반적인 방형(方形)에서부터 괘축(掛軸), 횡권(橫卷), 원형(圓形), 선면(扇面)의 프레임(frame), 고원(高遠), 평원(平遠), 심원(深遠)의 시점(視點), 청록(靑綠), 금벽(金碧), 금니(金泥)의 채색화(彩色畵), 발묵(潑墨), 파묵(破墨)의 수묵화(水墨畵) 등 다양하다. 자연과 인간의 관계 속에서 파생된 무궁무진한 이야기들을 예술적 성정(性情)으로 표출한 것이 산수화이다.

나무와 숲이 주는 자연의 정취를 환골탈태(換骨奪胎)하여 새롭게 창조한 것이 예술작품이다. 그런데 요즘은 자연의 성취를 흡수한 작품들이 의외로 적은 듯 하다. 그것은 우리가 너무나 쉽게 접할 수 있음에도 불구하고 자연과 괴리(乖離)된 삶을 산 탓이 아닐까. 자연은 미술의 대상 중에 가장 큰 영역을 차지하고 있다.

아무리 기술과 문명이 발전하고 첨단 정보사회로 바뀌어 의식이 변했다고 하나 자연의 공간과 시간적 변화가 이루어내는 세계에는 미치지 못한다. 다만 옛날과 다르게 인간이 자연에 대한 관심을 외면해 버려서 스스로 자연을 알지 못할 뿐이다. 자연을 알지 못하고 스스로 외면한다면 풍부한 예술적 소스(source)

를 어디서 얻을 것인가.

연전(年前)에 여러 화우(畵友)들과 벽화(壁畵)를 그린 적이 있다. 가난한 산동네의 마을 공부방으로 쓰는 허름한 오두막집 벽을 장식할 그림이었다. 주제와 소재를 무엇으로 할까 의논을 하였는데, 어린이들이 꿈과 희망을 가질 수 있고 지나가는 동네 사람들이 보아도 쉽게 이해하고 좋아할 만한 것을 택해야 했다.

여러 의견이 나왔으나 중지(衆志)를 모은 것은 '숲속 풍경'이었다. 울창한 숲 속에 풍성한 열매가 열리고 기화요초(琪花瑤草)에 서수길금(瑞獸吉禽)이 노니는 그림이었다. 우주전쟁과 로봇 그림이 이를 대신할 수 있을까. 꿈과 희망을 심어주고 삶의 활력소를 얻게 하는데 어떠한 그림이 이에 비기랴 싶었다.

일반적인 화가들의 작품에서도 느낄 수 있는 감정이다. 대중들의 가슴 속 깊은 곳에서 솟아오르는 감정이 사라지지 않고 은근히 지속될 때 명품(名品)으로 볼 수 있다. 명품치고 그렇지 않은 작품은 있을까.

지식은 독서를 통해서 획득될 수 있다. 지식은 경제생산요소 중의 하나가 아니라 '유일하게 중요한' 전통적인 생산요소라고 한다. 그림에서의 독서는 여행이다. 여행은 자연을 보는 것이다.

숲과 나무는 자연의 대표적 상징물이다. 자연의 숲과 나무를 보면서 거니는 것은 '유일하게 중요한' 그림의 창작요소라고 할 수 있다. 숲은 생태적 자연공간이라기보다 예술적 문화공간이다.

백범영은 홍익대학교 미술대학 동양화과 및 동 대학원을 졸업하였다. 3회의 개인전을 열었으며 70여 회의 단체전에 참여하였다. 전통수묵화에 깊은 관심을 갖고 연구하며 작품활동을 하고 있다. 현재 용인대학교 예술대학 회화과 교수로 재직하고 있다.

12 노송도 화첩

이 원 좌

우리 나라 사람으로 소나무를 좋아하지 않는 이 없으랴만 몇 백년 또는 천년 노송을 대하면 저절로 소나무의 위엄과 장관스런 자태에 경건한 마음이 솟구치고 긴 세월을 살아온 인고의 세월을 보는 듯 살아 있음이 소중함을 되집어 보게 된다.

나는 그림 그릴 때 쓰는 이름이 '야송(野松)'이라 소나무에 정감이 더 깊은가 보다. 순수한 우리말 '들솔'로 표기하면 더욱 좋겠다는 몇 명의 지우들의 권유가 있긴 했으나 벌써 수십 년째 야송으로 표기해 온 터라 혼란스럽기도 하고 다른 사람으로 착각할 염려도 있어서 그냥 野松으로 쓰고 있다.

1975년 제1회 야송 산수화전(野松 山水畵展)부터 쓰기 시작한 호이고 보니 근 삼십 년 세월이 흐른 셈이다. 그 사이 나도 모르게 들판에 외로이 서 있는 소나무에 매료되어 소나무의 정기를 닮고 싶어하는 그리움도 생긴다.

스케치 여행은 늦가을, 초봄, 겨울철이어야 한다. 나뭇잎이 별로 없어 산의 골격이 확연히

그림 1. 지위신송

보이고 나무들의 골격 또한 뚜렷이 볼 수 있기에 춥기는 해도 겨울 스케치 여행을 즐긴다.

산수화의 주안점은 산이요 강이었기에 산수화라 부르게 된 것은 분명한 일일 것이나 강변의 백사장과 기암괴석의 절묘한 음양의 조화로 화합된 모습, 능선을 사모하듯 계곡따라 끝없이 이어지는 숲이 발휘하는 계절의 노래로 찬란히 빛나는 숲의 향기와 색채, 산 중턱 곳곳에 쭝긋쭝긋 치솟은 암벽 위나 주위에 소나무나 노간주가 수묵화의 탯점으로 강조되는 생동감의 눈길, 산과 계곡을 아우르며 흰 비단 필로 휘감아 선녀들의 길목을 넓히는 물안개, 암벽을 타고 쏟아지는 폭포가 울리는 산울림, 보일 듯 말 듯한 사찰(寺刹)이나 민가 주위에 사람의 그림자가 점경으로 보이는 유연하고도 평화로운 고요한 침묵이 넘쳐흐르는 선경(仙境)이야말로 산수화의 진경(眞景)이리라.

거기 천년노송 주위에 산새나 산짐승 몇 마리 서성거리면 금상첨화라 하겠다. 그래서 산수화는 자연찬미의 그림이요, 산을 의지해 살

아가는 뭇 생명체의 조화로운 화합과 평화를 기원하는 동양철학이 흥건히 밴 그림이라 해야 한다. 곧 요즈음 잘 쓰는 자연친화를 갈구하는 그림이다.

1999년 9월1일부터 10일까지 인사동 갤러리 상에서 야송 회갑전(野松 回甲展)이 있었다. 나는 그림을 어릴 적부터 지금까지 삶의 보람으로 여겨온 터라 조국산천을 아름답게 그리는 일이 지극히 편하고도 즐거운 일이었다. 따라서 전시회는 산수화가 마땅히 주를 이루었다.

그 때 중국 여행 중 세정 허홍렬 선생이 사준화첩에 12노송도(老松圖)와 12 수석도(水石圖)를 발표한 것은 다소 이채로웠다. 스케치 욕심이 남다른 나는 조국강산의 아름다움을 찾아 나서는 날은 학창시절 남몰래 애인을 만나는 날의 신선한 설렘으로 가슴 두근거리던 때와 매번 같았다.

주로 명산대천의 암벽이 많은 산을 찾아 그림의 소재로 삼게 되는데 어딜 가나 소나무는

그림 2. 고창 다북송.

유별나게 내 가슴을 설레게 했으니 어김없이 소나무가 많은 수목 중 두드러지게 표현될 수밖에 없었다.

미술 용어로서 소나무 이외의 나무는 모두 잡목이라고 표현했던 것으로도 선인들은 소나무를 모든 나무 중 으뜸으로 쳤음이 분명하다. 그래서인지 때로는 소나무 한 두 그루만으로 스케치북을 가득 메울 때도 있었다. 들판이나 마을 가까이 천연기념물로 정해진 소나무는 사오백 년의 수령을 자랑하는 지라 나도 모르게 두 손을 모아 합장하고 엄숙한 심회에 젖어 정성껏 스케치하는 것이 버릇으로 이어졌다.

스케치를 마치면 천연기념물인 경우 안내판의 기록을 옮겨 쓰고 그런 표시가 없으면 마을 사람을 찾아서라도 소나무의 이름, 나이, 소나무에 얽힌 이야기를 기록해 둔다. 그리고 반드시 스케치한 날짜와 소감을 간략하게 기록해 두는 것도 잊지 않는다. 웬만한 소나무 스케치는 대략 서너 시간 전후면 족했다.

그러나 경기도 이천군 백사면 사무소에서 그리 멀지 않은 들판에 서 있는 반룡송(蟠龍松)은 얼마나 충격이 심했던지 보는 순간 합장을 함은 버릇이었고 엎드려 큰절을 세 번씩이나 하고서야 스케치에 임했는데 대형 스케치북에 그리기 시작하여 해가 저물어 더 이상 그릴 수 없기에 인근 여관에서 하룻밤을 묵고 그 이튿날 점심 때가 지나서야 사생을 마칠 수 있었다.

이 반룡송이야 말로 세계 제일의 소나무라고 혼자 중얼거릴 수밖에 없었다. 그야말로 용이 꿈틀거리며 하늘을 유유히 나는 모습이라고 해야 할지 그 가지들의 절묘한 구부림은 사람의 생각으로서는 도저히 감당할 수 없는 천지창조의 모습이랄 수밖에 없다. 그저 절로 입이 벌어져 다물어지지 않아 말마저 잊어버리는 환희의 감동만이 전신에 전류로 흐른다.

사람이 만든 공산품은 모양, 크기, 품질 등이 한결 같아야 모두가 믿고 애용하지만 자연인 사람, 짐승, 곤충, 식물, 나무, 물고기, 바위, 자갈 등 지구상에 존재하는 삼라만상의 자연물은 그 종류에서는 비슷비슷할지 모르지만

그림 3. 관동송.

좀더 가까이 다가가 애정 어린 눈빛으로 살피면 삼천만 국민이 단 한 사람도 같은 사람이 없듯이 저 이름 모를 잡초마저도 같은 크기 같은 모양이 없다는 것을 알 때 아름다움을 찾는 마음은 마르지 않는 샘처럼 무한대로 화가들의 가슴 속에서 끝없이 솟아 오르는 것이다. 가령 시중에서 파는 산나물을 말할 때 무조건 취나물이라고 하는데 그 실은 취나물 종류에도 참취, 미역취, 개미취, 곰취, 가세취, 약취 등 10여 가지나 되고 같은 개미취 무리더라도 햇볕, 땅의 조건, 수분, 기후에 따라 그 크기와 색깔, 잎의 상태, 꽃의 질서, 잎가장자리의 톱니 상태 등이 한 포기도 같은 게 없다는 사실을 확인할 때 그 기쁨과 충격은 풀 한 포기만으로도 사람의 온갖 세상사를 모두 표현할 수 있는 세계가 열리는 기쁨을 찾을 것이다. 하물며 우리나라 나무의 대표격인 소나무에 이르면 어떠한가?

일반 사람들은 소나무를 그냥 '잘 생긴 나무구나' 하고 지나치지만 화가들이 무심히 지나치질 못하고 스케치북을 펼쳐 애정 어린 눈빛을 주면 소나무는 드디어 환한 미소로 다가와 소나무가 갖고 있는 온갖 모습을 차례로 보여주어 화가들의 마음을 설레게하며 눈빛은 점점 초롱초롱 빛나서 지구상에 존재하는 그 많고 많은 소나무가 단 한 그루도 같은 모양, 같은 크기, 같은 수령, 같은 가지가 아닌 사람의 얼굴만큼이나 개성이 뚜렷한 존재물이란 것을 확인할 때 다시 한 번 가슴 벅찬 조물주의 참뜻에 놀라지 않을 수 없을 것이다.

사람으로 태어나 살아 있고 이토록 끝없이 넓은 아름다움의 세계가 바로 여기에 있었구나 하고 생각될 때만큼 행복해지는 순간이 또 있을까? 스케치 시간이 깊어갈수록 신명이 더해져서 세월이고 시간이고 나이마저 잊어버리며 피곤마저 가셔버린 무아지경에 이르러 스케치 밀도는 높아지고 드디어 소나무 그림자는 사뿐히 화면에 앉아 준다.

자연상태 그대로 살아 숨쉬는 소나무는 소나무일뿐 그림은 아니다. 스케치북 안에 옮겨 앉은 숨쉬지 못하는 소나무 그림은 화가의 스케치일 수밖에 없다. 따라서 스케치된 소나무

그림 4. 무실 노송군.

는 그 순간부터 보관 여하에 따라 천년세월을 두고 살아 있는 듯한 소나무의 그림자이며 그 그림을 그린 사람의 혼이요 노력이요 문화로 이어진다. 소나무를 십장생(十長生)의 으뜸으로 치지만 보통 육칠백 년 전후로 고사하고 더러는 천년을 넘게 사는 소나무가 있기는 하지만 생자필멸의 자연법칙에서 소나무라고 예외일 수는 없다. 소나무 그림은 처음부터 생명이 없는 소나무 그림자였을 뿐이니 죽은 것이 또 죽지 않듯이 소나무 그림은 세월이 갈수록 찬란한 값어치로 빛을 발하여 그려진 자연 상태의 소나무가 고사한 후에도 그 소나무를 기억하는 인류문화의 꽃송이로 남게 된다.

소나무와 소나무 그림의 차이점은 또 있다. 자연 그대로의 소나무는 이 지구상에 단 한 그루밖에 없다. 그렇지만 소나무를 소재로 해서 그려진 화가들의 그림은 아무리 사람이 많아도 그야말로 천차만별로 다양하다. 작가의 성격과 개성 작품을 완결하는 능력 차이에 따라 그림의 분위기나 발상, 생각, 기법이 천차만별로 다양해서 그림이 같을 수 없으니 그림은 오만가지로 그려진다. 바로 이러한 사람의 인격이나 노력의 정화(精華)가 가감 없이 노출되는 것이 그림이니 그림은 그 사람이 살고 간 흔적으로 남는 유산이며 곧 문화유산이 되는 것이다. 화가들이 바라는 바는 누구도 따를 수 없는 스스로의 체취가 물씬 풍기면서 어느 누구도 지금껏 그리지 못한 문기(文氣) 넘치는 독자적인 또 창조적인 그림을 그려서 후세에까지 사랑 받는 그림이 되는 것이다. 수학이나 과학은 정답이 있지만 예술 특히 미술에는 정답이 없다. 누가 얼마나 긴 세월을 두고 남을 의식하지 않고 신(神)이 이 땅에 자신을 존재하게 한 뜻이 무엇일까를 추스르며 나는 나일 뿐이라는 고집으로 한 삼사십년 정진한다면 어찌 마음과 손에 신기가 내리지 않을 것인가?

12노송도(老松圖)

1. 장군송(將軍松)

울진 불영계곡 논 한가운데 장엄한 자태로 서 있는 장군송은 한국전쟁 당시 어느 장군이

그림 5. 지경송.

그 바쁜 전쟁 중에 나팔수를 불러 주악을 울리고 경배를 드렸다 하여 이후부터 장군송으로 불렀다고 한다. 소나무 상단은 벼락을 맞아 고사했으나 웅장하고 꿋꿋한 기상은 모든 사람의 옷깃을 여미게 한다.

2. 오색송(五色松) – (그림 7)

고등학교 동창 김광진 대장 외 4명과 3박4일간 설악산 종주 등반을 하고 하산 길에 오색약수터로 향했다. 오색 여관에서 하룻밤을 보내고 아침에 일어나 보니 오색약수터의 상징처럼 다섯 그루의 소나무가 마을 한가운데 자랑스럽게 서 있었다. 나무의 색깔도 조금씩 다르고 키도 크기도 조금씩 다르면서 감탄할 만큼 아름답고 훤출한 소나무였다. 그 중 한 그루는 고사하여 껍질이 벗겨져 회색으로 변한 것도 그 골격이 수려해서 인상적이었다.

3. 관동송(官洞松) – (그림 3)

경북 창송군 좌천면 관동의 도로변 밭 한가운데 서 있는 천연기념물 193호로 400년의 수령을 자랑하는 소나무로 왕버들과 나란히 서 있었으나 왕버들은 고사하고 소나무는 아직도 청청한 기상으로 대지와 창공에 학처럼 날개를 펼치고 있어 보는 것만으로도 신령스럽다. 4시간을 밭둑에서 쪼그리고 앉아 고생한 결과 그 가지 뻗음이며 방향을 비교적 자세히 기록으로 남겼기로 화첩에 官洞松의 그림자로 앉게 되었다.

4. 지경송(地境松) – (그림 5)

초등학교시절 지경동 주막거리에는 임자 없는 묘 주변 둘레에 노송 십여 그루가 서 있었다. 매년 시월 시사 때는 李洪佐 차로 성묘를 한다. 저 소나무는 40년 세월이 흐르고 있는데 그 때나 지금이나 모양도 크기도 변함없이 세월의 무상을 솔바람으로 흘려보낸다는 화제가 자필로 쓰여 있다. 홍안이던 내가 백발이 되어도 조금도 변함없는 소나무의 長生에 새삼 놀란다.

5. 석송령(石松靈)

경북 예천군 감천면에 있는 천연기념물 제294호인 이 소나무는 세금을 내는 소나무로 전국민이 거의 다 알고 있다. 신령스러운 소나무. 원줄기보다 옆으로 뻗은 가지가 오히려

그림 6. 처진소나무.

더 웅장하여 위용을 자랑한다. 겨울 폭설의 무게를 이겨야 하는 고로 받침대를 수없이 세웠다. 1992년 12월 8일 영주의 김정오 차로 도착하여 8시간에 걸쳐 정성스럽게 스케치 한 것을 화첩 4폭에 水墨으로 옮겨 그렸다. 땀나는 작업이었다.

6. 북곡송(北谷松)

1992년 청량대운도(淸凉大雲圖:높이 6.5m×길이 4.8m)의 초대형 산수화를 봉화에서 그리고 있을 때 KBS 백제하 PD, MBC 조미희 PD와 함께 청량산 북공 마을에서 현장 스케치 장면을 촬영할 때 마을 언덕 산기슭에 서 있는 신비하고 거대한 소나무는 또한 나를 놀라게 했다. 함께 간 조상재, 임승만, 김정오도 소나무가 어떻게 이렇게 생길 수 있느냐며 놀라워했다. 몇 그루는 이미 고사하여 깨둥거리만이 알 수 없는 멀고 먼 옛날부터 거기 있었다는 세월의 무게와 깊이를 보여주는 듯 했다. 마을 사람들이 복을 빌었던 흔적으로 썩은 새끼줄, 창호지, 색동 헝겊 조각들이 바람에 펄럭이고 있었다.

7. 무실 노송군(老松群) - (그림 4)

안동군 임동면 무실과 박실은 천년세월을 두고 영남의 걸출한 인재를 많이 배출한 마을이었는데 임하댐으로 지금은 그 울울창창하던 마을의 방풍림이었던 노송군과 함께 수장되었다. 그 아쉬움이 어찌 내 마음뿐이겠는가. 안동 MBC 기획 수몰지구의 마지막 여름(김재영 PD)에 수몰되기 몇 달 전 나는 무실의 이 아름다움 소나무 숲을 스케치했다. 소나무는 오래되어도 속이 비지 않는 법인데 이 소나무는 뚫린 구멍 속에 벌집을 지을 정도였다. 특히 꼬불꼬불한 가지는 라면발을 연상할 만큼 기이하여 스케치하는 사이에도 내내 경이로움이 햇살같이 빛났다. 12 노송도 중 먹색이나 붓질에 흐름이 곱고 고르며 티가 없어 비단필을 보는 흥취를 느껴서 아끼는 소나무 그림이다.

8. 처진소나무 - (그림 6)

천연기념물 제295호인 이 소나무는 경북 청

그림 7. 오색송.

도군 매천면 도로가에 홀로 서 있다. 수양버들처럼 소나무 가지가 아래로 휘어져 일명 류송(柳松)이라고도 한단다. 청도 운문사 소나무가 400년 이상의 수령을 자랑하는 신비한 거목인데 비해 이 소나무는 200년 수령이니 증손자쯤의 소나무라고나 할까. 모필을 대담하게 휘둘러 거칠게 그렸다.

9. 고창 다북송-(그림 2)

고창 선운사의 고찰에서 십리쯤 계곡을 쫓아가면 암자가 나오고 거기서부터 기암괴석의 절경이 펼쳐진다. 암자 뒤 거대한 바위에 통째로 새겨진 마애불 앞에는 다북송 두 그루가 극락세계로 들어가는 대문처럼 서 있다. 예측하기 어려운 수령임에도 아직도 싱싱한 다북송 특유의 무수한 가지는 만개한 꽃나무를 맞이하는 기쁨이다. 선운사 삼인리에 위치한 천연기념물 제354호가 수령 600년이라니 아마도 고려말 이 마애불을 조성한 기념으로 심었다면 그보다 수령이 더 될 듯하다. 이 스케치를 할 수 있도록 도와준 배성수, 이창인, 이명임, 유정자의 얼굴이 소나무 그림과 함께 잊혀지지 않는다.

10. 관음송(觀音松)

영월 청령포 단종 유배지 숲 한 가운데에 우뚝 서 있는 소나무로 그 아름다움은 깔끔한 선비가 그림같이 단아하게 서서 하늘을 우러러보는 기상이다. 두 줄기로 크게 치솟은 소나무 사이에 단종이 가끔 걸터앉아 한숨지었다니 500년 가까이 살아온 나무다. 수석人 모임인 한수연우회 회원들과 하계수련회에 참석했을 때 스케치하다.

11. 비봉송(飛鳳松)

풍기군 수흥면 사무소 정원에 분재처럼 천년 세월을 삭히며 땅 바닥에서 겨우 20여 센티미터로 뱀처럼 구불거리며 V자형으로 양쪽으로 큰 가지가 뻗어 있어 봉황새가 하늘에서 땅으로 사뿐히 내려앉는 모습이다. 하도 오래된 소나무라 왼쪽으로 뻗은 원가지는 절반 이상 썩어 있어 시멘트로 땜질하여 보존에 애를 태운 흔적이 애처롭다. 나·당 연합군이 삼국을 통일하자 당나라가 안동도호부(평양), 웅진도호부(공주), 순흥도호부(풍기)를 두었다니 아마도 그 시대에 기념으로 심었다면 천오백년 세월이 흐르고 있는 셈이니 참으로 엄숙한 소나무라 할 것이다. 한진해, 김정오와 점심을 거르면서 스케치하다.

12. 제동 백송(齊洞 白松)

천연기념물 제8호인 재동백송은 서울 종로구 재동 헌법재판소 후원에 옮겨 심어져 있다. 600년 수령이니 거목의 위용은 당연한 놀라움이요 예비군 복장무늬 같은 얼룩 또한 신기하다. 이 소나무 화첩에는 지곡 이석수(芝谷 李錫壽)화백이 깨알같이 단아한 글씨로 12 놋송도(老松圖)마다 화제를 써주었다. 선생은 은행장까지 지내신 분으로 서도에서도 독자적 서체를 이루셨고 화조화로서도 일가를 이룬 조선 선비의 표본 같은 분이었다. 언제 어디서나 잔잔한 미소로써 상대방을 편하게 대하시던 겸양지덕이 몸에 밴 분이었다. 팔순 노구에도 자식 같은 야송(野松)의 청에 친구처럼 대하시던 모습이 지금도 선한데 화제를 쓰신 후 두어달 만에 작고하셨다니 참으로 애절하기만 하다. 선생은 가셔도 이 주옥같은 화제와 낙관에 오늘도 내일도 내 곁에 생생히 살아 있어 그리움을 갈피마다 전한다.

이원좌는 한국현대미술초대전 '91-94(국립현대미술관), 서울 경도 600년 야송화전(예술의 전당)에 작품을 출품했으며 대한민국미술대전 심사위원(1996)을 역임하였다. 현재 겸업작가회 고문으로 활동하고 있다.

곤충을 그리는 내 작업세계

김 진 관

근자의 일이다. 무더운 여름 변산반도 숲 근처로 곤충전문 박사님과 2박3일의 생태학습에 동행을 했다. 고속도로를 2시간 지나 한적한 숲 속의 일부 작은 동산에서 잠깐 쉬어 가게 되었다. 한낮의 뜨거운 열기도 식는 초저녁 무렵이었다. 바람도 신선하게 불고 매미가 앞다투며 구애소리를 목청껏 내고 있었다. 박사님은 일부 카메라와 장비를 들고 "이런 곳에도 곤충들이 많이 있습니다" 하며 작은 야산의 언덕으로 올랐다. 자연생태와 곤충을 주로 그리는 나로서는 박사님의 행동 하나하나 주의 깊게 살펴볼 수밖에 없었다. 나는 여느 때와 동일하게 작은 메모지와 포충망을 들고 따라갔다. 망초가 흐드러지게 핀 산소 작은 주변 이곳 저곳을 살펴보며 곤충에 대한 이야기를 들려주셨다.

놀랍게도 이곳 저곳마다 다양한 곤충들이 많이 서식하고 있었다. 나는 서서히 관찰하기 시작했다. 풀 사이에 줄을 만들어 먹이를 기다리는 무당거미, 사마귀의 당당하고 날카로운 눈매로 자신의 먹이와 본인을 노려보는 모습, 교미하는 풀무치들의 모습 등을 볼 수 있었다. 여기서 나는 생명체들의 신비한 모습을 보면서 이들이 단순한 생물도감의 학습재료가 아닌 것을 느꼈다. 이것은 바로 작은 우주 공간이었다. 불과 서너 평 안되는 작은 공간에도 이처럼 많은 생명체들이 나름대로 삶을 영위하며 종족 번식하려고 애쓰고 있었다. 이것이 우리들의 삶의 이야기며 인생철학이 아니던가. 천하보다 작은 생명체 하나가 소중하다는 말처럼 사고하고 보는 만큼 자연은 우리에게 시사해주는 점이 크다 하겠다.

그림을 그리기 전에 자연을 자세히 관찰하는 태도부터 가져야 한다. 예로부터 동양화가들은 곤충을 소재로 한 그림을 많이 그렸다. 신사임당이 그러하며 변상벽, 김홍도, 정선, 심사정, 남계우 등 많은 화가들이 명품을 남겼다. 이는 동양의 미학을 바탕으로 한 자연과 호흡을 같이 하는 환경 친화적 사랑이다. 사실주의를 바탕으로한 정교한 관찰로 자연을 사생하였으며 한국적 정감 어린 삶을 표현하였던 것이다.

서양의 화가들이 보는 시각이 객관적, 논리적 인간 중심적 시각이었다면 동양화가들의 시각은 다변화였으며 운동의 시각이었다. 곤충의 정지되고 투시된 상태가 아니라 자연변화과정이었다.

나는 작업실에 두 마리의 쥐가 수박을 훔쳐 먹고 있는 정선의 그림 사진을 걸어놓고 있다. 매일 매일 볼 때마다 이 작품에 매력을 느끼는 이유는 물리적, 형식적인 그림이 아니라 순간 순간의 생동력 넘치는 정신성의 묘사력, 실감나는 배치일 것이다. 수박의 과감한 중앙배치와 주변의 들풀 실제 상황 묘사 등은 당시 처절

그림1. 사마귀. 45.5x48.5cm, 1995년 작

그림 2. 부전나비. 46x45cm, 1995년 작

한 삶의 고발일 수도 있다. 이는 뛰어난 사생력을 바탕으로 자연을 얼마만큼 사랑했으며 시간적인 관찰을 했는가를 분명하게 말해주고 있다.

우리 나라는 산업사회로 들어선 이후 숲 환경의 훼손은 물론 무분별한 질서와 과소비, 도덕을 상실한 지 오래이다. 이는 인간중심의 물리적·획일적인 사고로만 점철되기 때문이다. 지구상 곤충은 3천만 종이나 되는데 인간이 급수적으로 급증하면서 곤충들은 적응력이 강해져 더욱 표피가 단단해지며 날개가 작아졌다고 한다.

곤충들은 인간과 똑같은 것이 아닌가. 우주 법칙에 따라 종자끼리 교미하며 종족번식과 함께 자기들 나름대로 삶을 영위해가고 있다. 어찌 보면 곤충들은 인간에게 많은 점을 시사해 준다. 번식을 위하여 먹을 만큼만 확보하며 자연 순리적인 삶에 비해 인간들은 이기적 부와 분에 넘치는 욕심과 사치를 하지 않는가. 옛 선조들은 각 민담과 속담 흔히 볼 수 있는 곤충과 자연을 노래하여 왔다. 이는 그만큼 인간과 곤충이 친밀하게 접근하여 같은 삶 속에

서 공존해 왔던 것이다. 그러나 현대로 오면서 획일적 사고는 숲과 자연을 황폐하게 만들고 있다.

나는 잠시 작은 공간에서 곤충들의 삶 터전을 유심히 관찰하면서 많은 것을 느꼈다. 곤충을 하나의 소재나 재료로 생각하여 포충망에 많이 잡아 표현하려고 했던 어리석음을 되새기곤 한다. 자연과 곤충을 생명으로 보고 내 자신이 동화되어 작품을 제작할 생각이다. 오늘도 자연을 찾아 스케치 할 때면 곤충의 움직임을 더욱 다각적으로 분석하며 내 자신의 이해부터 기르도록 노력 중이다. 이는 곧 삶의 의미이며 현대 초충도가 아닌가 생각한다.

참고 자료로 그 동안 작가가 발표했던 곤충그림에 대해 비평가들의 견해를 발췌해 싣는다.

연하게 우려낸 이 작가의 채색을 보고 있다. 곱고 여리다. 흐릿한 바람의 촉감이 몸에 감기는 것도 같다. 메뚜기와 나비가 날고 있는 돌풀들이 뒤척인다. 인간보다 더 오래 전에 태어난 이 곤충들이 부유하는 장면은 어쩐지 스

그림 3. 生(생). 100x100cm, 1995년 작

산하다. 이런 감상을 사뭇 낭만적으로 부추켜 주는 것이 그의 최근작이다. 김진관은 근 몇 년에 걸쳐 '곤충'을 그리고 있다. 풀무치, 매미, 나비, 잠자리, 사마귀 같은 것들 말이다. 단일하게 그려지기도 하지만 떼를 지어 사는, 날아가는 뒤척이는 모습이 화면에 가득하다. 곤충은 작고 연약해보인다. 이 작은 생명체들이 지금 사라져가고 있음은 주지의 사실이다. 자연 생태계가 파괴되어 가기에 민감한 생명체들은 새로운 종으로 변이를 일으키거나 소멸의 과정을 겪어나가리라. 그래서일까 김진관은 이 소외되고 사라져가고 힘없는, 연약한 것들에 관심을 기울이고 있는 것 같다.그의 초기

작에서 보여지는 그런 스산함, 쓸쓸함, 외로운 것들, 소외된 것들의 형상화의 연장선에서 말이다….

이번 전시는 '생성'시리즈이다. 답사와 생태 기행을 통해 직접 한국의 곤충들을 만나고 채집하는 한편 이를 드로잉해서 만든 작업들이다. 그의 작업실에서 그간 그가 돌아다녀 모은 자료들과 드로잉들을 살펴보았다. 스러지고 소멸해가는 연약한 것들이 자연 속에서 살아가는 모습들이다. 본능에 의해 자연의 섭리대로 살아가는 것들이 주는 교훈도 있을 것이다. 그러나 오늘날 생태계와 먹이 사슬의 파괴는 이

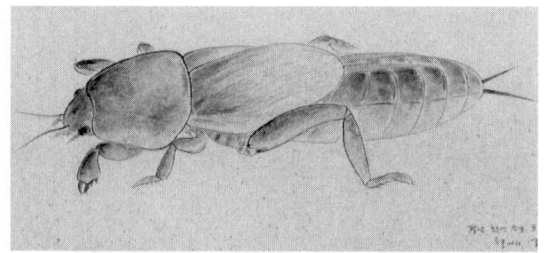

그림 4. 땅강아지 드로잉. 20x40cm, 1995년 작

그림 5. 生(생). 37x53cm, 2001년 작

곤충들의 죽음을 몰고 오며 동시에 자연의 황폐화, 그러니까 생명 있는 모든 것들의 절멸을 초래하고 있는 것이다. 그런 은유가 그의 그림에 은근히 잠겨 있다고 보여진다..

박영택(미술평론가, 경기대교수)
3회 금호갤러리전(1996)
'감성의 침윤으로부터의 색(色)'중에서

자연에 대한 회귀라고도 볼 수 있는 그의 새로운 변신은 96년 금호갤러리에서 1차로 보고되었으며 이번 미술회관전에 이르기까지 5년여의 시기적인 과정을 형성하고 있다. "자연을 실존적 대상으로 보고 싶다"는 작가의 간략한 작업노트는 그의 이번 전시의 특징을 잘 말해주고 있는데 생태계와 생명의 질서를 지나치게 인본주의적으로만 사고 해왔던 근대 이후 서구현대문명의 문제들에 대한 관조적인 반성과 성찰을 내포하고 있다.

김진관은 평소 그의 품성에서도 그러하듯이 섬세하면서도 평범과 담백함을 작품의 본질적인 근간으로 하고 있으며 그와 같은 관찰자세와 생활방식이 곧 작업의 내면에서 반영되어지고 있음을 전제하면서 접근한다면 보다 가깝게 그의 세계를 이해하게 된다.

이번 작품들의 몇 가지 특징을 살펴보면 첫째로 곤충들의 의미를 의인화하였다는 점이다. 이는 자연 속에서 무명으로 살아가는

는 미미한 동물의 세계이지만 그 역시 인간의 삶과 다를 바 없는 생명의 한 단편으로 작은 것으로부터 생명과 존재의 본질을 성찰하려는 작가의 정신을 읽을 수 있다.

둘째로는 위와 같은 작가의 성찰과 의도가 관념적이거나 상상에서 기인되지 않고 계절별로 지역별로 많은 자연 현장을 직접 관찰하고 터득된 이미지를 소재로 하고 있다는 점이다. 이는 그만큼의 변화 있는 대상의 해석과 표현이 뒤따를 수밖에 없으며 그 결과로 자세히 살펴보면 이번 전시가 여러 경향의 변화된 면모가 함께 하고 있음을 알 수 있다.

셋째로 작가의 평소 성품과 작업의 시각이 어느 때보다도 전면적으로 반영된 경우로서 초기의 채색에서 강한 농담과 진채의 마티에르를 구사하였던데 반하여 전반적으로 담백한 농담이 기조적으로 바탕에 흐르고 있으며 여러 차례 엷은 채색이 쌓여가면서 적채기법을 이루어 마치 적묵에서 볼 수 있는 깊이감과

그림 6. 꿈. 54×84cm, 1995년 작

심오함을 시도하고 있다.

넷째로는 곤충들로서 금호 갤러리 전시와 비교해 볼 때 훨씬 정제되어진 화면처리와 감각을 직감할 수 있다. 이는 겨울의 풀잎을 추상적으로 재구성하여 곤충들이 이미 겨울잠을 자고 있는 들녘을 그린 〈겨울소묘〉나 수박밭에 많은 곤충들이 서식하고 있는 장면을 목격하고 먹이와 생존이 잇는 삶의 법칙으로 여기면서 유희하듯이 표현하고 있는 경중 등에서 그 예를 볼 수 있다.

다섯째로는 이미 위에서 언급하였듯이 유희적인 표현방식이 도입되어 수묵의 필의를 동시에 사용하고 있다는 점이다. 이는 그만큼 그간의 채색방법론에 대한 새로운 탈출구로서 재료나 기법적인 변신을 꾀하려는 작가의 무의식적인 발로에서도 가능한 모색으로 간주된다.

여섯 번째로는 〈어제 날개소리〉나 〈고독한 날개〉, 〈율〉 등에서 나타나는 현상으로서 메뚜기나 잠자리의 날개나 머리부분 등을 집중적으로 확대하여 다룸으로서 작가의 의도를 더 한층 강조하고 있는 점이다. 이는 날 수 없는 박제가 되어버린 날개를 매개로 하여 오늘날 도시인들의 나상을 의도하는 해석도 가능하며, 메뚜기의 형상이 로봇이나 목각인형의 모습으로 표현됨으로서 점점 고체화되고 메말라 가는 파편화 되어 가는 현대의 인간상을 은유하고 있다….

최병식(미술평론가, 경희대교수)
4회 문예진흥원 미술회관전(1998)
'잊혀져가는 대자연의 주인공들과 그관조적
반성'중에서

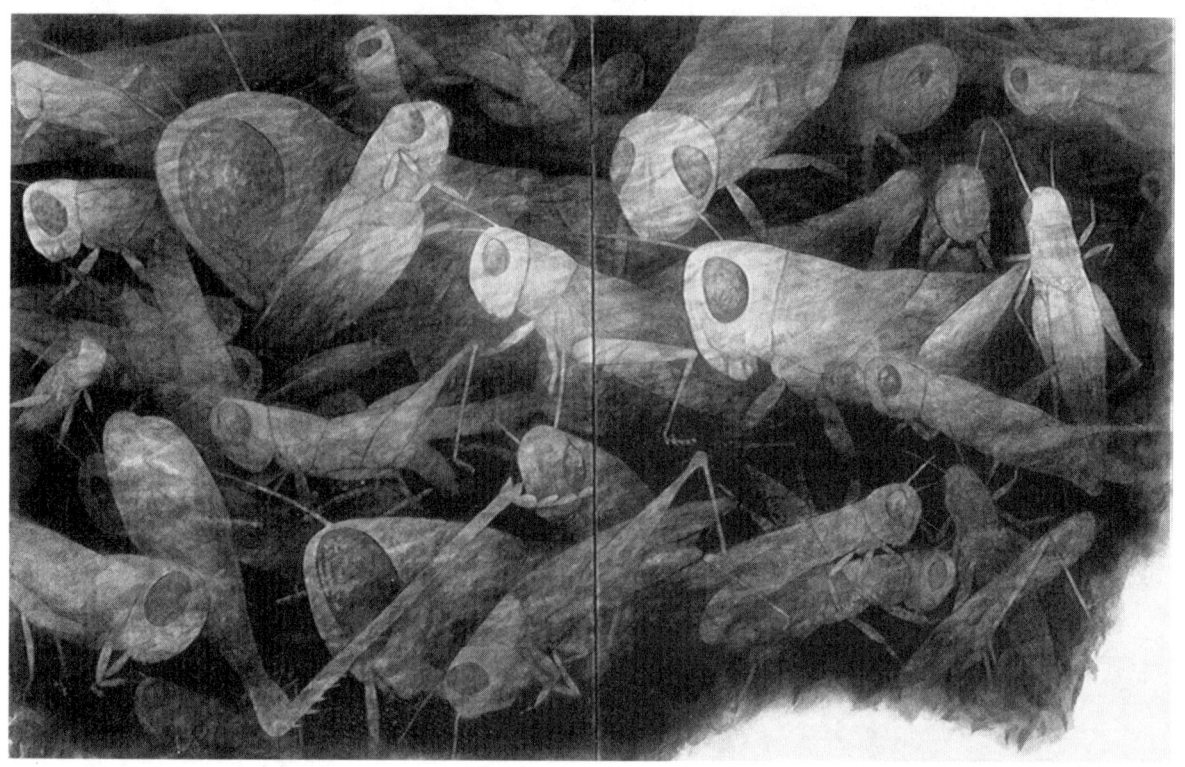

그림 6. 여정. 163x256cm, 1995년 작

김진관은 중앙대학교와 동대학원을 졸업하고 4회의 개인전을 가졌다. 단체전으로는 한국현대미술의 어제와 오늘, 현대미술초대전, 예술의 전당 개관전, 역대수상작가 초대전, 현대미술독일전 등을 출품했으며 현재, 성신여자대학교 미술대학 동양화과에 재직 중이다.

정당매(政堂梅) 추상(追想)

이 호 신

梅農農是梅　내가 매화냐 매화가 나냐
相對片心白　보기만 하여도 마음이 맑아
一塵時不動　티끌 하나 날지 않는 이슥한 방
窓月獨徘徊　창가에 외로이 달이 흐른다
　　　　　－養花小錄－

3년 전, 인제(仁齋) 강희안(姜希顔)(1417-1464)의 시를 읊조리며 보름달 아래 핀 정당매(政堂梅)에 침잠했던 시간이 그립다. 그 달빛을 받아 화첩에 담아본 암향(暗香)은 분명 내 붓길의 행복한 조우였다. 그렇게 물아일여(物我一如), 나를 잊고 꽃에 들어 가슴속 외로운 달빛으로 흐르던 그날이 다만 깨고 난 꿈이련가.

지난 삼월 그믐, 모처럼 가족과 함께 새벽에 길을 나서 경남 산청으로 차를 달렸다. 수일 전 주변 불자(佛者)가 내게 전화로 일러주거늘 수년 전(1994)에 내가 그렸던 성철(性撤)스님 다비식 행렬도 〈다비장 가는 길〉이 산청의 스님 생가 기념관, 겁외사(劫外寺) 큰방에 걸렸다고 한다. 따라서 기념관 회향식에 참석해 달라고 간곡히 청하는 것이 아닌가.
이에 그 동안 해인사 백련암에 보관 중인 그림을 다시 보는 일과, 3년 전 탐매(探梅)와 사생(寫生)에 몰두했던 인근 단성면 운리(雲里) 단속사지(斷俗寺址) 정당매(政堂梅)의 뜻깊

은 해후를 문득 떠올렸다. 아내와 아들에게 표구로 완성된 작품을 보여 주고 싶었고, 또 단속사터를 찾아 예전에 그렸던 정당매의 운치를 확인시켜 주고 싶었기 때문이다.
차편은 출판사(해들누리) 사장이 마련, 그 가족과 합쳐 모두 여섯인데 여행 명분은 졸저 「풍경소리에 귀를 씻고」 출간 기념으로 스님기념관에 첫 책을 회향(回向)하자는 것이다. 나는 기왕에 의미를 더한 답사 제의로 겁외사, 단속사터, 정당매를 살펴 본 다음 지리산 화엄사까지 길을 잡기로 했다.

가는 봄을 시샘하듯 아침부터 눈발이 흩날리는 고속도로를 달려 일행은 마침내 겁외사, 성철스님 생가 기념관에 당도했다. 선시된 그림을 다시 대하자 그 날, 다비의 불꽃과 장엄했던 누리의 화엄이 새삼 피어오른다.
고조된 심흥으로 이제 인근의 운리 단속사터로 향했다.
절터에는 천년 전 통일신라 3층 석탑이 여전히 세월의 무게를 견디며 의연히 일행을 반겨주고 주변의 매화, 대숲이 싱그러운데 때마침 내린 눈으로 설중매(雪中梅)를 완상하는 각별한 행운을 맞았다. 들뜬 마음은 이내 탑을 지나 대숲이 있는 마을 길목의 정당매로 향하니 내 심정은 마치 옛 사랑을 찾는 설렘으로 가슴 조린다.(그림 5)

사진 1. 옛 정당매화 모습

그런데 아뿔싸! 이게 어찌된 사연인가. 하늘 향해 찌르듯 솟구쳐 있던 옛 매화 가지(8m)가 모두 잘려 있는 게 아닌가. 놀란 가슴에 다가서 살펴보자 고매(古梅)의 아랫 둥치와 등걸마저도 사람의 손길이 가해졌고 사방으로 팔 벌렸던 윗가지는 흉칙하게 모두 베어졌다.(사진2)

옛 매화 등걸엔 분명 영지버섯도 있었고 생사(生死)의 노래를 음미하게 하는 고태(古態)와 화신(花信)의 모습을 보여주었거늘.(사진3)

한껏 설중매를 기대했던 정당매의 꿈은 사라지고 도리어 싸늘한 기운이 음습하니 잘린 매화등걸의 눈발은 마치 가뭇없이 드러난 상처에 소금을 뿌린 듯 가슴 시리고 저리다.

우리 조부 통정공(通亭公, 강회백(姜淮伯: 1357~1402)께서 소년 시절 단속사에서 글을 읽으실 때 손수 매화 한 그루를 뜰에 심고, 시 한 수를 읊었다.

공은 과거에 급제하여 벼슬이 정당문학(政堂文學)에 이르렀다. 조정에서 정사를 바르게 하여 조화를 이루고 임금을 보필하고 백성을

사진 2. 윗가지를 모두 잘라버린 정당매화에서는 기상과 향기를 잃어버려 옛 모습을 찾을 길 없다.

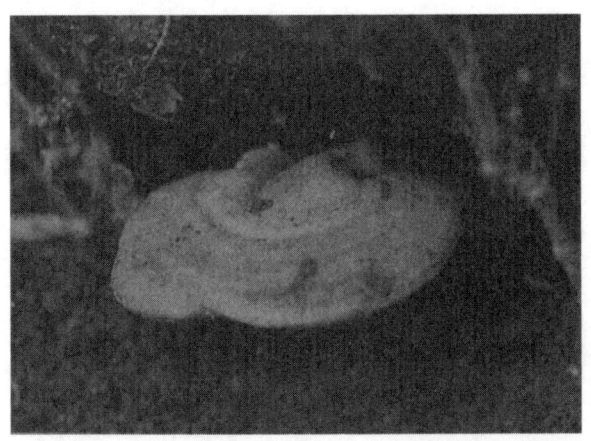

사진 3. 옛 정당매의 그루터기에서 돋아났던 영지버섯

구제한 일이 많으셨으니 사람들이 시참(詩讖)이라 하였다. 단속사의 중들이 공의 재덕을 생각하고 깨끗한 풍채와 고매한 품격을 사모하여 그 매화를 보면 곧 공을 본 듯하였다. 그러므로 오늘에 이르도록 서로 전하여 정당매(政堂梅)라 부른다.

그 가지의 모양이 가까스로 굽고 또 푸른 이끼가 나무 줄기를 감싼 것이 <매보(梅譜)>에 말한 고매(古梅)와 다름이 없으니 참으로 영남의 한 고물(古物)이라 하겠다. 이로부터 영남에 나라 일로 오는 사람들이 이 고을에 오면 누구든지 단속사를 찾아서 그 매화를 완상하고 우리 선조의 시운(詩韻)에 맞춰 시를 써서 문 위에 걸어놓곤 하였다.

「화소록(養化小錄)」에서 강희안이 증명하듯 그의 할아버지가 심은 후 지금에 이른 수령 620년의 정당매가 어쩌다 오늘 이러한 몰골이 되어야만 했을까.

매화는 꽃과 함께 외형의 수려함과 기품, 고졸함과 풍상을 이겨낸 기상, 그리고 구도의 자태가 탐매(探梅)의 매력으로 꼽힌다.

이 점에 있어 예전의 정당매는 명목에 값할 만큼 6백여 년을 헤아리는 수령과 함께 높이 8m에 둘레가 1.5m이고, 근간(根幹)에서 4본

의 지간(枝幹)이 생겨 하늘 높이 치솟았다가 사방으로 벌린 기상 높은 명품이었다.(사진1)

망연자실(茫然自失)해 하는 내 심정을 일행들이 어찌 짐작이나 하랴. 잘린 나무의 내력을 어찌 설명해 줄 수 있을까.

지난 시간 식물학자 오병훈선생으로부터 정당매화의 현장(梅香에 이끌려 떠난 남도 천리길·〈자생식물 1996. 봄호〉을 알 수 있었고, 「양화소록」을 통해 정확한 식수자와 수령을 알게 되었다. 또한 이 매화를 칭송해온 수 없는 묵객들의 시를 수록 해 온 진주 강씨(晋州 姜氏) 집안의 「정당매시집(政堂梅詩集)」이 있어 암향(暗香)의 기품은 나무와 함께 생동했던 것이다.

더구나 내가 놀라고 또 감동해마지 않았던 점은 졸저 「숲을 그리는 마음-매화, 그 은둔의 기상을 찾아서」(학고재)에서 소상히 밝혔듯이 정당매화를 지키는 후손이 매화 곁에 아예 집을 짓고 살아왔다는 점이다. 따라서 이 매화 이야기는 출판 이후 여러 사람들로부터

그림 1. 한평생 정당매화 나무와 함께 살았던 강낙중 할아버지의 모습 (1998. 3. 13)

전화가 걸려오고 정당매 그림에 대해서도 관심을 표명해 왔다.

허영환교수(미술사, 성신여대)는 매화논문('韓國墨梅畵에 관한 硏究' <文化財>11호 문화재 연구소, 1977, PP153-169)을 썼던 바수 차례 전시장을 찾아주셨고, 이화여대 박물관 측에서는 이미 개최한 기획전 '탐매-매화를 찾아서'(1997)가 있었기로 이듬해에 제작한 정당매 그림에 각별한 관심을 보여 주었다.

나 또한 3년 전의 개인전('숲을 그리는 마음'-학고재 화랑)의 초청 엽서를 정당매로 썼고, 당시 언론, 잡지에서도 이 매화 그림을 전시평으로 다루었다. 한편 식물관계 출판, 저자들도 사진 대신 그림 게제 협조 요청이 있어 왔다.

사연인즉 그림의 조형적 완성도와는 별개로 정당매의 이미지를 그들이 원했던 바, 실재하는 정당매는 쇠사슬 울타리와 마을이 가려 오롯한 매화의 느낌이 부적절했기 때문이었다.(사진1) 이에 비해 그림은 이웃한 통일신라의 단속사 삼층석탑을 끌어들였다. 그 쌍탑을 화면 중앙의 거대한 정당매 밑으로 배치했고, 이곳의 명물인 대숲도 대지 위에 낮게 깔았다. 또 앞산(동암산)을 원경으로 보름달이 두둥실 떠오른 시간에 하늘을 향한 가지가 또 다시 달을 찌르는 월매(月梅)로 그려낸 것이다.(그림 2)

기법으론 월매의 분위기를 위해 오로지 한지에 수묵으로만 형상을 드러내 보려고 했다. 즉 달과 매화는 한지 바탕을 그대로 살려내 보려고 꽃과 달빛 주변을 담묵(淡墨)과 적묵(積墨)으로 수 차례 우려내었다. 한편 이 매화 밑그림을 위해 이튿날 4절 스케치북을 분해하여 한 장으로 연결해 본 일이 결국 스케일을 키운 그림(163×265cm)으로 이어진 것이다.(참고 그림 3, 4, 5는 작은 스케치북)

이 일은 전시와 출판 이후 매화 그림을 보고

그림 2. 단속사 당간지주 뒤로 삼층석탑 두기가 보이고 그 뒤로 정당매가 드러난다.

현장을 찾아간 사람들이 마침내는 속았다(?)고 촌평을 하면서도 작가의 입장을 모두 무던히 헤아려 주었다.

<천연기념물백서>편집인(문화재관리국 간행) 하연 박사(당시<숲과 문화> 편집인)는 그림을 보고 현장을 다녀와서 내게 천연기념물로 등재해야겠다고 했고, 선암사 성보박물관 학예연구원은 지난 전시회를 놓친 탓에 원화를 보기 위해 화실까지 찾아오는 수고를 마다하지 않았다.

그런데 그의 말인즉 해마다 정당매화를 보러 갔는데 사람들이 말하기를 "어떤 화가가 이 매화를 그린 후 사람들에 알려져 많이들 찾아와 수난을 당한다고 하지. 글쎄 매화나무를 접붙일려고 잔가지를 잘라 간다는 거야..." 하고 분명히 들었단다.

그렇다면, 결과적으로 오늘에 이른 나무의 참담한 몰골이 있게 한 책임으로 나 또한 자유롭지 못해야만 하는가. 생각할수록 속상하니 이 무슨 업보인가.

나는 그후 잘린 나무소식이 들려오기 전에 한평생 매화를 지켜온 강낙중(姜洛中) 할아버지의 부음을 들어야 했다.

진주 강씨(晋州 姜氏)중시조(中始組) 박사

그림 3. 정당매화첩 1

공파(博士公派) 계용(啓庸)의 7세손 회백(淮伯), 회중(淮中) 형제 때 심은 정당매는 까마득히 세월이 흐른 후 강낙중의 조부인 강기수(姜基秀)에 의해 다시 발견되었다. 그 후 그의 아들 대흡(大翕)과 손자 낙중(洛中)에 이르기까지 정당매 비각과 함께 삶의 터전마저 매화 곁에서 함께 해온 참으로 경외롭고 아름다운 이야기인 것이다.

지난 화첩을 펼쳐보니 그 정당매화를 지키던 강낙중 할아버지 모습(1998. 3. 13)이(그림 1) 선명한데 이제 사람은 가고 나무만 남은 것이다. 정당매 뜰에서 나서 평생을 매화와 함께 사시다가 돌아가신 할아버지를 추모하는 마음이 일어 그의 아들 호정(鎬正; 55세)의 연락처를 수소문했다. 마침내 그를 통해 알아 본 할아버지의 죽음은 작년 여름(2000. 6. 18)이었고, 더 놀라운 사실은 장례 닷새 후 할머니도 따라서 세상을 떠났다는 것이다. 어째서였을까. 3년 전 그리도 강건해 보이시던 할머

니셨는데.

사실인즉 그 해 전시를 끝낸 후 정당매 그림 엽서를 한 꾸러미 준비해 놓고서도 찾아 뵙지 못한 나의 불성이 이제 실로 후회스럽고 죄스럽기 짝이 없게 된 것이다.

추모의 마음 한켠으로 오늘에 이른 매화사건(?)은 어찌된 것이냐고 묻자 '강씨 종친회'에서 결정한 일이라 자신은 잘 알 수 없다며 다만 부친이 살아 계실 때의 일이라 한다. 따져보니 두 해 전(1999)의 일로써 매화가지가 베어졌고, 이듬해 노부부가 나란히 닷새만에 세상을 등진 것이다. 팔순을 앞둔 할아버지(79세)와 할머니(72세)가 함께 말이다.

왜 그랬을까.

수백 년을 이어온 정당매의 기상을, 그 장엄한 모습을 왜 할아버지대에 와서 잘라낸 것일까. 그것도 생애의 마지막 죽음을 앞두고서. 혹여 옛 매화가지를 자르면서 함께 삶을 마감한 것은 아닐까. 정녕 평생 나무를 돌보며 살

그림 4. 정당매화첩 2

앗으니 누가 영기(靈氣)를 나누지 않았다고 말할 수 있으랴.

이제 잘려나간 매화나무와 함께 나무를 지키던 집도 빈집으로 남았다. 자손들이 모두 밖으로 나간 터라 한 주에 한번 정도 장남인 호정씨가 내려와 매화와 빈집을 둘러본다고 한다.

참으로 쓸쓸하고 적막해질 뿐이다. 주변 사람들에게 그토록 정당매의 내력과 품격을 자랑하고 그 집안을 칭송해 왔는데...

그 일은 마치 내 집안 일처럼 자존으로 삼아 은둔의 뜻으로 새겨보고, 언제까지나 정신의 귀의처로 남아 있으리라는 믿음이 한결 같았으니 말이다.

물론 나무를 베어낸 사정은 있었으리라. 죽은 가지일망정 수백 년을 하늘 향해 팔 벌린 가지를 베어내기란 그리 간단치 않았으리라. 아니 더 나은 미래를 위해, 가지치기와 밑동 옹이의 봉합 수술 또한 필요했다고 관계자들은 말할지 모른다. 그러나 아무리 생각해도 외관

상 저리도 흉한 몰골로 잘라버리다니. 다시는 영영 우리 시대에 볼 수 없는 정당매 모습이 안타깝고 애절하다.

偶然還房 古山來
滿院淸香 一樹梅
物性也能 知舊主
慇懃更向 雪中開

우연히 옛 고장을 다시 찾아 돌아오니
한 그루 매화 향기 사원에 가득하네
무심한 나무지만 옛 주인을 알아보고
은근히 나를 향해 눈 속에서 반기네

그 옛날 '정당매(政堂梅)'를 손수 심었던 통정(通亭) 강회백(姜淮伯, 1357-1402)이 객지를 떠돌다가 말년에 자신이 심은 매화를 찾아와 읊은 시다. 그의 혼이 되살아나 오늘의 매화를 본다면 어떤 심정일까 싶어진다.

그림 5. 정당매화 스케치(재구성)

그 후 사람들은 무척 정당매화를 아끼고 존숭했는데 그의 후손 강윤범(姜允範)은 문종 때 경상감사로 한양에서 단속사로 내려왔다가 아래의 시를 읊었다.

觀梅追慕 那時栽
獨守春光 任自開
風雨多年 無恙否
漢陽千里 有人來

매화를 보고 심은 때를 헤아려 추모하도다
홀로 봄빛을 받아 스스로 피어났네
오랜 세월 비바람 속에 평안히 있었구나
한양천리 먼길에 너를 보러 여기왔네

나 역시 서울에서 일행들을 이끌고 모처럼 매화를 찾아왔건만 옛 모습은 간 곳 없고 정한(情恨)만 남다니. 그처럼 청절하고 고아한 정

당매의 기상이 사라진 지금 나의 심정은 말할 수없이 서운타 못해 애닯기 그지없다.(그림 6, 7)

내 이 아쉬움은 지금껏 수많은 매화 그림이 한국회화사(韓國繪畵史)를 밝혀 주었거니와 앞으로도 새롭게 제작되어야 한다는 신념에 기초하고 편승한다. 즉 오늘날 매화를 그림에 있어 채본이나 사군자 교본에 의지한 여기(餘技)가 횡행하고 정신을 잃어버린 문인화(文人畵)의 심각성은 도리어 정통(正統)의 단절을 초래하고 있다. 이점에 있어 새삼 사물 인식에 기초한 사생정신이 절실히 요구되는 시기이다. 맹목적인 답습이나 지나친 조형 실험이 우려되는 시대일수록 다시금 탐매(探梅)와 사생(寫生)을 통한 시문(詩文)의 정신을 되살릴 때 새로운 조형과 개성이 가능하다고 믿기 때문이다.

그림 6. 산청 단속사 정당월매 (山淸 斷俗寺 政堂月梅). 163x265cm, 1998년 작

그림 7. 정당매화 현장 스케치

그림 8. 정당매화 아랫부분 스케치

따라서 이 같은 소재의 매화 중 인문(人文)정신으로 역사성과 수령, 집안 내력, 향기와 품격을 지닌 사례로서 정당매의 기상을 널리 선양하고 지켜가길 나는 바랬던 것이다.

한편, 그렇게 어차피 정당매가 잘려질 운명이었다면 한해 앞서 그림으로 담아 본 인연이 행운이 된 셈인가. 이제 그 만남의 연(緣)이 찰라의 불꽃이 되지 않게 증거하려 나 홀로 애씀인가.

어쨌든 매화나무는 잘렸고 그림은 남았으니 후일 이 땅의 암향(暗香)을 찾아 단속사터에서 정당매의 쓰라린 등걸을 어루만지며 옛일을 추억하는 이 반드시 있으리라.

나는 그에게 이렇듯 이른 편지를 쓰며 슬픈 역사가 되어버린 정당매의 영혼을 기려 쓸쓸히 위무(慰撫)하고 있다.

辛巳(2001년) 윤사월
나무畵室에서

이호신(李鎬信)은 동국대학교 교육대학원에서 미술을 전공, 6회의 개인전을 가졌고, 대영박물관, 이화여대박물관 등에 작품이 소장되었다.
저서로 「길에서 쓴 그림일기」, 「숲을 그리는 마음」, 「우리그림이 신나요」, 「풍경소리에 귀를 씻고」 등이 있으며 성균관대학교 미술과에 출강하고 있다.

자연친화적 삶의 원형(原型)
- 장욱진(張旭鎭)론 -

박 희 진

1. 두 개의 자화상

장욱진에겐 〈자화상〉으로 알려진 그림이 딱 한 점 있다. 일명 〈보리밭〉이라고도 불리워지는, 손바닥만한 크기의 작품이다. 1951년의 소작이니 한국전쟁 당시임을 알 수 있다.

온통 노오란 보리밭 사이에 시골의 적갈색 길이 나있다. 그 전면에 한 장신(長身)의 깡마른 사나이가 연미복차림으로 서 있는 것이다. 오른손으론 벗은 모자를 쥐고 있고 왼손으론 검은 우산을 단장인 양 짚고 있다. 검은 두발에 검은 콧수염… 와이셔츠와 붉은 넥타이를 빼놓는다면 온통 검은 색조인 것이다. 게다가 뒤따르는 강아지 한 마리도 검은 색인데 공중에 뒤따르듯 날고 있는 새 네 마리도 검은색인 것이다. 멀리 하늘엔 구름이 떠 있고 두 그루 녹색의 나무도 보인다. 그런데 주인공인 청년의 모습은 어둡지 않다. 깡마르긴 했어도 오히려 태연자약한 편이다. 남의 이목엔 아랑곳 않고 오직 나의 갈 길을 홀로 갈 뿐이노라는 자신과 결의가 엿보이는 표정이다.

이 장욱진의 연미복 모습이 주변의 풍광과 잘 어울리지 않는 것은 사실이다. 당시 피란 중이라 달리 입을 만한 옷이 부족해서 선택의 여지가 없었다는 의미일까. 아니면 어떤 상징적 암시의 효과를 위해설까. 아마도 양쪽의 의미가 조금씩은 다 포함되어 있으리라 여겨진

다. 그는 일본 동경의 제국미술학교(지금의 무사시노미술대학) 서양학과 출신이다. 그의 머릿속은 서양의 미술사, 특히 인상파 이후의 다양한 사조와 거기에 따르는 양식상의 갖가지 실험적 조형언어들로 충만해 있을 터다. 따라서 그는 어쩔 수 없이 몸에 걸친 의복은 비록 서양의 연미복이라 해도 속은 전혀 그렇지 않다는 걸 어떤 방식으로라도 한 번쯤은 말하고 싶기도 했으리라. '나는 당당히 이 땅에 태어나서 이렇듯 아름다운 대자연을 누리고 있는 한국화가거늘!' 사실상 장욱진의 연미복차림은 오직 이때 뿐, 그런 의미에서 전무후무한 과도기의 자화상인 것이다.

그의 50년 화력을 통해서도 〈자화상〉이라는 명제의 그림은 오직 이 한 점뿐이다. 하지만 그는 수많은 그림에 인물상을, 어린이나 성인남녀, 노인의 모습들을 등장시켰는데, 생각이 깊고 개성이 강한 자기응시형 화가들이 그러하듯 그 인물들이 대개는 자신의 어렸을 때의 모습이거나 가족의 모습, 또는 자신의 심경을 투사한 것이라 해도 과언이 아니다. 일종 자화상으로 간주될 수도 있다는 말이다.

그 중 여기서는 그의 죽기 전 최후의 유작인 〈밤과 노인 · 1990〉으로 생각을 모아보자.

시골의 밤 풍경. 어둠에 싸여 검은 언덕 사이 황톳길을 겁에 질린 듯한 어린이가 맨발로 달

76

자화상 · 1951

리고 있다. 녹색의 나무에는 까치가 한 마리, 토담집 두 채와 기와집이 한 채 있는데, 특히 기와집은 지붕과 기둥을 빼놓고는 온통 흰색이다. 그 흰색이 풍기는 분위기는 공적(空寂)과 무화(無化)의 암시인 듯하다. 거기에 동조하듯 공중에 떠 있는 반달도 넋 나간 흰색이다. 그리고 화폭 왼쪽 상공에는 흰옷을 입은 노인이 한 분 맨발로 허공에 떠 있는 것이다. 그는 이미 보통 노인이 아니다. 맨발로 허공을 밟고 있다니! 미상불 탈속한 신선이거나 도인인 것이다. 어쩌면 그것은 임종을 앞둔 장욱진 자신의 마지막 자화상인지도 모른다. 실로 50년의 화력을 통해 그가 일관되게 추구한 것은 매번 이렇듯 자기정화와 극복을 통해 얻어지는 미(美)의 세계라 할 수도 있으리라. 연미복 차림의 젊은 장욱진이 한국화가로서 자신의 정체성을 그 극한까지 추구한 끝에 그야말로 한국적인 흰옷 차림의 풍류도인(風流道人)이 되기까지 그의 역정은 자기와의 부단한 극적 싸움의 연속이었다.

2. 하늘·땅·사람

과작으로 알려진 장욱진이 평생 그린 작품은 몇 점이나 될까. 어떤 분의 추산에 의하면 유화만 해도 총 4백70여 점은 되리라 한다. 그런데 아무래도 놀라운 것은 그 적지 않은 그림들에 등장하는 소재 자체에는 거의 변화가 없다는 사실이다. 비록 제작시기와 장소에 따라서 표현방법상에 확연한 차이를 보이고는 있더라도. 그림의 소재만은 완강하리만큼 장욱진 일변도다.

그러면 여기서 그의 그림들에 그처럼 빈번히 등장하는 소재의 내용을 일목요연하게 파악이 되도록 하늘·땅·사람으로 3구분하여 제시해 보려 한다.

하늘(天)–해, 달
땅(地)–나무, 산, 언덕, 길, 동산, 뜰, 강

밤과 노인 · 1990

– 개, 강아지, 닭, 소, 망아지
– 새, 까치, 학, 물고기
사람 (人)–아이, 어른남녀, 노인, 가족, 시골사람들
– 집, 원두막, 정자, 초당, 기와집, 양옥

이상 열거된 것들 중엔 등장 빈도수가 떨어지는 것들, 예컨대 학, 물고기, 호랑이, 양옥 등도 포함이 되어 있다. 그런데 한 가지 간과해선 안될 중요한 사실은 열거된 사물이 단독으로는 등장하는 법이 거의 없다는 것이다. 적어도 서넛에서 많게는 십여 개에 이르기까지 맞물려 있거나 밀접한 상호연관성을 암시하며 평화롭게 공존하는 모습으로 등장한다. 다만 그 공존하는 방식에 있어서 객관적 현실 속의 상식적인 질서는 무시된다. 그는 말하자면 어린이의 눈으로 사물을 보고 있다. 중요한 것은 크게 그리고 덜 중요한 것은 작게 그린다. 무중력상태 속에 사물이 제멋대로 부유(浮遊)하

는 듯한 느낌을 받는다. 그러나 일견 어린이의 그것을 연상케 하는 치졸성과 단순성이 있다고 하더라도, 다 자란 어린이, 강한 개성과 끈질긴 사고와 깊은 통찰력의 소유자인 천재화가 장욱진에 있어서는 화폭의 모든 것이 치열한 의식 하에 각고의 노력과 빈틈없는 정성을 들인 끝에 이루어지는 성과인 것이다. 거기에는 고도로 세련된 미의식에 뒷받침되고 있는 예술성이 있다. 소위 아동화(兒童畵)류와는 비교가 안 된다. 차원이 다르다.

그것은 그렇고, 왜 장욱진은 그러한 사물들을 단독으로는 그리지 않고 반드시 더불어 어우러지는 모습으로 그렸을까? 그런 관계 설정의 근저에서 번뜩이고 있는 것은 그의 자연관이라고 할까, 인간과 세계와 우주의 본질을 꿰뚫어 보는 안목인 것이다.

그는 본래 고요와 고독을 좋아했다. 시끄럽고 번잡한 도시생활을 싫어했고 따라서 도시

자동차가 있는 풍경 · 1953

아닌 시골 마을이나 전원풍경을 선호하게 된 것이다. 시골생활은 인간을 느긋하게, 너그러운 성품으로 만들기도 하겠지만, 장욱진처럼 부단히 생각하는 편집광형의 사색가에겐 더욱 그런 고독한 내면에의 길로 치닫게 하기 십상인 줄 안다. 우리는 그러한 장욱진의 모습을 그의 장녀인 장경수씨의 회고록에서 엿볼 수 있다. 좀 길지만 인용해 둔다.

아버지는 그때의 생활을 "나는 뭐냐, 너는 뭐냐"하는 물음으로 채워진 나날들이었다고 돌아보셨었다. 화폭을 앞에 놓고 "너는 뭐냐, 나는 또 뭐냐"하는 생각을 하느라고 하루 종일 화폭을 들었다놨다만 하며 보낸 날들이 많았다고 한다. 석양 무렵에 툇마루에 하얀 한복을 입고 멍하니 앉아 하늘만 바라보는 아버지의 모습을 얼핏 지나가다 본 마을 사람들은 혼비백산해서 "귀신인지, 사람인지"하고 쑤군거리고는 했다.

당시(1963~1975) 장욱진은 시골 강변인 덕소(德沼)에다 손수 공방 같은 화실을 짓고 자취를 해가면서 단신 작업에만 몰두하고 있었다. "나는 뭐냐, 너는 뭐냐" "너는 뭐냐, 나는 또 뭐냐" —— 이는 바로 장욱진의 목숨을 건 줄기찬 화두(話頭)였다. 이런 근원적 물음을 붙잡고 늘 자나깨나 참구하고 있었기에 그는 마침내 하나로 꿰뚫리는 자연관, 인간관, 세계관을 터득하게 된 줄 안다.

인간은 단독으로는 존재할 수 없다는 것. 인간뿐 아니라 삼라만상이 다 그렇다는 것. 서로 상호의존적 공생(共生) 관계에 있어야 하며 있어왔다는 사실. 하늘과 땅, 즉 자연에서 인간이 나왔고, 그 인간에서 문명·문화가 나오게 되었으니, 문명·문화를 따로 떼어서 생각할 것 없이 인간 개념 속에 포함시켜버릴진대, 결국 삼라만상은 하늘·땅·사람 삼재(三才)에

의존하여 돌아가고 있다는 것. 하늘·땅·사람 삼재의 균형과 조화야말로 인간이 인간답게 지구상에서 목숨을 부지하고 품위를 지켜가며 보람차게 살아가는 방식이라는 것. 우리의 조상은 일찍이 그것을 풍류도(風流道)라고 명명하였었다.

그런데 오늘날은 이 풍류도가 땅에 떨어진 시대라 할 것이다. 속도와 기계와 대량생산에 현혹된 나머지 물질만능 사조의 노예가 되어버린 인간은 타락했다. 영성(靈性)과 인륜·도덕은 실종했다. 인간성은 위축되고 물성(物性)과 동물성만 판치고 있다. 본질(本質)에서는 까마득하게 일탈하여 버렸기에 무엇이 인간의 참된 길인가를 깨닫지 못한다.

이런 때일수록 아쉬운 것은 뭐니뭐니 해도 오직 본질추구 일념에 투철한 사상가 철학자의 예언자적 혜안(慧眼)이요, 미(美)의 사도인 진정한 시인 예술가의 출현이다. 그들의 순수하고 치열한 열정과 순교자적 실천이 요망된다. 그런 의미에서 화가 장욱진의 희유(稀有)한 존재는 조명 받아 마땅하고 앞으로 더욱 그 의의를 증대해 갈 줄 안다.

장욱진의 뇌리에는 필시 '풍류도'라는 말도 들어 있지 않았을 것이다. 하지만 그가 그 말을 알았건 몰랐건 간에, 풍류도적인 자연관과 미학(美學)을 가졌던 건 확실하니, 그것은 그의 그림의 세계가 웅변으로 그것을 증거하고 있기 때문이다.

3. 문명기피적 자연친화적

장욱진의 그림에 문명적 사물이 등장하는 경우란 거의 없다고 봐야 할 것이다.

초기의 그림이지만 잘 알려진 수작의 하나로 손꼽히는 것에 〈자동차 있는 풍경·1953)〉이 있다. 화폭 전면에 빨간 양옥이 산뜻하게 그려져 있다. 철책이 울타리로 둘러쳐진 뜰 안엔 두 그루 나무와 꽃핀 화분 셋, 장난감 같은

작은 자전거와 개가 한 마리. 원경(遠景)으론 지평선상에 즐비한 양옥들… 화폭 어중간에 예의 고풍스런 청색 자동차가 옆으로 놓여 있다. 둘레에는 적당히 집, 나무, 인물이 배치되어 있어 화폭 전체가 고루 미술적인 균형과 조화를 얻고 있다.

장욱진의 전 작품 중에서도 말하자면 이 그림이 거의 유일하게 비교적 문명적 사물로 차 있는 그림이라 할 것이다. 나머지는 전부가 자연친화적 삶의 원형을 추구한 작품들이라고 보아 틀림이 없다.

그런데 여기서 문명의 개념을 조금 분명히 짚고 넘어갈 필요가 있다. 국어사전엔 '문명'의 정의가 이렇게 나와 있다. '인류가 이룩한 물질적·사회 조직적인 발전, 야만인들의 자연 그대로의 원시적 생활에 대하여 발전되고 세련된 삶의 양태를 뜻함'.

야만인과 문명인은 어떻게 다른가. 야만인이 신발을 신고 옷을 걸치며 무리를 이루어서 집을 짓고 살면, 그때부터 차츰 문명인의 신세가 된다. 문명의 시초가 신발이요 옷이라면 집은 그 기본적 마무리라 할 수 있다. 문명의 발달사는 곧 건축의 발달사인 것이다. 원두막 – 초당 – 정자 – 기와집 – 이층집 – 누각 – 고대광실 – 궁궐, 또는 양옥 – 고층 빌딩 – 마천루들의 숲. 그러니까 문명은 도시를 통해 조직화, 집중화, 거대화되고 더욱 현대적 첨단적 모습으로 치닫게 된다. 그 결과 인간은 어떻게 되었는가.

문명이 아무리 좋다고 하더라도 인간은 이제 문명만으로는 살 수가 없거니와 그렇다고 원시적 자연만으로도 살 수가 없는 것이 엄연한 사실이다. 우선 이 사실을 똑바로 인식하자. 자연(=하늘+땅)과 문명(=인간+문명·문화)은 서로 균형과 조화를 유지해야 그 지속적 공존이 가능하다. 자연과 문명이 서로 대립하는 갈등구조 속에 있다고 보는 것은 자연을 정복

의 대상으로 삼았던 서구인의 그릇된 문명관 탓이다.

장욱진에게 도시기피적 성향이 짙은 것은 두 드러진 사실이나, 그렇다고 그가 문명이 철저히 배제된 환경만을 염원했던 것은 아니라고 사료된다. 그의 대부분의 그림을 보면 으레 안 빠지고 등장하고 있는 것의 하나가 바로 집들인 것이다. 오늘날 집 없이 살 수 있는 인간이 있겠는가. 집이야말로 문명의 집약적 총화인 것이다. 다만 그 집이란 것이 규모는 크지 않고, 단순한 구조의 원두막, 정자, 또는 초당이나 단층 기와집이라는 사실에 유의해볼 필요는 있다. 또한 그런 집들은 대개 한적하고 평화롭기 짝이 없는 시골 풍경 안에 놓여지고 있다는 걸.

요컨대 그는 최소한도의 필요 불가결한 문명만을 용인했다. 그가 추구한 것은 자연친화적 삶의 원형이지 거기서 일탈하는 물질문명의 일방적 과잉이나 비대에는 고개를 돌릴 수밖에 없었던 것이다. 어쩌면 그것들이 그에게 있어서는 인성을 위축 고갈케 하는 유독(有毒)한 사치거나 아니면 그저 너절한 쓰레기로 비쳤을지 모르겠다.

4. 풍류도의 미학

풍류도의 미학적 원리를 한마디로 집약한다면 어떻게 될 것인가? 필자는 그것을 천·지·인 일기(天·地·人 一氣)라고 말한 바 있다. 하늘·땅·사람 삼재로 요약되는, 이 우주의 삼라만상이 하나의 기(氣)로 꿰뚫려 있다는 생각인 것이다.

기(氣)란 생명의 원동력이랄까, 보이지 않는 에너지를 말함인데, 본래 에너지는 유동적인 것이어서 한곳에 머물러 있는 것이 아니다. 끊임없이 집중과 확산을 되풀이하는, 또는 주기적인 순환적 역동적 운동을 하고 있다. 예컨대 우리 인체의 혈액순환, 심장의 고동, 들숨 날숨의 생리현상을 성찰해 본다든지, 바다의 썰물 밀물, 또는 일출 일몰 등의 자연현상을 살펴볼 때 거기엔 어떤 공통되는 우주의 기(氣)의 흐름, 질서정연한 생명의 흐름이 있다는 것을 깨닫게 된다. 우리의 조상은 그것을 한마디로 풍류(風流)라고 말했던 것이리라.

풍류적 삶을 산다는 것은, 그러므로 눈앞에 전개된 이 다양하고도 복잡한 현상계 —— 삼라만상이 실은 일기(一氣)로 꿰뚫려 있음을, 그리하여 절묘한 균형과 조화를 얻고 있음을 보고, 듣고, 깨닫고, 기뻐하고, 노래하고, 춤추고, 찬미하는 일과 통한다.

풍류도인이 된다는 것은 부단히 자신을 극복 정화(淨化)하여 하늘·땅과 맞먹는 진인(眞人) 된다는 것, 천지자연과 호흡을 같이 하며 우주의 리듬을 곧 자기의 생체 리듬으로 감득할 만큼 자신을 격상시킴을 의미한다.

장욱진에게 이런 풍류도인적 뚜렷한 의식이 있었다고는 말할 수 없겠지만, 적어도 어떤 구경의 경지를 갈망하고 추구한 구도적 자세의 화가였다고는 누구나 다 인정할 줄 안다. 그가 추구했던 구경의 경지가 바로 풍류도의 세계인 것이다. 나날이 무서운 속도로 살쪄가는 물질문명 일변도의 병폐에 시달려서 갈피를 못 잡는 현대인에겐 무엇보다도 긴요한 것이 자연친화적 삶의 원형을 제시해 줌으로써 우리가 잃어버린 가장 소중한 것, 생명의 근원적 본질이 무엇인가? 그것을 다시 회복하기 위해서는 우리는 어떻게 살아야 할 것인가? 하는 여러 문제를 곰곰 생각하게 만드는 일이리라.

장욱진의 회화세계, 그것은 요컨대 자연친화적 삶의 원형을 스스로의 독창적 조형언어로써 단순하고 아름답게 형상화한 風流 만다라다. 그런데 단순하게 그렸다고 해서 쉽고 빠르게 그렸다든지, 또는 거기에 함축된 의미내용 그것이 뻔하다는 의미는 아니다. 오히려 그 반대라는 것을 이하에 필자는 사람, 집, 나무의 세 가지 항목 하에 고찰해 보려 한다.

사람

필자는 앞서 장욱진은 하나의 대상만을 단독으로 화폭에 올려놓는 일이 없었다고 말한 바 있지만, 실은 약간이나마 예외가 없지 않다.

덕소시절(1963~1975) 초기에 그린 물고기 한 마리 —— 거의 화석처럼 그려져 있다 —— 를 제외하고는, 필자가 확인한 몇 점의 경우, 모두 인물상인데 사람의 얼굴만을 추상적으로 그린 것이거나, 얼굴 윤곽과 몸의 기본적 뼈대를 검고 굵은 선으로만 그려 보인, 얼핏 보기엔 큰大字 모양의 사람 모습과 부인의 초상화인 〈진진묘(眞眞妙)〉두 점이 전부이다.

덕소시절은 장욱진이 홀로 수도승의 그것 같은 고행을 자청하며 화두 참구에 몰두했던 시기라 그런지는 모르지만, 한동안 인물들이 신발도 옷도 걸치지 않고, 아니 피와 살까지 제거해 버리고, 최소한도의 뼈대만 갖춘 앙상한 몰골로 등장하고 있다.

인간이란 무엇인가? 인간에게 기본적으로 필요한 건 무엇인가? 아무 것도 소유하지 아니하고 마음을 비우면 인간의 모습은 어떻게 되는가? 그런 물음에 장욱진은 나름대로 대답하고 있는 듯하다.

가령 〈부엌과 방·1973〉이라는 그림을 살펴보자. 소폭 화면 가득히 차 있는 것은 시골집 부엌과 그 옆에 딸린 방의 단면도, 그것이 전부인데 부엌엔 프라이팬 하나와 가마솥 하나 그리고 멍하니 앉아 있는 사람 하나. 방안엔 개다리소반을 사이 두고 태연히 앉아 있는 어른 하나와 그의 작은 닮은꼴인 아이가 하나, 그밖엔 정말 아무것도 안 보인다. 세 사람이 한 가족일 듯한데, 그들은 따로따로 묵상에 잠긴 듯 너무도 태연자약한 자세이다. 세 상형문자(象形文字) 같기도 하다. 캔버스의 거친 직조가 드러나 보일 만큼 엷게 입힌 담황색 바탕

부엌과 방 ·1973

위에 이상 언급된 모든 사물이 그냥 짙은 검은 색깔 일색(一色)이다. 그것도 굵고 투박한 선으로만 그려져 있다. 씻은 듯 부신 듯이 도저한 가난과 굶주림밖엔 아무 것도 없을 듯 싶은데도 이상하게 그들은 궁해 뵈지 않는다. 편안한 느낌이다. '안빈낙도(安貧樂道)'라는 말과 같이 가난 속에도 풍요로움 있음을 그들은 온몸으로 깨닫고 있는 지도 모를 일이다.

장욱진은 아이를 많이 그렸다. 친근한 일상적 자연의 사물 속에 혼자 등장하는 아이도 많지만, 가족 중의 일원으로, 혹은 같은 또래끼리 등장하기도 한다. 대개 발가숭이로 천진난만한 자세를 취한다. 땅바닥에 퍼지르고 앉았거나, 나무 아래 누웠거나, 너무 좋을 때엔 공중에 떠서 날거나 춤추거나 혹은 나무에 새처럼 깃들여 잠들기도 한다. 왜 그는 이렇듯 아이를 좋아할까. 잠깐 그 자신의 말을 들어보자.

'나는 네 계절 모두가 童話처럼 펼쳐지는 세계에서, 강변에 자리한 '畵家別莊'의 주인으로 12년을 살고 있다. 어린아이들의 천진스러운 놀이에서 赤裸裸한 自然을 보곤 한다. 그리고는 어린 시절에의 鄕愁가 감미롭고도 서글프

82

게 자신에 휘감겨옴을 느낀다'(德沼畵室에서 사는 나의 告白에서 . 1974)

아이 말고는 가족의 그림도 많이 그렸다. 그 밖에도 성인남녀, 시골 사람들, 그리고 만년엔 노인도 빈번히 등장하는데, 그 주변 공간은 늘 그러하듯 해, 달, 나무, 새, 집, 소, 강아지, 길, 언덕 등 때묻지 않은 자연과 더불어 친밀하게 상생(相生) 공락(共樂)하는 분위기에 싸여 있다. 등장인물들은 누구나 다 선량해 보인다. 도시인들이 갖는 불안과 초조의 그림자라곤 없다. 주변의 자연이 그렇듯 순수하고 무구한 모습인데 어찌 인간이 사심(邪心)을 품으랴. 모두 차분하고 진솔한 표정이다. 어떻게 보면 모두 눈을 크게 뜨고 무엇인가를 골똘히 응시하는 표정이기도 하다. 그들은 아마도 자연의 아름다움 —— 나는 새의 날갯짓, 헤엄치는 물고기, 나날이 살쪄가는 나무의 푸르름 … 거

진진묘 · 1970

기서 새록새록 샘 솟는 희열과 생명의 무한한 신비를 감득하고 도취하다 못해 반쯤 넋 나간 황홀의 상태에 있는 것도 같다. 하여간 이런 자연친화적 삶을 산다면, 사람들 마음은 저절로 정화되고 너그러워질 것이며, 전원생활의 맛과 멋을 유유히 누리면서 길이 찬미하게 되리라 여겨진다.

그가 그린 인물상 중 걸작은 아무래도 부인의 초상화인 〈眞眞妙〉 2점이다. 眞眞妙란 불교를 믿는 부인의 법명이다. 오직 그림과 술에만 미쳐 전혀 가사를 돌보지 않았던 장욱진의 생활방식에 대해 부인은 짜증을 내지 않았다. 오히려 깊은 애정과 이해로써 묵묵히 이어진 헌신적 뒷바라지, 아무리 괴팍한 기인(奇人)이기로서니 거기에 녹지 않을, 감동 받지 않을 남편이 있을까? 두 그림 다 이색적이지만, 첫번째 〈眞眞妙 · 1970〉는 그야말로 독창적인 묘미를 얻고 있다. 부인에 대한 깊은 이해와 감사의 정이 은연중 물씬 느껴지는 솜씨이다. 엷은 청색 스민 담황색 바탕에 타원형 얼굴 윤곽, 그 안엔 이목구비가 아니라 항마촉지인의 관음보살입상이 한껏 부드럽고 넉넉한 자비상을 풍기고 있다. 그는 부인의 평화로운 얼굴에서 관세음보살의 나투심을 본 것이다.

집

장욱진의 대부분의 그림에는 으레 해와 달, 나무와 집과 사람이 나온다. 그밖에도 까치와 개 등이 자주 따르게 마련인데 아마 이 정도가 天·地·人 三才의 균형과 조화, 즉 풍류세계를 표현하기 위해서는 최소한도로 확보돼야 할 기본이 될 줄 안다.

그중 여기서는 집에 관한 생각을 약간 피력해 보려고 한다. 우선 집의 종류가 몇 가지로 한정돼 있음에 주목할 일이다. 원두막, 정자, 초가집, 기와집, 양옥 등이 그것이다. 그것들이 예외 없이 규모는 작고 단층집이란 것이 공

통점이다. 그런데 양옥은 겨우 초기작 한두 점에나 나올 뿐이므로 논외에 둔다.

보통 집이란 한 가족이 여러 해 이상 안심하고 의지해서 살 수 있는 생활공간을 뜻하는 것이다. 따라서 이왕이면 내구성 있는 견고한 건축물이어야 할 것이다. 그렇게 본다면 원두막과 정자를 집이라고는 할 수 없으리라. 다만 집의 뜻을 좀 더 넓혀서 사람이 몸 담고 임시로나마 편안히 쉴 수 있는 어떤 합목적 구조물이라면 얘기가 달라진다. 도대체 원두막이나 정자가 어떤 위치에 어떻게 지어져 있느냐가 여기에서는 관심의 초점이다. 원두막은 으레 시골에서나 볼 수 있는 원두밭의 한가운데 그 수확물들을 지킬 목적으로 세우는 건물로서 그렇게 정성 들여 짓지는 않는다. 그리고 정자는 산수미(山水美)의 감상을 위해 경치가 뛰어난 곳, 언덕 꼭대기나 배산임수(背山臨水)의 명당에다 짓는 건물이다. 그것도 물론 원두막하고는 비교도 안되게 견고하고 미려한 건축미를 뽐내며 말이다. 그런데 두 건물은 그 목적과 됨됨이에 들인 재료와 솜씨는 판이하다 하겠으나, 아주 결정적인 공통점이 있다. 그 구조가 단순하다는 것, 즉 지붕과 기둥과 마루가 전부라는 점, 따라서 주변의 더없이 신선한 공기를 비롯해서 해, 달, 물, 나무, 바람, 산, 바위, 풀… 요컨대 적나라한 자연의 진수를 마음껏 받아들여 누릴 수 있다는 엄청난 장점을 공유하고 있다. 자연친화적 삶의 원형을 탐구하는 장욱진 그림에 이 원두막과 정자가 그처럼 빈번히 등장함은 너무도 당연한 일이라 할 것이다.

규모는 작지만 초가집과 기와집의 잦은 등장도 역시 같은 맥락에서 이해돼야 할 줄 안다. 일반적으로 한식가옥은 비록 집안에 몸담고 있더라도 가급적 많이 자연과 더불어 숨쉬며 교감하며 살 수 있도록 건물의 구조적 배려가 되어 있다.

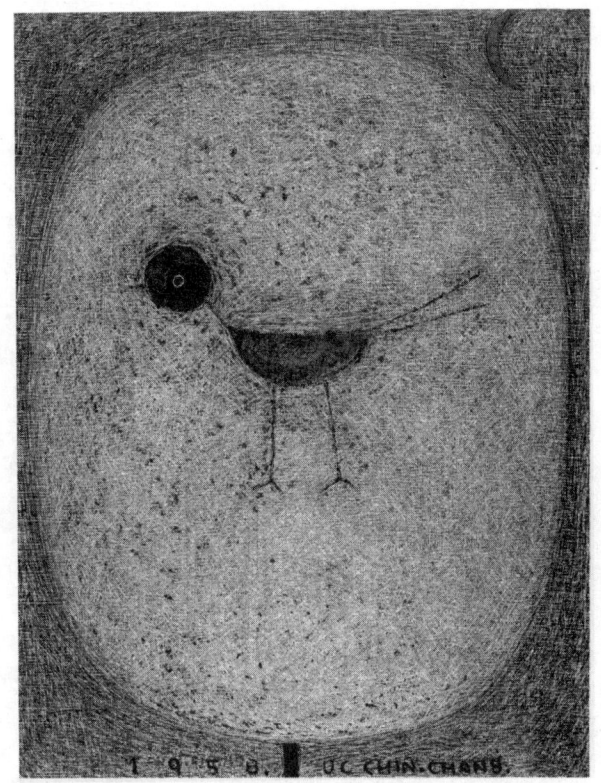

까치 · 1958

고대광실이나 궁궐 같은 집은 일반서민에게 필요가 없다. 집의 크기는 가족수에 따라서 정해지는 것이 양식(良識)일 것이다. 장욱진 그림 안의 허름한 집들은 천정이 낮은 듯 방안이나 툇마루에 누웠거나 앉아 있는 사람이 서넛 꽉 차 있지만, 그렇게 비좁다거나 불편해 뵈지 않는 이유는 무엇일까? 가족의 화목은 그래서 더욱 강조되고 있거니와 그들은 한결같이 맑은 기쁨과 건강에 넘치는 행복한 표정을 짓고 있다. 집의 주인은 자신들이며, 그들은 지금 자신들이 영위하는 전원생활에 흡족해 하고 있다. 그들이 이렇듯 행복과 감사의 느낌을 갖는 것은 그들을 노상 둘러싸고 있는 대자연의 감화를 받아서다. 그리하여 자신 안에 일체 사심이 없어진 까닭이다. 天·地·人 一氣로 꿰뚫린 까닭이다.

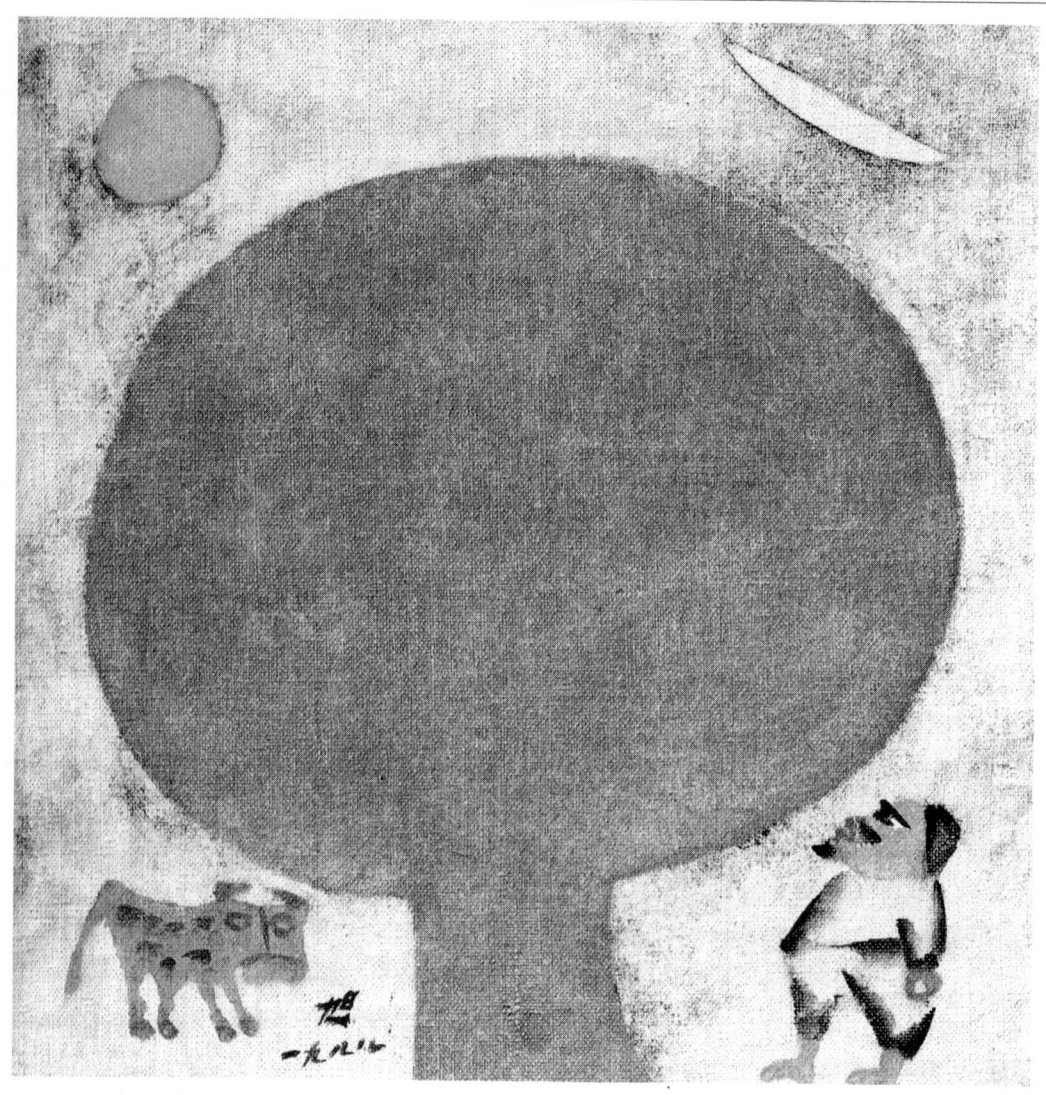

노인 · 1988

나무

장욱진의 그림에서 나무를 뺀다면 대부분의 그림은 망가지고 말 것이다. 그만큼 나무는 아주 중요한 의미를 갖고 있다. 그렇다 하더라도 나무가 단독으로 화폭 전부를 차지하는 일은 없다. 한 화폭에 나무가 크게 등장하는 경우라도 그 나무 한가운데엔 새가 있거나 옆에는 작은 초생달이라도 있게 마련이다.

나무 주변에는 흔히 어린이와 해와 달 또는 원두막이나 정자 안의 사람, 하늘을 나는 새, 산, 강아지 등이 배치되어 있다. 나무가 세계의 아니 우주의 중심을 차지하고 있는 셈이다. 때론 나무가 원경에 있거나 여기저기 있거나 한쪽 모서리에 있기도 한다. 어쨌거나 나무는 왜 이렇듯 큰 비중을 차지하는 것일까?

장욱진은 나무를 그려도 사실적으로 그리지는 않는다. 초기엔 더러 나무의 이리저리 뻗은 가지와 거기에 앉아 있는 새들의 모습, 그리고 나뭇잎을 식별할 수 있도록 그린 것도 있다. 그러나 차츰 나뭇잎을 그리는 일은 없어졌고, 아예 나무 전체를 원형의 큰 초록색 덩어리로 표현해 버리는 일이 많아진다.

여기서 잠깐 1988년에 그린 〈노인〉을 살펴보자. 화폭 가득히 큰 원형의 초록 덩이리, 나무가 그려져 있다. 굵은 줄기도 동일한 빛깔이다. 화폭 상단의 나무 좌우엔 흰 상현달과 붉은 해가 그려져 있고, 하단 좌우엔 노인 한 사람과 황소가 한 마리. 나무는 이렇게 말해주고 있는 것 같다.

"자 나를 보시오. 해도 달도 보시고 노인양반께서도 유심히 보시오. 황소도 보시게. 내가 바로 이 우주의 핵심인 생명의 덩어리요. 나를 중심해서 해도 달도 돌거니와 생명 있는 모든 것이 氣를 받아서 숨을 쉬게 된다오. 노인께서도 그것을 막연히 느끼고 계시기에 가끔 나를 응시하시면서 삶의 활력을 흡수하고

계신 것 아닌가요? 실은 나도 노인께서 봐주시는 덕택에 삶의 보람을 깨닫고 있으며 큰 힘을 받고 있다오."

그러나 이 나무의 모양이 늘 원형인 것은 아니고 빛깔 또한 초록 일색은 아니다. 빛깔의 농담(濃淡)으로 차이는 보이지만, 흰색도 검은색도 노란색까지 있다. 이렇게 나무의 형태나 색채에 다양한 변화를 주고 있는 데엔 화가 장욱진의 분명한 의도가 있으리라 짐작된다. 그리고 그것은 나무 뿐 아니라 그의 화폭에 등장하는 모든 것이 비슷비슷하면서도 유심히 살펴보면 그 형태와 색채에 있어서, 그리고 그것들의 배치에 있어서 미묘한 변화가 주어져 있음을 알 수 있다.

자연의 사물을 눈에 비친 대로 그리는 게 아니라 일단 그것들을 용광로와도 같은 자신의 안에서 내면화(內面化)하였다가 어떤 창조적 계기를 만났을 때 다시 그것들의 형태를 재창출, 재배치하되 독특하게 알맞는 색채로써 한다는 것이 화가의 업일진대, 같은 그림을 되풀이한다는 건 있어선 안 될 화가의 수치이자 자기모독이 아닐 수 없다. 모든 참된 예술가가 그러하듯 자신에 대해서 장욱진은 매우 엄격하였으니, 협잡이라고는 추호도 용납 않는 성실성의 소유자였다. 장욱진이 쓴 다음의 고백은 그러한 자신의 성품을 여실히 말해주고 있다.

'나는 고요와 고독 속에서 그림을 그린다. 자신을 한 곳에 몰아세워놓고 아무 것도 나를 방해해서는 안 된다. 그림 그릴 때의 나는 우주(宇宙) 가운데 홀로 고립되어 서 있는 것이다.

무섭도록 하얀 캔버스 앞에서 미(美)를 강조한다. 내 그림은 빛깔을 통한 내적(內的) 고백이며 내 속에서 변형된 美와 자연(自然)의 찬미이다. 하나의 작품이 완성될 때까지의 고통과 희열은 하나하나의 붓자국에 담겨 그림 속에 스며든다. 그림을 그린다는 것은 미의 승리

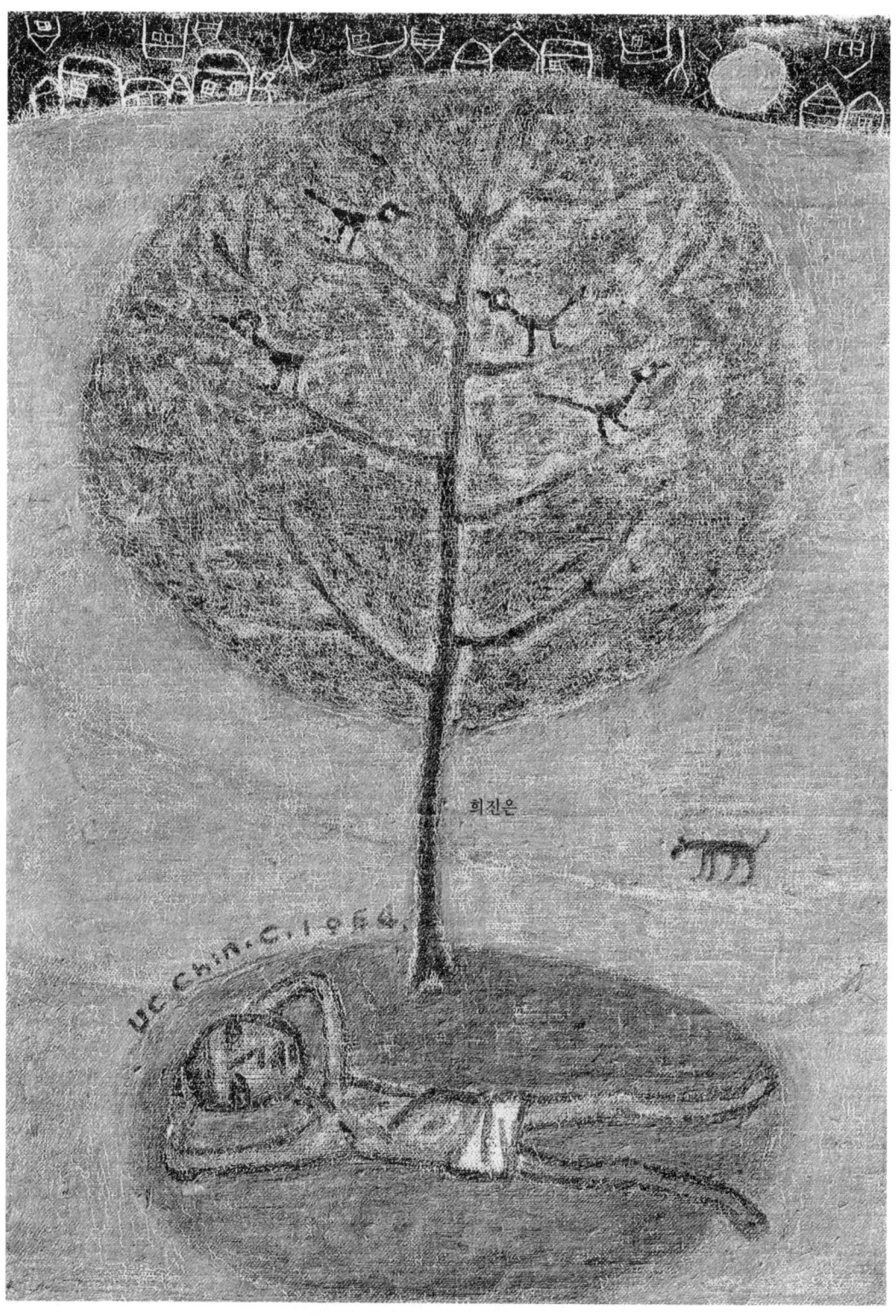

수하(樹下)·1954

를 확신(確信)하고 캔버스를 향해 감행하는 영혼의 도전이 아닐까? 그래서 나는 내 그림들을 아낀다. 깊은 애정(愛情)으로써 바라본다. 거기에는 나의 진실된 얘기들이 들어 있기 때문이다'(덕소화실(德沼畵室)에서 사는 나의 告白에서 . 1974).

나무와 아이가 함께 등장하는 그림들을 필자는 대단히 좋아한다. 그 중에서도 특히 마음 끌리는 것이 〈수하(樹下) · 1954〉라는 작품이다. 허리만 약간 가린 벌거벗은 아이가 나무 아래 땅바닥에 팔베개하고 벌렁 누워 있는 그림인 것이다. 아이는 하염없이 큰 눈을 뜬 채 꿈꾸듯 나무를 응시하고 있다. 저것이 무엇일까? 저 무한 푸르른 것. 무성한 나무. 그것이 세상에서 가장 좋은 것, 생명의 근원이며 신비 덩어리라는 것을 아이는 막연히 어렴풋하게나마 혹은 무의식의 심저에서나마 감지하고 있는 것은 아닐까. 어쩌면 아이는 눈뜬 채 지금 깊이 잠들어 있는지도 모르겠다. 보이지 않는 잎그늘 속에서는 쉴새없이 새들이 지저귄다. 솔솔 시원한 바람이 불어온다. 해가 지면 머지않아 어둠이 내리리라.

박희진은 고려대학 영문과를 졸업하고 1955년 〈문학예술〉 추천으로 시(詩)단에 등단하였다. 첫시집 「실내악(1960)」 이후 최근의 「동강12경」, 「화랑영가」, 「하늘 · 땅 · 사람」에 이르기까지 21권의 시집을 발표하였다. 1999년 보관문화훈장을 수상하였으며, 공간 시낭독회 상임시인으로 숲과 문화 연구회 명예 운영회원이다.

진경산수화 속의 생태 읽기

이 선

서론
-진경산수화의 또 다른 의미

산수화(山水畵)란 산수자연(山水自然) 그 자체의 표현인 동시에 인간 스스로 자연에 대해 보고 느낀, 자연에 대한 감상을 예술적으로 표현한 것이다. 산수자연이란 위로는 해와 달, 구름, 안개, 비, 눈 등의 형상과 아래로는 산, 바위, 물, 나무 등의 모든 것을 포함한다. 각각의 요소들은 살아 있는 생명체와 비유하여 산과 돌은 천지자연의 뼈대로, 물과 계곡은 핏줄로, 초목은 자연의 머리털로, 그리고 구름과 안개는 천지자연의 입김으로 생각하였다. 따라서 자연에 깃들여 있는 정신과 생명의 존엄성을 표현하는 것을 산수화의 목적으로 삼았다. 이것은 비단 회화(繪畵)에만 국한된 것이 아니라 만물이 근원적으로 평등하다는 과거 우리 선조들의 사고(思考)에서도 찾아 볼 수 있다. 동양에서는 특히 중국 북송시대의 산수화가 곽희(1001?~1090?)의 「임천고치(林泉高致)」가 간행된 이후 한중일(韓中日) 삼국의 산수화에 많은 영향을 끼쳤다.

우리 나라에서는 조선 초기 안견(安堅)이 관념산수화의 대표적인 곽희 산수화풍을 수용하여 당시 사대부들의 자연사랑을 표현하였으며, 그 후 조선 후기에는 겸재 정선(1676~1759)에 의해 우리 산천의 아름다움을 독특

한 화법으로 표현한 독창적인 진경산수화가 탄생되었다.

조선후기의 진경산수화가 우리 회화사에 차지하는 의미는 각별하다. 따라서 이 분야에 종사하는 많은 이들의 관심과 연구 또한 지대하다. 그러나 진경산수화는 또 다른 측면에서도 의미를 찾을 수 있는데, 다름 아닌 생태학적 관점인 것이다. 즉, 진경산수화를 통하여 관념 산수화에서는 파악하기 힘든 그 당시의 실제 자연환경(실경)을 파악해 볼 수 있으며, 현재와 과거의 자연환경 변화를 간접적으로 확인할 수 있는 시각적 기록으로서 중요한 의미를 지닌다.

본론
-작품 속의 생태적 표현 읽기

동양의 산수화관(山水畵觀)에 오랫동안 영향을 끼쳤던 곽희 산수화풍은 기성(既成)의 여러 가지 구도법을 조합하여 형식적으로 완벽한 산수(山水)를 구성하였다. 산수자연을 창작할 때 자연의 여러 구성요소 가운데 그 정수(精髓)를 선택하여 표현하였다. 그러나 상상 속의 이상상(理想像)을 표현하여 그 당시 사실 그대로의 정확한 자연환경을 생태학적 측면에서 유추해내기는 어려움이 따른다. 이것은 그의 산수화관이 객관적 사실주의를 벗어

나 주관적 이상상(理想像)을 자연물의 고유한 객관적 특성보다 더욱 중요시하였기 때문이다.

반면에 우리 고유의 산수화 양식인 진경산수화는 작가가 실제의 풍경을 보고 작가의 느낌을 사실적이며 객관적으로 그린 그림이라 할 수 있다. 그러므로 중국 화풍의 관념산수화와는 차이가 있다. 진경산수화는 상상의 세계, 또는 중국 산수화의 답습에서 벗어나 우리 나라의 자연경관을 그대로 묘사하는 실경산수인 것이다.

조선시대 이후에 꽃을 피웠던 진경산수화와 그 외 여러 편의 그림을 통해 그 당시 건축물의 구성과 배치, 그리고 자연경관뿐 아니라 그림의 배경이 되었던 장소의 수종이나 임상의 변화까지도 개략적으로 파악할 수 있다. 즉 그림 속의 사실적인 경관표현과 정확한 사생력의 도움으로 그 속에 표현된 자연경관의 생태적 특징을 간접적으로나마 읽을 수 있다. 특히 과거의 경관과 식생에 관한 상세한 기록이 부족할 때, 그러한 그림들은 조선시대 이후의 도시 및 산림생태계와 경관 변화, 그리고 전통조경의 한 방식을 엿볼 수 있는 귀중한 자료로써 생태학자나 조경학자들에게 매우 중요한 의미를 가지게 된다.

17세기 후반부터 우리 나라 산수를 주제로 한 그림이 많이 그려지고 18세기 후반에는 진경산수의 절정을 이루게 된다. 이것은 조선시대 김창협(金昌協)의 「동유기(東遊記)」, 이이(李珥)의 「풍악행(楓岳行)」, 이만부(李萬敷)의 「금강산기(金剛山記)」 등 여러 산수기행문과 시문(詩文)이 직접, 또는 간접적으로 영향을 미쳤고, 화가 자신들도 많은 답사와 기행을 통해 우리 고유의 산수자연을 그림으로 표현하였다. 특히 우리 산천에서 가장 경관이 빼어난 곳 중의 하나인 금강산은 조선시대 문학과 회화의 주요 대상지였다.

정선의 청풍계

우리 나라 고유산수화양식인 진경산수화의 시조(始祖) 겸재 정선(謙齋 鄭敾: 1676~1759)은 전국의 명승과 그가 거처했던 주변 경관을 매우 사실적으로 묘사하여 시감(視感)을 극명하게 표현한 대표적 작가이다. 그의 많은 작품 중에 그가 생전에 살았던 백악산 서쪽 산자락과 인왕산 동쪽 산자락 사이의 장동(壯

정선의 정양사

洞: 현재의 필운동, 청운동, 자하문 일대)의 실경을 그린 <장동팔경(壯洞八景)>에는 그 당시 서울의 경관이 잘 나타나 있다. 암벽 사이를 흐르는 계곡물, 노송과 버드나무, 초당과 누각이 어우러진 경관은 매우 수려하다. 그 중 1730년대 작품인 <청풍계>, <청풍계지각> 등은 현재 서울 청운동의 계곡으로, 이 그림의 중앙에는 수간(樹幹)이 곧고, 가지가 수평으로 뻗은 거대한 노목(老木)이 자리하고 있다. 그의 또 다른 그림인 <정양사>와 <해인사>는 250여 년이 지난 지금에는 변함없는 경관을 유지하고 있으며, 이 그림들과 현재의 자료를 비교해 보면 이 노목이 젓나무임을 추측할 수 있다. 이 청풍계와 청풍계지각을 통하여 그 당시 서울의 한복판에 아름드리 젓나무가 자라고 있었음을 보여준다. 기온이 서늘하고 비교적 습한 곳을 선호하며, 공해에 민감한 젓나무의 생리적 특성을 볼 때, 과거에는 서울에서도 젓나무가 생육할 만한 여건이었다는 것을 간접적으로 알 수 있다. 현재 서울의 기온은 그 당시보다 높아졌고 대기오염과 환경오염이 심각하여 젓나무가 서울 한복판에 생육하기는 거의 불가능하다 하니 안타까울 따름이다.

또 다른 작품으로 그의 서울 실경도 전형적인 작품인 <부아암(負兒岩)>은 현재 삼청동 부근 백악산 중턱으로 남근 모양의 바위가 우뚝 솟아 있고 주변 암석지 사이사이에 편필로 묘사된 소나무가 군락을 이룬 것을 볼 수 있다. 현재의 식생구성도 그 당시와 별 다름이 없어, 암석 주변의 척박지에는 예나 지금이나 소나무군락이 우점하는 경관을 보여주고 있다. 한반도의 대부분 야산에는 활엽수(참나무류)가 점점 세력을 키워가고 있지만 다른 수종들이 침입키 어려운 이러한 척박한 입지에는 생명력이 강한 소나무들이 모여 200여 년이 지난 지금도 여전히 군락을 이루고 있다.

소나무는 햇빛을 많이 요구하는 양수(陽樹)로서 햇빛이 부족한 북사면이나 계곡부에는 다른 수종들에게 자리를 내어준다. 그러므로 소나무는 산의 사면에서 주로 남쪽사면이나 능선부에 분포한다. 겸재와 이웃하며 그의 영향을 받은 강희언(1738~1792)의 <인왕산>은 소나무의 이러한 생태를 보여주는 좋은 예라 할 수 있다. 이태호(1995)는 강희언이 이 그림을 그린 위치가 현재 서울의 경복고 위쪽 백악산 계곡으로 추측하였으며, 그 위치에서 인왕산을 바라보면 관찰자의 좌측부분이 남사면이 되며 그림에서 소나무의 집단적인 분

강희언의 인왕산

포사면도 바로 좌측사면(남사면)과 능선부에 밀집되어 있다는 것을 알 수 있다. 이와 같은 시각적 기록은 환경과 입지에 따라 식물의 동태(動態)를 다시금 재확인해 볼 수 있는 예라 할 수 있다.

'산수표현에는 시보다 기행문이, 기행문보다 그림이 낫다'는 표암 강세황의 지적은 주변 경관의 표현에는 그림이 문학보다 더 묘사력이 있음은 암시하는 대목이다. 겸재 정선의 후대 인물인 단원 김홍도는 겸재 정선보다도 더욱 현장감이 살아 있는 사생력을 보여준다. 그것은 특히 그의 <금강산군첩>에서 확인할 수 있다.

풍속화로 유명한 단원 김홍도의 작품 중 그가 44세(1789)에 정조의 명을 받고 그렸던 <금강산군첩>은 임금이 금강산의 진경을 보고 싶어하여 최대한 사실적으로 그린 그림이라 한다. 그는 사생기행(寫生紀行)을 통하여 18세기 후반의 금강산 전경을 붓에 실어 생생하고, 매우 사실적인 그림으로 표현하였다. 그

것은 마치 현장에서 찍은 원경이나 근경 사진을 보는 듯하다. 그 중 <삼불암>은 현재 강원도 금강군 내강리 동래동 내금강에 위치해 있으며, 높이 8m의 대형 마애불로 북한의 국보급 유적이다. 그는 이 <삼불암>에서 거대한 바위에 새겨진 여래상을 세밀히 묘사했을 뿐 아니라 주변의 배경을 이루고 있는 숲도 매우 정밀하게 그려내고 있다. <삼불암>의 뒤편에 자라는 나무들은 대부분 잣나무와 젓나무인데 마애불의 높이와 비교하여 현재 잣나무와 젓나무의 수령(樹齡) 또한 대략 200~250년으로 추정할 수 있다. 개발로 온 산천지가 파혜쳐지는 요즈음 우리의 귀중한 자연유산인 삼불암 주변의 정양사, 장안사, 표훈사 등의 내금강지역은 아직도 젓나무와 잣나무 등이 울창한 숲을 이루고 있어 매우 다행스럽다.

전형적인 진경산수화는 아니지만 진경산수화풍과 조선시대의 기록화의 전통이 가미되어 제작된 작자미상의 <동궐도(東闕圖)>(1825~1830년경)는 일종의 조감도이다. 19

세기초에 제작된 〈동궐도〉는 조선시대 궁궐의 건물배치와 주변 경관를 상세히 그린 그림이다. 창덕궁과 창경궁의 건물배치와 짜임새, 그리고 주변 경관을 매우 세밀하게 묘사하여 건축사적 의미와 조경사적 의미가 매우 크다 할 수 있다. 아울러 그 당시의 식생현황과 현존식생을 비교해 볼 수 있는 귀중한 자료이다. 물 오른 버들가지와 만개한 철쭉, 과일과 꽃을 보기 위해 심은 낙선재 주변의 복숭아와 살구나무가 분홍색 꽃을 만개하여 이 그림을 그린 계절이 봄(4~5월)이었음을 미루어 짐작할 수 있다.

〈동궐도〉에는 입구 부분(돈화문)에 왕이 정치하는 곳임을 알리기 위해 중국 주대(周代)부터 궁내에 심어온 느티나무와 회화나무를 주로 식재하였으며, 궁궐내부와 주변에는 버드나무가 자라고 있다. 또한 추위에 약한 대나무 대신 조릿대가 간혹 심겨져 있는 것도 볼 수 있다. 이와 같은 동궐도를 현재의 식생분포와 비교해 보면 관목류인 철쭉 등은 대부분 그대로 남아 있지만, 궁궐내의 일부와 궁궐 후면부의 울창한 송림(松林)은 대부분 사라졌다. 조선시대에 엄격히 관리되어 오던 송림은 일제시대를 거치면서 많은 부분 벌채되었다.

여러 문헌을 참고해 볼 때, 특히 일제 말기에 일시적으로 벌채된 것으로 추측할 수 있으며, 그 이후 송림의 하층(下層)을 구성했던 참나무류 등이 현재의 임상(林相)을 구성하고 있다. 또한 단원 김홍도가 1776년경에 그린 〈규장각(奎章閣)〉과 〈동궐도〉의 부용정 주변의 경관을 비교하면 50여 년 사이에 소나무의 수가 많이 감소한 것을 알 수 있다. 이것은 정조 22년(1798)에 전국적으로 병충해의 피해가 심하여 소나무 병충해의 구제를 명하였다는 「조선왕조실록」의 기록으로 보아 그 당시 송충이와 같은 해충피해가 소나무의 쇠락 원인이 되었을 가능성도 상상해 볼 수 있다.

맺는말

위와 같은 몇 가지 작품을 통하여 그 속에 표현된 자연환경과 생태변화를 살펴보았다. 조선시대 작품 속의 경관을 현재의 사진분석처럼 그대로 해석하기에는 많은 부분 문제점이 있을 수 있다. 그러나 진경산수화를 통해 그 당시의 자연환경을 확인해 볼 수 있으며 더 나아가 경관의 변화까지도 유추해 볼 수 있다는 것은 진경산수화가 가지는 또 다른 가치라 할 수 있다. 이것은 진경산수화와 같은 과거의 시각적 기록이 미학이나 미술사학 등의 분야에 중요한 위치를 차지할 뿐 아니라 경관생태학이나 산림생태학, 또는 조경학의 분야에서도 큰 의미가 있음을 말해 준다. 앞으로 이러한 연구가 심화되어 진경산수화에 또 다른 가치가 부여되기를 기대한다.

참고문헌

-문화재관리국, 1989, 창덕궁원유-생태조사 보고서
-변영섭, 1988, 표암 강세황 회화 연구, 일지사
-이성미, 1993, 「한국인의 산그림」, 산과 한국인의 삶, 나남
-이영주, 1996, 「우리 옛그림의 아름다움」, 시공사
-이태호, 1995, 「그림으로 본 옛 서울, 서울」, 시립대학교 부설 서울학연구소
-정재훈, 1980, 한국 조경의 식수 배식, 문화재 제13호, 문화재관리국
-지순임, 1991, 「산수화의 이해」, 일지사
-정조실록
-최선호, 1983, 곽희 연구
-임천고치집을 중심으로, 서울대대학원 석

사학위논문
–최완수 외, 1999, 「진경시대 I, II」. 돌베
　개 – 최 철 편역, 1983, 「동국산수기」,
　「백두산기행」외, 명문당
–허영환, 1989, 「임천고치(林泉高致)」, 열
　화당

이 선은 독일 프라이부르크대학에서 식물생태학을 전공하여 박사학위를 받았다. 프라이부르크대학
교 조림학연구소내의 식생 · 입지학연구소 연구원으로 재직하였으며, 국민대, 충남대에서 강의하였
고, 현재 한국전통문화학교 전통조경학과 교수로 재직하고 있다.

조선시대 회화에 나타난 수목

오 병 훈

머리글

동양에서의 숲이란 개념은 자연이라는 거대한 대상 안에 포함돼 있다. 전통적으로 동양인들은 숲을 생활에 이용하기보다 숲이라는 대상 속에 자신을 은폐(隱閉)시키려고 노력한다. 동양의 선비사상은 현실을 떠나 신비로운 자연 속에서 유유자적(悠悠自適)하게 사는 삶을 최고의 가치로 생각했다. 숲 속에 자신을 꽁꽁 숨기고 되도록 속세와 먼 거리를 유지하여 궁극적으로 죽음을 초월한 신선(神仙)이 되려고 했다. 직접 풍광(風光)이 수려(秀麗)한 곳을 찾아다닐 수 없다는 한계성으로 자연을 축소한 정원을 꾸미고 더 나아가 수반(水盤)에 돌을 얹어 놓고 마음이나마 그 돌 속에서 신선처럼 살려고 했다.

동양 삼국에서는 여러 폭의 노송도(老松圖)가 전해져 온다. 그 작품들은 숲을 그렸다기보다 한 그루의 늙은 향나무나 소나무를 통해 삼림(森林)을 표현했고 건강 장수를 빌었다. 마치 서낭당에 늙은 고목을 가꾸면서 마을의 안녕과 평화를 빌었던 것처럼 한 폭의 노송도를 걸어 두고 집안의 평화와 장수를 기원했다. 여기서도 나무는 여러 그루이기보다 한 그루만으로 수많은 송림에 든 것 같은 느낌을 받도록 했다. 조선시대 회화에 나타난 수목의 의미를 되새겨 보았다.

1. 음양오행설(陰陽五行說)에 따라 5종의 수목만으로 숲을 완성

전통적인 남화(南畵)에서는 단지 산수를 표현하였지 따로 숲을 그리지는 않았다. 기암괴석이 늘어선 암봉(岩峰)과 쏟아지는 폭포, 그리고 계류를 표현하고 미점(米點)을 찍어 암벽에 매달린 수목을 표현하면 되었다. 중경(中景)이나 근경(近景)을 표현할 때도 나무는 그리 중요한 모티브가 되지 않았다. 몇 그루의 노송(老松)을 그리는 것으로 숲이 완성된다고 믿었다. 근경의 숲을 표현한 산수화(山水畵)에서도 여러 수종(樹種)을 표현할 필요는 없다. 대여섯 종의 나무를 그려 수많은 수종이 섞여 자라는 숲을 표현할 수 있다고 믿었던 까닭이다.

산수화의 수목 배치는 동양의 전통사상인 음양오행설(陰陽五行說)에 근거를 두고 있다. 다섯 종류의 나무만 그리면 숲이 되는 것을 왜 복잡하게 많은 나무를 낱낱이 그리느냐 하는 물음에 대해 수많은 화가들이 고심했을 것이다. 옛 사람들은 우주를 생성하는 다섯 가지 원소를 五行이라 했는데 나무(木)가 불(火)을 일으키고, 재가 흙(土)으로 돌아가면 흙이 굳어 쇠(金)가 되고, 쇠(金)에서 물(水)이 나오며, 물은 다시 나무(木)를 키운다고 생각했다.

오행설을 최초로 주창한 사람은 전국시대의 추연(騶衍)이다. 그는 덕행(德行)을 한 제왕

안견의 몽유도원도(夢遊桃園圖)부분. 일본 천리대 도서관에 소장돼 있는 조선전기의 대표적인 명화이다. 안평대군이 꿈에 본 절경을 궁정화가인 안견에게 명하여 그린 사유적인 작품이다.

조(帝王朝)에 비겨 우(虞)는 토덕(土德), 하(夏)는 목덕(木德), 은(殷)은 금덕(金德), 주(周)는 화덕(火德)을 실천 덕목으로 하여 제왕(帝王)이 되었다고 했다. 한대(漢代)에 이르러 음양오행설이 크게 성행했다. 우주 만물은 오행에 따라 끊임없이 생성(生成)과 소멸(消滅)을 반복한다고 생각했다. 木은 육성(育成)의 덕목(德目)을 맡으며 방위는 동쪽이고, 계절은 봄이다. 또 火는 변화의 덕목이고 방위는 남쪽이며 계절은 여름이다. 土는 생명을 탄생시키는 덕목으로 방위는 중앙이며 사계절을 두루 관장한다. 그리고 金은 잘못을 바로잡고 벌을 주는 형금(刑禁)의 덕목으로 방위는 서쪽이요, 계절은 가을이다. 마지막으로 水는 임양(任養)의 덕목으로 방위는 북이고 계절은 겨울이다. 이러한 오행설에 바탕을 두고 다섯

가지만으로 우주 만물을 대변할 수 있다고 믿었다.

2. 중국남화(中國南畵)의 선통을 계승한 조선 전기 회화에서의 수목표현(樹木表現)

조선시대 회화사(繪畵史)를 말할 때 건국 초부터 1500년대까지를 전기로 그 이후를 후기로 나눌 수 있다. 전기는 북송화(北宗畵)의 영향을 많이 받았고 후기에는 남송화(南宗畵)의 영향으로 문인화(文人畵)가 성행했다. 조선전기의 대표적인 산수화가로는 안견(安堅), 강희안(姜希顔), 이상좌(李上佐), 이흥효(李興孝)를 꼽을 수 있다. 이들은 중국 전통화법에 영향을 받아 도식화한 산수를 그린 화가들이다. 그 중에서 안견(安堅)의 〈몽유도원도·

이징의 〈연사모종도(煙寺暮鍾圖)〉에서는 아래쪽에 노송 두 그루가 서 있고 개울 위에 걸린 다리로 고사가 건너오고 있다. 좌측 암릉 위에 있는 산사에서 종소리가 은은하게 들리는 것 같다.

나무를 그린 걸작들이 많다. 김명국(金明國)의 〈설경산수도·雪景山水圖〉에서는 앙상한 나뭇가지에서 우는 까치와 나귀를 탄 고사가 까치소리에 뒤를 돌아보며 귀 기울이는 그림이다. 백묘법으로 처리한 줄기에서 강한 힘을 느낄 수 있다.

이징(李澄)은 솔을 잘 그린 화가이다. 그의 대표작 〈연사모종도·煙寺暮鍾圖〉에서는 중앙 아래쪽에 두 그루의 노송을 그리고 그 뒤로 비탈에 선 침엽수와 나목을 섞어 중경을 표현했다. 아래 오른쪽으로 고사가 돌다리를 건너는 한적한 풍경이다. 왼쪽 위에 산사가 있어 금방이라도 종소리가 울릴 것만 같은 전통적인 남화풍의 걸작이다. 조선 전기에 매화와 소나무를 그린 그림이 많은 것은 소나무가 세파에 흔들리지 않는 선비의 기상과 닮았다고 본 때문이다.

우리의 옛 선조들은 그들이 꿈꾸었던 유토피아를 도원(桃園)이라고 했다. 조선 초 안평대군은(安平大君)은 꿈속에서 본 복사꽃 핀 선경(仙境)을 당대(當代)의 명필 안견(安堅)에게 그리도록 했는데, 그 그림이 바로 〈몽유도원도〉이다. 안평대군은 안견의 그림이 매우 흡족하여 자신이 직접 서시와 발문을 쓰고 신숙주, 성삼문, 이개 등 집현전 학자 21명에게 시(詩)와 부(賦)를 쓰게 하였다. 그들 중에서 이현노는 몽도원도부(夢桃源圖賦)에서 복사꽃 피는 신선들의 마을을 이렇게 펼쳐 보였다.

夢遊桃園圖〉는 걸작 중의 걸작이라고 할 수 있다.

초기의 산수화에서 보여주는 수목은 유엽준(柳葉峻)이나 미점(米點)으로 잎을 표현하거나 때로는 발묵을 통해 무성한 잎을 표현하기도 했다. 줄기는 몰골법(沒骨法)과 백묘법(白描法)을 적절하게 혼합하여 다양한 종류의 수목을 나타내기도 한다. 전기의 작품 중에는 소

시냇물에는 금고의 붉은 잉어가 뛰고,
들판에는 군달의 푸른 소가 몸을 숨기네.
단약 끓이는 솥에 불 지피는데.
향기로운 두약이 물가에 흐드러졌네.
복사꽃 물결 따라 멀리 향기를 퍼뜨리는
바로 호리병 같은 딴 세상

溪跳琴高之赤鯉 野隱君達之靑牛

윤두서의 〈무송관수도(撫松觀水圖)〉. 늙은 소나무 줄기를 어루만지는 손길이 정겹고 암봉아래 계류를 응시하고 눈길에서 욕심없는 선비의 마음을 읽을 수 있다. 노송의 우아한 자태를 돋보이게 하기 위해 뒤에 참나무로 보이는 한 그루의 낙엽수를 그렸다.

煮火棗兮丹寵 爛杜若兮芳洲
桃花流水香然 壺中之天地

시냇물이 맑아 붉은 잉어가 헤엄친다. 거문고를 잘 탔다는 금고(琴高) 신선이 나들이 할 때마다 타고 강을 건넜다는 잉어이다. 또 넓은 초원에서 배불리 풀을 뜯는 저 소는 군달(君達) 신선이 타고 다녔다는 소다. 두약(杜若)과 단계(丹桂), 지초(芝草) 같은 향기로운 약초와 주사(朱砂)를 섞어 금장(金漿), 현상(玄霜) 같은 불사약을 만들고 있다. 복사꽃이 핀 개울에는 향기로운 물이 흐른다. 호공(壺公) 신선이 저자거리에서 지내다 밤이면 병 속으로 들어갔던 것처럼 좁은 골짜기를 지난 곳에 새로운 땅이 기다리고 있었다. 바로 신선들이 사는 선계이다. 여기서도 도원의 복사꽃은 그렇게 중요한 것이 못된다. 수많은 산봉우리들이 첨탑처럼 솟아있는 가운데 몇 그루의 복사나무가 있을 뿐이다.

김두량의 〈월야산수도(月夜山水圖)〉에서는 낙엽진 나무를 사실적으로 표현하여 숲의 이미지를 더욱 강하게 했다. 계류 건너 편에도 울창한 낙엽수가 솟아 있고 그 위에 보름달이 떠 있어 안개 낀 숲의 정취가 싱싱하게 살아 있다.

3. 민족성을 되찾은 겸재(謙齋)의
   진경산수(眞景山水)

1500년대 이후 조선 회화에서는 나무의 수종이 다양하게 나타난다. 전기에서 소나무, 대나무, 매화를 즐겨 그렸다면 후기에는 다양한 종류의 나무로 표현된다. 윤두서(尹斗緖)의 〈무송관수도 · 撫松觀水圖〉에서는 고사가 노송 뒤에 엎드려 계곡의 흐르는 물을 감상하는 그림이다. 또 한 그루의 늙은 소나무를 돋보이게 하기 위해 뒤에 작은 낙엽활엽수를 그려 넣어 주제가 선명하도록 했다. 〈증산심청도 · 蒸山深靑圖〉에서는 중앙에 세 그루의 낙엽수가 서 있고 뒤에 암봉들이 주름지어 펼쳐져 있다. 단풍나무로 보이는 낙엽수는 먹의 농담(濃淡) 처리를 통해 원근을 표현하였다. 여기서도 비탈길을 걸어 내려오는 동자와 고사를 작게 그려 인물은 풍경화 안에서 주제를 보조하는 소품 정도로 처리돼 있다.

나목(裸木)의 멋을 가장 잘 표현한 작품은 김두량(金斗樑)의 〈월야산수도 · 月夜山水圖〉일 것이다. 화면 아래 늙은 고목 두 그루를 백묘법으로 표현하고 오른쪽 중간에 몇 그루의 나목이 보름달 아래 서 있다. 나무의 줄기 중간은 흰 안개가 가리고 그 아래 계류가 힘차게 흐른다. 나목을 이토록 잘 표현한 그림은 보기 어려울 것이다.

한국적 산수화를 정립한 겸재 정선(謙齋 鄭敾)에 와서 비로소 도식화한 중국화에서 탈피했다고 할 수 있다. 겸재는 사물을 공식적으로 보지 않고 실제 현장을 답사하여 사실적으로 그려냈다. 산수화의 근간을 이루는 수목에 있어서도 버들, 소나무, 낙엽수, 대나무숲과 매화, 복사꽃을 선명하게 구분지었다. 같은 침엽수라 해도 〈부자묘노회 · 夫子廟老檜〉에서는 늙은 측백나무 고사목과 함께 울창한 젓나무 숲을 그려냈고, 〈함흥본궁송 · 咸興本宮松〉에서는 노송 세 그루를 사실적으로 표현했다. 〈장안사 · 長安寺〉 그림에서는 낙엽수와 함께 올곧은 젓나무 숲을 그려 웅혼(雄渾)한 기

김정희의 〈세한도(歲寒圖)〉에서는 노송 네 그루를 간략하게 그리고 배경을 일체 생략하여 선비의 올곧은 지조를 표현했다. 소나무도 줄기만으로 만족하고 잎을 간략하게 그려 오히려 담백하면서도 깊은 맛을 느낄 수 있도록 했다.

정선은 〈부자묘노회(夫子廟老檜)〉는 뜰앞에 늙은 측백나무가 서 있고 그 밑에 나귀를 끌고가는 고사를 그렸다. 측백나무 뒤에 낙엽수와 오른쪽에 전나무(잣나무)가 서 있다. 담 뒤에 전나무 숲이 울창하다. 겸재 이후로 수종을 확인할 수 있는 회화를 볼 수 있다.

상을 느낄 수 있도록 했다.

겸재에 이르러 한국적 실경산수(實景山水)의 길을 열었으므로 그의 작품 속에는 수종을 확인할 수 있는 나무들이 많다. 승천하는 용을 대하듯 꿈틀대는 줄기에서 강한 힘을 느끼게 하는 두 폭의 그림도 뺄 수 없는 걸작이다. 〈노송영지 · 老松靈芝〉는 늙은 소나무와 그 아래 돋아난 영지버섯을 그린 그림이다. 또 〈노백도 · 老栢圖〉에서는 향나무 줄기와 농묵색(濃墨色) 잎을 통해 건강장수를 기원하는 마음을 담고 있다. 〈사직송 · 社稷松〉에서는 지면을 꿈틀대며 옆으로 뻗어나간 노송을 그린 작품이다. 살아서 기어오르듯 사실적인 표현이며 섬세한 줄기의 비늘과 무성한 잎에서 강인한 생명력을 느낄 수 있다. 천재 겸재도 초

기에는 수많은 나무들이 빽빽한 소나무 숲을 그렸지만 말년에는 한 그루의 소나무로 귀결되고 말았던 것이다.

4. 도교(道敎)의 신선사상(神仙思想)에 따라 선계(仙界)를 표현

도교(道敎)에서는 중국 산동성(山東省)의 태산(泰山)을 그들의 성지(聖地)로 생각한다. 도교와 선교(仙敎)의 불로장생(不老長生) 사상과도 깊은 관련이 있다. 불로초(不老草)가 자란다는 신선들의 땅인 삼신산(三神山)은 동해 바다 어디에 있는데 그 선인들은 가끔 태산으로 나들이를 한다는 것이다. 그래서 태산을 자주 오르면 물론 선인들을 만날 수 있다. 삼림이 무성하고, 계곡과 시내가 종횡으로 나있으며, 기후가 사람에게 적합하다. 긴 세월 동안, 태산과 장강(長江), 그리고 만리장성(萬里長城)은 이미 중화민족(中華民族) 정신의 상징이 되었다. 태산은 높고 크며 천상계로 오르는 계단이요, 건강장수를 기원하는 나약한 인간들의 신앙적 대상이다. 역사적으로 수많은 사람들에게 위안을 주었던 태산, 독특한 민간신앙의 대상으로 남아 오늘날까지 사람들을 불러모으고 있다. 우리의 봉래 양사언(蓬萊 楊士彦) 선생이 읊었듯이 태산은 결코 하늘나라에 있는 것이 아니라 '오르고 또 오르면 못 오를 것이 없는' 지상의 산일 뿐이다. 그러나 그 뿌리는 기원전으로 거슬러 올라야 하니 태산이란 신비로운 대상이 아닐 수 없다. 그래서 아직도 선교(仙敎)와 도교(道敎)의 성지로 남아 있는 것이리라.

전통적인 문인화(文人畵)에서는 이러한 땅을 화폭에 즐겨 나타낸다. 바위와 물, 안개가 이루는 풍광, 괴기(怪奇)스럽기까지 한 자연에서 외경심(畏敬心)을 느꼈을지 모른다. 그 대상을 화폭에 옮겨놓은 것이 바로 산수화이다. 기(氣)를 수련하는 도인(道人)들은 태산

겸재의 〈노백도(老柏圖)〉는 지나치다 할 정도로 향나무를 과장되게 표현했다. 송백은 장수를 나타내는 나무이므로 노인의 건강장수를 기원하기 위해 많이 그렸다.

이 그 어떤 자연보다 기가 충만한 곳이라고 말한다. 여기서 선도(禪道)를 수련하면 다른 곳보다 몇 배나 기간을 단축할 수 있다고 한다. 그 때문에 중국 전역에 흩어져 기를 수련하는 도인들은 최소한 일년에 한번쯤은 태산을 찾아 기를 충전해 간다고 한다. 태산이 지상의 기가 집약된 곳인지는 몰라도 역사적으로 보면 수많은 시인묵객(詩人墨客)들이 태산을 소재로 하여 시를 짓고 그림을 그렸다. 명승지 유람은 고려 이후 이 땅의 선비들에게도 전해져 명산대천(名山大川)을 찾아 유람하는 일이 성행하게 되었다.

5. 자신이 꿈꾸는 이상향을 건설하기 위해 석가산(石假山)을 쌓고

동양인은 죽어서 영생을 얻기보다 현실을 더 중요하게 생각한다. 좋은 옷을 입고 좋은 집에서 병 없이 오래 살기를 바란다. 현재의 자신이 처해 있는 조건을 거부하기보다 수용하는 편이며, 산수가 아름다운 자연에서 유유자적한 삶을 영위하려고 노력한다. 속세를 멀리 떠난 어딘가에 뛰어난 경관이 펼쳐진 곳이라면 어김없이 옛 선인들의 자취가 남아 있다. 자신이 이러한 곳을 찾아갈 수만 있다면 다행이겠으나 현실은 그렇지 못하다. 그래서 그 대안으로 자신의 뜰에 상상 속의 선경(仙境)을 인공으로 만들었는데 그것이 곧 축경정원(縮景庭園)이다.

그도 어려운 사람은 자신의 능력에 맞는 인공의 바위산을 만들어 마음속으로나마 만족을 얻으려고 노력한다. 바로 석가산(石假山)이다. 접시 위의 돌을 수석(壽石)이라 부르고, 화분에 심어진 나무 한 그루에서 수백 년의 역사를 담아내는 것도 그 때문이다. 작은 돌 한 점에서 거대한 자연을 느끼고 그 자연 속에 자신을 작게 축소시켜 신선으로 돌아가려고 노력한다. 규모가 작은 석가산이 곧 수석인 셈이

겸재의 〈노송영지(老松靈芝)〉는 늙은 노송 그루터기 아래 영지가 돋아나 있는 그림이다. 솔은 장수를 나타내고 게다가 신령스러운 영지까지 그려 장수를 기원했다. 한 그루의 솔에서 울창한 송림을 느낄 수 있게 한 회화작품이 바로 조선 회화이다.

세잔느의 〈미역 감는 세 여인〉에서는 울창한 계곡의 맑은 물에서 목욕하는 나체의 여인상을 그렸다. 동양에서 물을 관조의 대상으로 여기지만 서양화에서는 직접 체험의 대상으로 여긴다.

다. 신선사상은 동양 각국에 많은 영향을 끼쳤다. 경복궁 경회루 옆의 아미산(阿彌山)을 쌓은 것도 신선이 사는 선계를 만들기 위해서이다. 낙선재(樂善齋) 뒤뜰의 괴석이나 창경궁 통명전(通明殿) 뒤의 괴석도 현세에서 선계를 느끼기 위해 세웠다. 하나의 바윗돌이지만 거대한 수미산(須彌山)이요 봉래(蓬萊), 방장(方丈), 영주산(瀛州山)이다.

삼신산(三神山)을 믿는 자연관에 따라 산수화의 수목 배치는 하나의 작품을 이루는 구성 요소일 뿐 주체가 되지는 않았다. 동양의 축경미(縮景美)는 걸러낼 것은 철저하게 걸러내서 가장 핵심적인 요소만으로 작품을 완성한다. 동양적 사상을 가진 눈으로 보는 숲은 물질적인 숲이 아니라 사유(思惟)의 숲인 까닭이다.

동양에서 숲을 생활에 이용하기보다 관조(觀照)의 대상으로 삼았다면 서양화에서는 생활에 직접 이용하는 쪽을 택했다. 마네의 〈숲속의 식사〉나 모네의 〈풀밭에서의 식사〉처럼 사람이 직접 숲으로 들어가 나무 그늘에서 즐기는 쪽으로 표현했다. 고갱의 〈향기로운 저지〉나 〈망고의 여인〉에서 보듯 숲에서 꽃을 따고 과일을 얻는 등 경제적인 대상으로 자연을 보고 있다.

물이라는 대상을 두고 본다고 해도 동서양은 큰 차이가 있다. 서양화의 경우 르느아르의 〈목욕하는 여인들〉이나 세잔느의 〈미역감는 세 여인〉처럼 자연을 정복의 대상으로 보고 숲이 우거진 골짜기의 시냇물 속에 온 몸을 던져 극복하려고 한다. 그에 비해 한국화에서는 〈고사탁족도·高士濯足圖〉에서 보듯 바위에 앉은 선비가 흐르는 물을 바라보며 잠시 발을 담그는 것으로 대신한다. 자연을 정복의 대상으로 생각하기 전에 스스로 자연의 일부분임을 받아들이고 새와 짐승, 꽃과 나무와 어우러질 수 있는 세계를 꿈꾼다.

6. 직접 매원(梅園)을 찾기보다 찾아 가는 과정을 제시

동양화에서는 먼발치에서 암벽과 물, 안개

모네의 〈풀밭에서의 식사〉. 숲에 소풍 나온 남녀가 식사 후 담소하는 장면을 그렸다. 동양에서는 꽃을 바라보기 위해 심매여행을 하지만 서양화의 경우 숲을 즐기는 대상에 포함시킨다.

사이로 고개를 내미는 암봉들을 바라보는 것만으로 만족한다. 숲을 표현한 그림이라 해도 숲을 직접 그리는 것은 아니다. 가령 매화동산을 표현할 때도 매화를 직접 그리기보다 매원(梅園)을 찾아가는 고사(高士)를 표현하여 간접적인 암시를 통해 주제를 표현한다. 직유(直喩)보다 은유(隱喩)를 택하는 동양의 전통적인 문학사상에서도 그 뿌리를 찾을 수 있다.

당대(唐代)의 시인 맹호연(孟浩然)이 파교를 건너 매원을 찾아가는 〈파교심매도〉에서도 매화를 직접 그리지 않고 암시를 통해 감상자가 느끼도록 했다. 얼마나 고차원적인 표현인가. 매화를 표현한다고 해도 활짝 핀 매화 그늘을 그리기보다 눈 쌓인 들판을 지나 다리를 건너는 것으로 대신한다. 찾아가는 과정을 통해 감상자는 매화의 감흥을 충분히 느낄 수 있는 것이다. 서양화에서 고흐가 누렇게 익은 밀밭과 일렁이는 삼나무숲을 풍성하게 그렸다면 추사(秋史)는 〈세한도·歲寒圖〉에서 앙상한 소나무 네 그루를 표현하는 것으로 거대한 자연을 화폭에 재현해 냈다.

매화를 그린다고 하여 매원(梅園)을 모두 그릴 필요는 없다. 그저 한 그루의 늙은 매실나무를 그릴 뿐이다. 활짝 핀 고매(古梅) 한 그루를 열 폭 병풍에 배치하고 수많은 매화와 봉오리를 그려 거대한 매원을 느낄 수 있도록 했다. 그 보다 더 함축성 있게 표현한 그림이라면 일지매(一枝梅)를 들 수 있다. 매화 한 가지를 그리고, 몇 송이의 꽃과 봉오리를 그려 수많은 매화가 활짝 핀 매원을 느낄 수 있도록 했다.

송림을 표현할 때도 마찬가지이다. 소나무는 여러 그루를 그릴 필요가 없다. 단 한 그루의 늙은 소나무를 그려 감상자로 하여금 더 넓은 송림을 느낄 수 있도록 했다. 유명한 이인상(李麟祥)의 〈송하관폭도·松下觀瀑圖〉나 이재관의 〈산거도·山居圖〉에서 보듯 한 두

이경윤의 〈고사탁족도(高士濯足圖)〉에서는 더위를 피해 물가에 나온 고사가 잠시 물에 발을 담그고 그 뒤에 동자가 차를 들고 서 있다. 동양화에서는 자연이라는 대상을 물질로만 보지 않고 심신을 편히 쉴 수 있는 곳으로 생각했다.

그루의 소나무만으로 충분한 송림을 느낄 수 있다. 송림을 가장 사실적으로 표현한 걸작이라면 이인문(李寅文)의 〈송계한담도·松溪閒談圖〉일 것이다. 십 여 그루의 노송이 우거진 사이로 계류가 흐르고 더위를 피해 나온 세 명의 선비가 물가 바위에 앉아 계류를 감상하면서 담소하고 있다. 그 옆의 노송 그루터기 뒤에서 동자가 차를 달이는지 앉아 있는 부채 그림이다. 작은 화폭에 이처럼 거대한 자연풍경을 축소하여 재현해 내는 것이 바로 동양적인 미학이다.

그에 비해 추사의 〈세한도〉에서는 곧게 자란 송림 사이로 선비가 홀로 글을 읽고 있을 것 같은 작은 초당이 보인다. 소나무 숲을 표현했지만 네 그루의 앙상한 가지를 단 소나무가 찬바람에 떨고 있을 뿐이다. 풍성한 잎을 달고 있는 송림이라기보다 앙상한 줄기를 통해 오히려 타협을 모르는 올곧은 선비의 기상을 느낄 수 있다.

7. 민화 속에 나타난 수목의 의미

조선시대의 민화(民畵)에서는 사군자를 비롯하여 모란, 소나무, 벽오동, 복숭아, 석류, 포도, 목련, 장미, 불수감, 버드나무, 단풍나무 같은 수종이 주된 소재이다. 석류는 주머니 속에 자잘한 씨를 무수히 보듬고 있다. 그 모양을 자손의 번창으로 보았다. 따라서 시집가는 딸의 혼수품에 석류가 수놓아져 있다면 부귀다남(富貴多男)을 뜻한다. 열매의 맛이 시어서 임산부들이 좋아하는 과일이다. 석류를 많이 먹으면 아들을 낳는다는 속설도 알고 보면 상당히 과학적인 데가 있다.

석류, 불수감(佛手柑), 복숭아를 삼다식물(三多植物)로 여겨 왔다. 삼다란 자식을 많이 두라는 다남(多男), 복을 많이 받으라는 다복(多福), 건강하게 오래 살라는 다수(多壽)가 그것이다. 송의 구양수(歐陽修)는 그의 글 '삼다설〈三多說〉'에서 '서왕모(西王母)가 가꾼다는 선도(仙挑)는 삼천 년마다 열매를 맺는다 하여 오래 사는 것으로 해석할 수 있고, 불수감은 그 모양이 부처의 손과 같은데다 불(佛)과 복(福)이 음이 비슷하여 다복(多福)을 뜻한다. 석류 속에는 씨가 많아서 다자(多子)로 해석된다.'

삼다사상이 보편화되면서 복숭아, 석류, 불수감은 십장생도(十長生圖)에도 같이 그려지는 수가 있다. 또 이들 삼다식물을 함께 그려 다복(多福), 장수(長壽), 다남(多男)을 염원한다. 조선시대 민화(民畵) 속에도 이들 삼다식물을 주제로 한 작품이 많다. 석류와 불로초

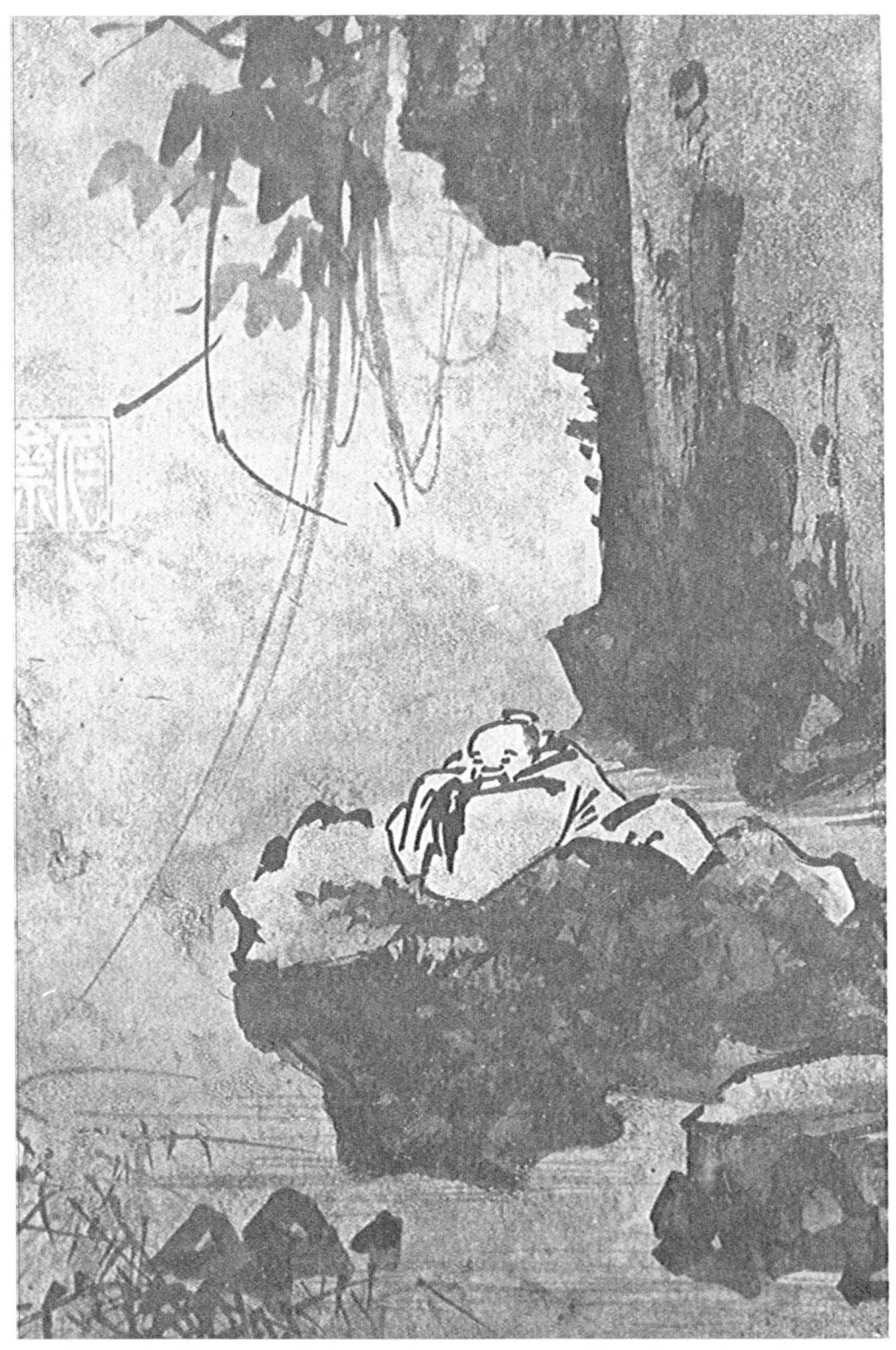

강희안의 대표작이라 할 수 있는 〈고사관수도(高士觀水圖)〉이다. 바위에 엎드린 고사가 그 아래 흐르는 물을 바라보고 있고 뒤의 높은 절벽에서는 덩굴식물이 늘어져 있다. 동양화에서는 자연물이라는 대상이 정복의 대상이 아니라 관조의 대상이라 할 수 있다.

명대4가의 한 명인 구영의 〈강천도(江川圖)〉 부분이다. 당송시대를 거쳐 명청시대에 이르러 다양한 수종의 표현을 볼 수 있다. 같은 낙엽활엽수 중에서도 잎을 다양하게 처리하여 여러 수종으로 보이게 했다. 조선시대 회화에서 후기에 들어오면서 다양한 수종이 화면에 등장한다.

가 함께 그려질 때는 백자장생(白子長生)을 뜻하며, 꾀꼬리(黃鳥)와 함께 그려지면 금의백자(錦衣白子) 즉 출세한 자손을 뜻한다. 그 외에도 석류와 연밥을 함께 그리거나 석류와 포도를 그려 다산과 다복을 빌었다. 복숭아밭에서 노는 동자 100명을 그린 〈백자도 · 白子圖〉나 포도덩굴에 매달려 노는 동자 그림은 모두 삼다사상을 반영한 작품이다. 중국에서는 신혼 축하 선물로 석류를 보내는 풍습이 있다. 모두 아들 낳기를 바라는 마음에서다.

초본류는 이보다 훨씬 많아서 국화, 작약, 맨드라미, 붓꽃, 원추리, 수수, 갈대, 연꽃, 패랭이꽃, 꽈리 등 다양하게 나타난다. 비교적 대작이라 할 수 있는 병풍에서도 계절에 따른 나무와 꽃을 그렸는데 여기서는 새를 곁들여 신분의 고귀함을 표현하기도 했다.

또 〈일월도 · 日月圖〉에서는 붉은 줄기의 소나무를 화면 가득 배치하여 송림을 표현하고 장수를 뜻하는 학과 사슴을 함께 그리기도 한다. 〈십장생도 · 十長生圖〉에서는 소나무와 함께 천도(天桃)를 그리고 사슴과 거북, 학 같은 서수(瑞獸)가 등장하기도 한다. 모두 무병장수를 기원하는 마음이 담겨 있다. 그러나 대부분의 민화에서는 소나무, 매화, 복숭아, 대나무, 석류, 모란 같은 나무를 그려도 한 그루만 그리는 것이 보통이다. 병풍에서도 한 폭의

화면에 한 그루의 나무를 그리고 주작, 봉황, 수탉, 꿩, 원앙, 기러기 따위 새를 깃들게 한다. 물론 〈화조도 · 花鳥圖〉에서는 새와 꽃이 주제이지만 〈초충도 · 草蟲圖〉에서는 꽃과 함께 곤충을 그려 자연의 일부분을 마음으로 맞아들인다.

민화는 순수한 예술작품이기 보다 건강과 행운, 다복과 다산을 기원하기 위한 성화에 가깝다. 기복신앙에서 나온 여러 가지 목적을 지닌 실용적인 그림이라고 할 수 있다.

맺는 글

조선의 회화에 있어서 숲이란 개념은 크게 부각되지 않았다. 숲을 그리기 보다 자연을 그렸다고 할 수 있다. 도교의 영향으로 산자수려한 곳을 찾아가 자연을 대상으로 하여 시를 짓고 그림을 그렸다. 전통 문인화(文人畵)에서는 시와 그림이 따로 있을 수 없다. 자연에 대한 느낌을 시를 통해 읊고 그림으로 표현했다. 시서화 삼절(詩書畵 三絶)을 두루 섭렵(涉獵)하여 화폭에 토해낸 것이 바로 문인화이다.

조선의 산수화에서는 수목을 사실적으로 표현하기 보다 대략 다섯 종의 암시적인 나무를 그려 수많은 수종이 자라는 숲으로 느끼도록 했다. 음양오행설에 따라 다섯 종의 나무만으로 수백 종의 나무가 자라는 숲으로 느낄 수

청대의 육회가 그린 〈매림고사〉에서 활짝 핀 매화 아래서 고사가 매향에 취한 듯 시심을 가다듬고 있다. 전통적으로 매원을 찾는 취향은 당의 시인 맹호연으로부터 시작되었다고 할 수 있다. 조선의 많은 서화가들로 맹호연이 파교를 건너 매화를 찾아가는 심매도를 그렸다.

있도록 한 그림이 있다면 이인문(李寅文)의 〈강산무진도권·江山無盡圖券〉을 들 수 있다. 또 최북(崔北)은 〈수각산수도·水閣山水圖〉에서 소나무와 참나무로 보이는 활엽수, 그리고 잎이 떨어진 낙엽수를 그려 거대한 숲을 표현했다. 동양화에서는 세 그루의 나무만으로도 수많은 나무가 자라는 숲을 느낄 수 있는 것이다.

자연은 인간이 태어나고 살다가 묻힐 대상이다. 속세의 사람들 틈에 부대끼기보다 자연 속에서 학과 사슴과 더불어 영위하는 삶을 최고의 가치라고 생각한 옛 선비들은 산수화 한 장을 자신의 서재에 걸어놓고 마음으로나마 그 자연 속에서 살기를 바랐다. 그러한 도교의 신선사상은 동양의 경우 오늘날까지 이어져 오고 있다.

정원에 작은 연못을 파고 진귀한 돌을 쌓아 석가산을 만들고 갖가지 나무와 꽃을 심는다. 그 같은 정원을 만들 형편이 어려운 사람들은 자연을 닮은 한 덩이의 돌을 수석이라 하여 수반에 올려놓고 마음으로나마 골짜기를 누비며 차를 끓이는 상상 속에 빠져든다. 이것이 바로 선비의 멋이라고 생각했던 것이다.

조선 회화에 있어서 숲은 그저 바라보는 대상인 동시에 자신을 그 속에 숨길 수 있는 은둔의 공간이었다. 사슴과 학과 더불어 어우러질 수 있는 원시의 터전이었다. 전통적인 산수화가들이 남긴 대부분의 작품에서는 사람들이 우거진 숲에 들어가 그 그늘에서 휴식을 취하거나 경제활동을 하는 그림은 많지 않다. 그저 한가롭게 폭포를 감상하거나 더위를 식히기 위해 물에 발을 담그는 정도가 고작이다. 雪山을 향해 나귀를 타고 가는 풍경에서는 나무는 먼 산의 배경으로 쓰일 뿐이다. 복사꽃 핀 봄 풍경이나 단풍든 가을 풍경에서도 큰 나무를 그리기 보다 수목은 배경을 장식하는 작은 나무로 그려질 뿐이다. 일본화에서 단풍나무 그늘에서 휴식을 취하는 미인도(美人圖)가 많고, 중국화에서는 소나무 숲을 거닐면서 담소하는 미인도가 많다. 그러나 조선 회화에서는 숲을 거닐면서 시를 짓고 음악을 연주하는 미인도가 별로 보이지 않는다.

조선 회화에서는 대상을 극도로 축소하여 다섯 종의 나무, 그보다 더 적을 때는 단 한 그루의 노송도(老松圖)나 일지매(一枝梅)를 그렸다. 옛 선비들은 대상을 있는 그대로 그리기보다 간결하고 고졸(古拙)한 맛을 통해 최고의 미학을 찾으려고 한 것 같다. 빛깔 또한 모든 색을 아우르는 흰빛을 좋아하여 아무 장식 없는 달항아리(月壺)를 빚어놓지 않았던가.

참 고 문 헌

「현대세계미술대전집(現代世界美術大全集)」, 1973, 금성출판사

「산수화 상·하 (山水畵 上·下)」, 1993 중앙일보사

「한국민화(韓國民畵)」, 1993, 중앙일보사

「겸재 정선(謙齋 鄭敾)」, 1993, 중앙일보사

「장강에 배 띄우고」 PP39~69 2001, 오병호, 생명의 나무

「꽃이 있는 삶 하」, 1997, 김대성·오병훈, 생명의 나무

「국보 10 회화(國寶 10 繪畵)」, 1984, 안휘준, 예경산업사

「한국미술전집 12 회화(韓國美術全集 12 繪畵)」, 1977, 동화출판공사

「한국전통문양」, 1998, 임영주, 예원

「중국미술사 (中國美術史)」, 1991, 蔣勳, 三聯書店株式會社

「중국회화사삼천년(中國繪畵史三千年)」 1999, 楊新 외 鄭馨民 역, 학고재,

「故宮藏畵精選」, 1991, 張樹柏, 讀者文, 摘亞洲有限公司,

「한국미술소사(韓國美術小史)」, 1973, 金元龍, 三星文化財團

오병훈(吳秉勳)은 수필가로 한국수생식물연구소 소장, 한국수생식물연구회 회장, (사)한국식물원수목원협회 감사, (사)생명의 숲가꾸기 지도위원, (사)우리식물살리기운동 이사, (사)광릉숲보존회 이사, 환경운동연합 생태지도위원, 한국양치식물연구회 이사, 한국동백학회 이사, 한국식물연구회 부회장, 한국난대림연구회 부회장을 역임하고,「원예식물대백과」전10권,「꽃이 있는 삶」상 하와「무엇이든지 물어봐」식물편을 썼고, '국립공원 내 소식물원 조성 방안', '자치단체 상징물에 관한 미학적 분석', '한국 자생수초의 자원학적 가치에 관한 고찰' 등 논문이 있다.

에밀리 카와 캐나다 서부의 정체성

탁 광 일

경관과 정체성

자연경관은 그 나라나 그 지역의 민족성을 상징한다. 우리 나라의 대표적인 자연경관인 백두산이나 금강산에는 우리 민족의 얼과 정신이 담겨져 있다고 믿고 있다. 히말라야, 알프스, 후지산, 킬리만자로 등도 모두 그 지역 또는 그 나라 사람들의 민족성이나 정서를 상징한다. 이같은 이야기가 역사가 일천한 캐나다에도 통할까? 캐나다를 상징하는 자연은 무엇일까? 캐나다에는 나이아가라 폭포, 캐나다 로키산맥 등과 같은 세계적인 경승지가 있다.

그러나 이들은 캐나다 국민들의 마음에 우리 나라의 백두산이나 금강산과 같은 자리를 차지하고 있는 것 같지는 않다. 짧은 캐나다 역사 때문이기도 하고, 불투명한 캐나다의 정체성 때문이기도 하다. 캐나다의 정체성은 외부세계에 미국과 차이가 없는 것으로 인식되어 왔다. 물론 불어문화권인 퀘벡주의 존재가 미국과 커다란 차이를 만들기도 하지만 여전히 캐나다의 주류를 이루는 영어권 문화는 거의 미국과 동일시되어 왔다고 할 수 있다.

미국과 캐나다가 언어, 문화, 종교, 정치제도, 산업 등 모든 면에서 유럽에 그 뿌리를 두고 있어 커다란 차이를 발견하기 어려운 것도 사실이다. 따라서 유럽이나 미국동부의 영향을 크게 받은 토론토, 몬트리올과 같은 동부의 대도시를 중심으로 형성된 영국과 프랑스의 혼혈 문화가 캐나다의 정서를 이끌어 왔다고 해도 과언이 아니다. 반면 서부지역은 지리적으로 멀리 떨어져 있어 뒤늦게 정착이 이루어진 관계로, 서부 캐나다의 정체성은 짧은 개척 역사 속에서 거친 야생자연에 유럽식의 생활양식과 문화를 이식시키는 과정에서 형성되었다고 할 수 있다.

이런 개척과정도 훨씬 먼저 시작한 미국 서부 개척 역사의 그늘에 가려 크게 빛을 보지 못하고 있다. 따라서 캐나다 서부의 정체성은 미국같이 거창한 서부개척 역사를 갖고 있지도 못하고 지리적 자연 경관적으로 동부캐나다와 판이한 서부지역의 정체성은 에밀리 카(Emily Carr)라는 선각 화가의 눈을 통해 재발견되기 전까지 한동안 매우 모호한 상태로 존재해 왔다.

서부캐나다 해안과 원주민 문화

캐나다 서부를 특징 짓는 것은 압도적인 원시 자연경관이다. 캐나다 동부에 비해 개척이 늦게 이루어졌고 200여 년 전 유럽인들에 의한 탐험이 처음 시작된 이래 백인들의 본격적인 정착이 시작 된지 불과 150년 정도밖에 되지 않는 일천한 역사를 지니고 있다. 백인들이 느낀 캐나다 서부해안의 자연경관은 개척에 방해가 되는 장애로밖에 비춰지지 않았다. 따라서 백인들은 길을 뚫고 도시를 건설해 원시

캐나다 서부해안

경관을 좀더 빨리 도시화하거나 산업화한 경관으로 바꾸는 것이었다.

벤쿠버 섬의 남단에 위치한 주 수도 빅토리아엔 식민지시대 때부터 작은 런던의 건설을 목표로 빅토리아풍의 건물들을 지으며 도시를 건설했지만 도시 주위를 둘러싸고 있는 원시 자연의 경관과는 너무나도 이질적인 모습을 지니고 있다. 빅토리아에서 2-3시간을 달리면 사람 손길이 닿은 적이 없는 원시자연을 만날 수 있기 때문이다. 빅토리아를 보면 19세기말 고무무역상들이 고무수출로 벌어들인 막대한 돈으로 아마존 밀림지역 한가운데 건설한 유럽풍의 초호화판 도시 마나우스(Manaus)를 연상시킨다. 그러나 서부 캐나다에의 원시경관 속에는 백인들의 그늘에 가려 철저히 외면당한 원주민들이 살고 있었다.

이들은 자신들만의 소규모 부락을 이루며 철저히 자급자족의 생활을 해왔다. 외부와의 교역이나 접촉이 크게 필요 없을 정도로 서부 캐나다의 해안선을 따라 잇는 지역은 이들 삶에 필요한 모든 것을 다 제공해 줄 수 있을 정도로 풍요로웠다. 식량, 의복, 주택 등 모든 것을 숲속에서 또는 인근의 해안에서 해결할 수 있었기 때문이다. 이들에게 숲과 개울은 집이었으며, 식량창고였다. 그러나 원주민들이나 이들이 생활의 터전으로 삼고 있던 원시자연은 빅토리아에 작은 런던을 건설하려 했던 백인 정착자들의 눈에는 자신들과는 거의 무관한 것으로 여겼으며, 캐나다 서부의 정체성과도 관련이 없는 것으로 받아들였다.

에밀리 카

에밀리 카는 시대를 앞서 살았던 여성이었으며, 남들이 관심을 두지 않았던 분야를 개척한 선구적인 화가였으며, 여러 가지 점에서 특별한 삶을 살았던 독특한 여성이었다. 그녀는 남성들만의 분야로 간주되었던 미술계에 과감히 뛰어들어, 아무도 관심 갖지 않았던 분야인 서부캐나다 해안지방의 경관과 원주민들의 삶을 주제로 자신의 독자적인 영역을 구축하였다. 원주민 촌의 토템을 그리기 위해 노년까지 오지로 스케치 여행하는 일을 마다하지 않은 정열적인 화가였다.

에밀리 카는 1871년 캐나다 브리티시 콜럼비아 주의 수도인 빅토리아에서 태어났다. 영국인 부모 사이에서 태어나서 빅토리아 식의 가부장적인 전통적 가정 분위기에서 성장했으나, 에밀리 카는 기성체제에 대해 많은 불만을 갖고 있었다. 그녀는 식료품과 주류 도매상으로 자수성가한 아버지를 너무 영국적이고 권위적이라고 느꼈다. 카는 아버지의 외도사건이 계기가 되어 남성에 대한 혐오감으로 평생을 독신으로 지냈으며, 성적 차별을 인정하지 않는 자유분방한 삶을 살았다. 영국에서 유학할 때 그녀를 좋아하던 남성으로부터 청혼을 받기도 했지만, 결혼과 그림은 여성에게 양립할 수 없다고 판단하고 거절하였다. 또한 기독교적인 가정 분위기 속에서 자라 자신을 기독교인임을 부정하진 않았지만, 교회를 너무 답답하게 느껴 교회에서보다 오히려 원시림의 숲 속에서 신을 찾기를 더 좋아했다. 이 때문에 백인이었음에도 불구하고, 주류 백인사회에 동화되지 못하는 소외된 삶을 살았다.

양부모를 일찍 여윈 카는 19세가 되던 1891년 샌프란시스코의 디자인 학교에 들어가 미술 공부를 시작했으나 경제적 사정으로 1893년 공부를 중단하고 빅토리아로 되돌아와 화실을 내고 어린 학생들을 대상으로 미술강습과 작품활동을 시작했다. 이 무렵 카는 벤쿠버섬 서해안 중간 지점에 위치한 원주민 부락인 유클루루트(Ucluelet)로 여행을 가게 되었는

원시고목림의 내부

데 그녀는 여기서 원주민들의 자유분방한 복장, 행동에서 깊은 감명을 받고, 이들이 사는 부락, 집, 토템기둥, 카누 등을 화폭에 담았다. 카는 이때 원주민들에 대해 혐오와 경멸로 대하던 백인사회에 대한 저항감과 원주민들을 통해 자신이 살고 있는 땅과 자연의 진정한 모습을 발견하게 되었다.

이 여행을 계기로 카는 원주민들의 문화를 그림으로 표현하는 것을 필생의 과업으로 삼게 되었다. 카는 영국에 유학해 그림공부를 더하고 돌아와 벤쿠버에서 미술교사 자리를 얻어 학생들을 가르치면서 작품활동을 계속했다. 1910년 39살의 나이에 교사생활을 통해

모은 돈을 갖고 당시 세계 미술계의 혁신을 주
도하던 파리에 가서 새로운 것을 배우게 된다.
카가 배우고 싶어했던 분야는 당시 인기를 끌
던 피카소의 입체파 화법이 아니라 인상파, 후
기인상파, 야수파를 결합한 화풍이었다. 파리
에서 돌아와 카는 원주민 마을로 주기적인 스
케치 여행을 통해 캐나다 서부의 숲과 원주민
들의 문화를 파리에서 배운 화풍으로 그리는
작업을 1945년 사망하기 전까지 계속하게 된
다.

에밀리 카가 찾아낸 서부 캐나다의 정체성

에밀리 카는 백인의 눈으로 캐나다 서부의
진면목을 찾아낸 선구적인 역할을 했다. 어느
누구도 거들떠보지 않던 20세기 초 원시 온대
우림의 살아 있는 생명을 화폭에 담았고, 당시
까지 백인들의 관심으로부터 철저히 외면 당
해 왔던 인디언 마을의 토템기둥의 의미와 가
치를 발견하고 이를 백인사회에 알리는 역할
을 하였다. 그녀는 신이 거주한다고 믿은 숲
속의 풍경을 그릴 때 생명이 살아 숨쉬는 활기
찬 모습을 담으려고 애썼으며, 신이 거주한다
고 믿은 그녀는 신성함을 표현하려고 애썼다.
초기 작품에는 이런 노력이 사실적으로 표현
된 반면, 파리 유학 후의 작품에서는 인상파의
영향을 받은 흔적을 볼 수 있다.

에밀리 카의 후기 작품을 보면 빈센트 반 고
흐를 연상시킨다. 고흐의 작품처럼 작품 속의
나무들이 살아 숨쉬는 인상을 받게 된다. 그녀
는 자신이 태어나고 성장한 캐나다 서해안 지
역의 경관을 사랑했고, 그 안에 숨어 있는 캐
나다 서부의 정신을 찾아내 화폭에 담았다. 이
런 과정을 통해 에밀리 카는 캐나다 서부의 진
정한 정체성을 찾아냈다. 그것은 유럽인들이
건설한 작은 런던도 아니었고, 산업화된 도시
벤쿠버에서 찾을 수 있는 것도 아니었으며, 백

원시림 내부 풍경(에밀리 카 그림)

인 개척자들이 원시경관을 파괴하면서 정착
하려던 과정에서 찾을 수 있었던 것도 아니었
다. 오히려 서부캐나다의 원시림으로 압도된
경관과 백인들이 정착하기 훨씬 이전부터 그
곳에서 살아왔던 원주민들로부터 캐나다 서
부의 진정한 정서와 얼을 찾아낸 것이다.

에밀리 카 이후 인디언 문화와 예술에 대한
관심이 크게 높아져 이제는 원주민들의 예술
품들이 캐나다 서부를 대변하는 가장 중요한
상징물이 되었다. 벤쿠버 공항에 내리면 원주
민이 조각한 토템기둥들이 방문객을 환영한
다. 하이다 출신 조각가 빌 리드(Bill Reid)가
조각한 조각품이 공항 대합실 중앙에 자랑스
럽게 전시되어 있다. 공항내부 곳곳에도 원주
민들의 조각품이나 장식을 많이 볼 수 있다.
또한 벤쿠버에서 가장 큰 박물관인 브리티시
콜럼비아 대학교 내의 인류학 박물관에는 원

원주민 부락(에밀리 카 그림)

주민 촌에서 옮겨다 설치한 토템기둥들이 박물관의 가장 독특하고 상징적인 전시물로 되어 있다.

그러나 이렇게 원주민들의 작품들은 유럽인들이 건설한 산업적인 구조물 가운데 파묻혀 그 진가가 제대로 발휘하지 못하고 있다. 에밀리 카는 이들이 주위 환경과 가장 잘 어울리고 그래서 가장 아름답게 보이는 원시림 속이나 원주민 부락 속에서 이들을 보았다. 그녀는 토템 기둥의 진면목은 이곳에서 살면서 느끼고 체험해야 발견될 수 있다고 믿었다. 다음과 같은 자신의 글이 이를 잘 나타내고 있다.

'나는 그 어느 때 보다 요즘 이렇게 거대한 나라의 깊이, 높이, 끝없이 펼쳐진 야생 원시림, 깨뜨릴 수 없는 태고의 적막함 등에 대해 그 동안 우리가 느끼고 표현해 왔던 것이 불충분한 것이었다고 확신한다. 수백만 대의 카메라를 동원해도 캐나다의 진면목은 정확히 표현될 수 없다고 믿는다. 캐나다 서부의 진면목은 직접 느껴보고, 살면서 체험해보고, 사랑하고 느낄 때 비로소 진정으로 볼 수 있게 된다.' (에밀리 카 옴니버스 중에서)

에밀리 카는 숲 밖의 풍경뿐만 아니라 숲 안에서 느낀 숲 속의 모습을 자주 화폭에 옮겼다. 그녀가 숲 속에서 느낀 것은 신이 거주한다는 신성함, 살아 있는 온갖 생물체들이 존재함으로써 느낄 수 있는 활기참, 계절에 따라 수시로 변하는 다양한 모습이었다.

'이곳은 시다 나무들로 꽉 들어 차 있다. 시다 나뭇잎은 계절에 따라 또한 햇빛의 양에 따라 매우 민감하게 변한다 – 어떤 때는 파르스름하게 차가운 느낌의 녹색을 띠었다가, 어느 틈에 밝고 따뜻한 감을 주는 연한 녹색으로 변한다. 잔가지들은 무겁게 흔들거리다가도 어떤 때는 가볍게 둥둥 떠다니기도 한다. 어떤 때는 고사리 잎처럼 요정 같기도 하다가 어떤 때는 비탄에 젖은 듯이 고개를 무겁게 떨구기도 한다' (에밀리 카가 이라 딜워트에게 보낸 편지 중에서).

에밀리 카가 표현한 이러한 모습은 숲 속에서 많은 시간을 보내지 않고서는 얻을 수 없는 느낌이다. 에밀리 카는 숲 속이나 자연 속에서 많은 시간을 보내면서 그 당시 이미 오늘날 생태철학이 추구하는 경지에 다다른 것 같다. 숲 바닥을 이루고 있는 흙이 살아 있는 생명체이며 이들이 나무의 생명이 되는 과정과 이들과 우리 인간과 다르지 않음을 다음과 같은 그녀의 글에 잘 나타나 있다.

'성스런 숲 속으로 들어가 숲 속에 있는 신을

만나 보라. 숲 속에 있는 하나 하나의 존재가 영광, 힘, 권세를 나타내며, 온화함과 보살핌을 느끼게 해줄 것이다. 숲 속에 있는 이들이야말로 신이 구체적으로 표현된 자신의 모습인 것이다. 양 옆으로 펼쳐진 가지는 우리를 보호해 주고, 하늘로 치솟은 모습에선 위풍 당당함을 느낄 수 있으며, 움직이지 않고 한 곳에 서 있는 모습에선 강한 힘을 느낄 수 있다. 숲 바닥 밑에 쌓인 붉은 색깔의 부드러운 흙을 느껴 보라. 이들은 부드럽게 숲 바닥에 떨어져 오랜 기간에 걸쳐 서서히 썩어 가는 과정에 있으나, 항상 살아 있으며, 또한 끊임없이 변하며 점점 두터운 층을 이룬다. 숲 바닥을 이루고 있는 흙으로부터 끊임없이 이어지는 생명의 과정을 느낄 수 있으며, 끊임없이 변화하지만 또한 끊임없이 불변하기도 하는 흙을 볼 수 있다. 흙 속에 있는 모든 신들이 나무들의 생명 속으로 들어가는 것을 볼 수 있다. 비록 말하지 못하고, 쓰여진 것은 없지만, 이들이 쓰는 언어를 이해하려고 애써보라, 그들과 당신과의 관계를 알 수 있게 될 것이다. 그들과 대화할 때는 그들과 같이 엄숙하고 영적인 흙의 언어로 대화하라. 당신 안에 있는 신이 그들 안에 있는 신에게 응답하게 될 것이다.'
(에밀리 카, 수백 수천의(Hundreds and Thousands) 중에서.)

에밀리 카는 원주민들과 원시 자연 속에 스며 있는 서부 캐나다의 정신을 찾아내고 이를 그림과 글을 통해 표현했다. 그녀는 당시 백인

토템기둥(에밀리 카 그림)

사회를 지배했던 인간 중심적인 자연관에서 탈피하고 시대를 훨씬 앞서 원시림의 생태계에서 일어나는 다양한 생명현상들을 예리한 눈으로 포착하였으며, 원시림 숲 속에 거주하는 다양한 생명체들간의 관계와 인간과의 관계를 발견하고 이를 화폭에 옮겼던 선구자였다. 백인의 정서를 갖고 원주민들의 문화와 경관을 화폭에 담음으로써 백인들이 원주민 문화와 자연환경에 대한 이해를 높이는데 크게 이바지하였다.

탁광일은 고려대학교 임학과를 졸업하고 캐나다 브리티쉬 콜럼비아대학에서 임학박사 학위를 받았다. Russian Far Update 특파원, 국민대, 건국대 산림자원학과 강사를 역임했다. 한국합판공업협회에서 근무했으며, 현재는 캐나다에 있는 School for Field Studies에서 교수로 활동 중이다. 숲과 문화 연구회 운영회원이다.

빈센트 반 고흐의 자연세계

이천용

그의 생애

빈센트 반 고흐는 1853년 네덜란드 그루트 준데르트에서 아버지 테오도루스 목사와 어머니 안나 카르벤투스 부부의 다섯 자녀 중 장남으로 태어나 화가가 되기 전까지 전도사, 화랑점원 등 여러 직업에 종사하였다. 그는 아버지를 이어 목사가 되고 싶어 1878년 암스테르담 신학대학에 지원하였으나 실패하였으며 지나친 자기희생 정신과 격정적 마음을 받아 주는 교회도 없어 목사의 길을 포기해야만 하였다.

그는 사업에 취미를 붙이지 못하고 소위 무위도식하는 편이었으며 형을 사랑하는 테오가 지속적으로 보내준 돈으로 어려운 생활을 하였다. 화랑에 취직한 후에는 유명화가를 복제하는 일을 하였고 데생을 그렸다. 1880년 브뤼셀에서 라파르트를 만나 비교적 정식으로 미술을 배웠고 헤이그에서 사촌 모베의 지도를 받으며 화가의 길을 걷기 시작했다. 마침내 브뤼셀, 헤이그, 앙베르 등지에서 본격적으로 그림을 그리는데, 언제나 노동자·농민 등 하층민 모습과 주변생활과 풍경을 담았다. 1882년 가난하고 피곤한 그는 잠시 시립병원에 입원한 적이 있었고 다시 헤이그로 돌아와서 동생 테오의 보살핌으로 '그림은 영원한 일상이다'라는 신념 속에 그림 그리기에 전념하였다.

1883년에서 1884년까지 드렌테의 농촌에서 지내면서 그곳 풍경을 그렸고, 그 후 부모가 살고 있는 누에넨으로 돌아가 계속 그림을 그렸다. 1885년 아버지가 돌아가신 후 안트워프에 있는 미술학교에서 잠깐 공부를 한 후 파리로 갔으며 화가인 베르나르와 로트레크를 알게 되었다. 파리에서 인상파의 밝은 그림과 일본의 인물 중심의 풍속 판화에 접합으로써 그때까지의 렘브란트와 밀레를 모방한 어두운 화풍이 밝은 화풍으로 바뀌었으며, 정열적인 작품활동을 하였다. 자화상이 급격히 많아진 것도 이 무렵이다. 그러나 처음에 만족해 했던 파리생활은 일년 반이 못되어 그의 방랑벽이 다시 돋아나 1886년 2월 눈이 덮여 밝은 태양이 빛나는 남프랑스 아를로 떠났다. 아를로 이주한 뒤부터 죽을 때까지 약 이년 반은 고흐 예술의 참다운 개화기였다. 풍경화와 인물화 그리기에 전념했고 파란색, 노란색, 오렌지색, 녹색, 보라색 등 강렬한 색을 사용했으며 대조적인 색채를 즐겼다.

한편 새로운 예술촌 건설을 꿈꾸고 고갱과 베르나르에게 그 곳으로 올 것을 끈질기게 권유하였다. 그는 자신이 살고 있는 '노란집'을 화가들의 근거지로 만들고자 했고, 자신과 고갱이 그 중심이 될 것으로 기대했다. 여기에서 〈해바라기〉와 같은 걸작을 제작했다.

1888년 10월 마침내 고갱이 내려와 같이

해바라기 · 1988

생활하게 되었고 이를 계기로 자신의 열정을 다시 한 번 불태우고 싶었으나 두 사람의 성격 차이가 심하여 두 달 후 헤어졌으며 고갱이 떠난 날 정신병 발작을 일으켜 면도칼로 자신의 귀를 잘라버렸다. 그 후 고흐의 생활은 발작과 입원의 연속이었으며, 발작이 없을 때에는 그동안의 공백을 메우기라도 하려는 듯 마구 그려댔다.

신경발작으로 시달리던 고흐는 1889년 5월 생폴 드 무솔 요양원에 입원하였는데 거기서 병실 창 밖으로 보이는 정원과 자연을 그렸으며 병이 호전되자 다시 남부 아를로 내려가 그림에 전념하다가, 북프랑스로 가면 건강이 회복되리라는 기대를 품고 1890년 6월 가셰 박사가 살고 있는 오베르로 옮겨갔다. 아마추어 화가이자 판화가, 수집가이기도 했던 가셰 박사와 친하게 지내면서 힘을 얻어 열정적으로 화작에 몰두했으나, 몸이 점점 더 쇠약해지는 것을 느꼈고 마침내 1890년 7월 27일 자살로

생을 마감했다.

지금은 온 세계가 그의 작품을 높이 평가하지만 그의 생전에는 인정받지 못하였다. 그가 세상에 위대한 화가로 알려진 것은 1903년의 유작전 이후였고 20세기 초 포비즘 화가들의 큰 지표가 되었다. 700여 개나 되는 그의 작품은 네덜란드에 가장 많이 있는데, 40점 가까운 자화상 이외에도 〈빈센트의 방〉 〈별이 빛나는 밤〉 〈밤의 카페〉 〈삼나무와 별이 있는 길〉 등이 유명하다

고흐의 미술세계에 나타난 자연

고흐는 아름다운 자연을 사랑한 위대한 화가였다. 그가 자연을 사랑한 일화 두 가지를 먼저 들어 보자.

1876년 11월 첫째 일요일 그는 최초로 교회에서 다음과 같은 내용의 설교를 했는데, 그것은 예수님이 중심이 아니라 자연을 주제로 한 것이다. "너무나 아름다운 풍경화였습니다. 저녁정경을 그리고 있었어요. 멀리 오른편으로 늘어선 언덕들은 저녁 안개속에서 푸른빛을 내뿜고 있었습니다. 언덕 위로는 찬란한 석양의 햇살이 쏟아지고 회색구름은 금빛, 은빛 그리고 자줏빛 테를 두르고 있었습니다. 세상은 온통 푸른 풀잎과 노란 나뭇잎으로 덮여 있었습니다. 가을이 깊어가고 있었기 때문입니다." 물론 자연은 만물을 창조하신 조물주의 걸작품이기도 하지만 빈센트는 화가의 길을 가기 전 벌써 자연에 심취하고 있었다.

고흐는 화랑에서 일할 때 그림을 전혀 그리지 않았음에도 화랑에서 일하고 있던 동생 테오에게 보낸 편지에는 '자연을 많이 사랑해라. 그것이 예술을 진정으로 이해할 수 있는 길이다. 모름지기 화가는 자연을 이해하는 사람이며 자연을 사랑하는 사람이다. 그들은 우리에게 자연을 바라보는 방법을 가르쳐 준다'고 써서 미술과 자연의 불가분의 관계를 역설

하면서 자연을 얼마나 사랑하고 있는지를 알수 있게 한다.

고흐는 여느 화가처럼 어렸을 때부터 그림을 그린 것이 아니고 27살이 되어서야 단순한 데생과 유명화가의 그림을 복제하는 일을 시작했다. 그 다음 수채화나 정물화에 필수적인 다양한 색감을 익히려고 붉은 양귀비꽃, 물망초, 장미, 국화 등의 꽃그림을 그렸고 파랑과 오렌지, 빨강과 초록, 노랑과 보라의 대비를 모색하고 진함과 흐림의 조화를 시도하였다. 가난하고 외로운 그의 환경은 그림 속에 자연을 강렬한 이미지로 몰입시켰고 말년에 그린 소용돌이치는 태양의 세계와도 같은 화풍, 뭉툭한 붓에 물감을 묻혀 캔버스 위에 짧게 툭툭 내던지듯 찍어 그린 점묘법의 작품들은 누가 보아도 정신적 고통이 심함을 추측케 한다.

초기작품에서는 어두움이 강조된 반면 중기부터는 화사함이 베어나오고 말기에는 강렬한 색깔이 표현된 것은 그의 인생여정과 무관치 않다 고흐가 최초로 그린 〈양배추와 나막신·1881년〉은 다른 화가의 그림과 별로 다를 바 없는 정물화이다. 배경이 어두워서 어딘가 음울한 냄새를 풍기면서 사물이 실체를 잃어버린, 사실주의에 입각한 그림이다.

〈씨뿌리는 사람·1881년〉에서는 그의 성장배경을 느낀다. 고흐는 에텐에서 부모를 만났다. 시골에서 성장한 그는 내면 깊숙이 자리한 고독을 표현할 때 들판에서 끊임없이 반복되는 노동에서 주제를 찾았다. 고흐를 처음 매료시킨 그림들은 농부의 삶과 노동의 이미지를 담은 것이었다. 밀레는 그 소재로 작품을 그린 최초의 화가였다. 고흐는 그가 위대한 예언자라고 생각했다. 화가로서 진지한 노력을 기울이기 시작한 에텐에서 고흐가 제작한 최초의 완성작은 밀레의 작품을 판화로 옮긴 것이었다. 〈씨뿌리는 사람〉은 그 중 하나다. 씨뿌리는 사람과 수확하는 사람은 보편화된 상

양배추와 나막신(부분) · 1881

징이다. 그러나 고흐 이전의 누구도 이 주제에 자신의 감정을 이렇듯 강렬하게 담지는 않았다. 고흐는 이 이미지를 빌려와서 〈씨뿌리는 사람〉의 토대로 삼았다. 고흐는 씨뿌리는 사람을 위대한 의미가 담긴 주제로 여겼으므로 밀레를 매우 존경했다. "나는 진정으로 그를 연구하고 싶다. 그래, 밀레의 그림 〈만종〉 말이야. 그것은 한편의 아름다운 시야." 밀레에 대한 고흐의 찬양은 끝이 없었다. 〈씨뿌리는 사람〉은 노동에 대한 급진적인 견해를 표명한 것인 반면 〈만종〉이 보여주는 경건성은 보편적으로 여겨지는 미덕이다

중기작품인 〈아니에르 강변도로〉의 배경이 되는 파리 아니에르 강변은 인상파 화가에게는 매우 중요한 곳이었는데 빈센트도 이곳에서 가로수를 그렸다. 구부러진 가로수의 줄기, 원근법으로 그린 나뭇잎 덩어리는 회오리의 한 부분을 연상시키면서 나무 하나하나의 개별적인 수관과 뭉쳐 있는 수관이 조화를 이루고, 땅은 고유의 색이 아닌 인간의 살색으로 표현되고 있으며 사선으로 빗금친 하늘은 강렬한 화풍의 서곡이다. 물결치듯 세로선을 많이 강조하여 수직의 선보다는 안정된 느낌이

아니에르 강변도로 · 1887

들지만 바야흐로 독특한 화풍의 전조가 나타나고 있다.

　프랑스 아를에서는 그가 동경하는 자연을 맘껏 표현할 수 있었나. 1888년 봄에 그린 〈꽃이 핀 과수원〉에서는 복숭아꽃의 화사함이 전체를 압도하고 땅을 뒤덮은 풀들이 아름다운 꽃나무를 열렬히 환영한다. 나무 뒤쪽에 있는 풀들은 안정되어 있지만 가까이 있는 풀들은 마치 물고기떼가 나무로 몰려가는 느낌이라 생동감이 더한다. 더구나 빨간색 울타리가 파란 하늘과 대비를 이루어 작품의 묘미를 더한다. 최대 걸작 〈해바라기〉는 그 해 여름에 그린 것인데 해바라기를 더욱 단순하게 그리려고 했다지만 노랑의 진함과 흐림, 정면의 꽃과 측면의 꽃이 나타내는 상징성의 차이, 간간이 섞인 푸름은 죽은 해바라기가 아니라 살아 생동하는 해바라기 같은 착각을 일으킨다.

　〈아를요양원 정원〉은 겨울임에도 불구하고 절망이나 좌절을 표현하지 않고 잎이 없는 나무가 오히려 용트림하고 정원에는 꽃이 만발한 듯 하며 건물벽은 한가로운 초원의 대저택을 연상케 한다. 정신적으로 고동스립지만 이를 승화시켜 자연을 아름답게 표현한 그의 천재성이 돋보인다. 1890년 작품 〈양귀비밭〉역시 빨강과 초록이 대비되며 상승의 색채를 이끌어 낸다. 앞에 있는 식물이 용솟음치며 점차 꿈틀거림이 높아진다. 또한 〈붓꽃〉도 다른 인상파 화가의 그림과 유사한 느낌이 들지만 그림의 대부분을 차지하고 있는 잎과 꽃의 조화는 어딘가 엉켜 있으면서도 독립적이다. 바탕에 깔린 노랑이 수평으로 물결치는 것은 그림의 완성도를 더하고 있다.

　가장 인상적인 〈사이프러스(측백) · 1890년〉는 빈센트가 프로방스에서 그린 마지막

작품 중의 하나로서 비평가 알베르 오리에르에게 선물로 준 것이다. 그는 고흐에 대해 '위대한 화가일 뿐만 아니라, 자신의 미술과 팔레트, 자신의 성격에 스스로 황홀해지는, 상상과 환상 속에 사는 광신적인 신봉가이다'라고 평했다. 사이프러스는 전통적으로 죽음의 상징이었으며, 달과 별은 고흐의 요양원 시절 작품에 자주 등장한 모티브다. 이 그림에서 고흐는 대비되는 색채를 원을 그리듯이 끊어가며 칠함으로써 하늘의 진동을 느끼게 하는데 고흐는 관람자들이 종교화에서나 볼 수 있는 후광이 연상되기를 바랬다. 프로방스의 저녁 어두운 사이프러스가 별과 초승달이 떠 있는 희미한 저녁 하늘을 배경으로 대자연 앞에 서 있는 왜소한 인물이 보인다. 모든 요소가 소용돌이치지만 엄격한 리듬을 지키고 있으며, 성장감과 유기적 생명력을 더해주고 있으며, 인상주의 묘사적 기법을 완전히 탈피하고 자연의 힘

꽃이 핀 과수원 · 1888

이 강력하게 표현되고 있다. 빈센트가 동생 테오에게 보낸 편지에는 이렇게 쓰여 있었다.

'사이프러스는 언제나 나를 사로잡는다. 해바라기를 그리기 위해서 그랬던 것처럼 사이프러스를 그리기 위해서 캔버스를 만들어야 했다. 그 이유는 사이프러스가 이집트의 오벨리스크처럼 놀라운 균형미를 가지고 있기 때문이다. 게다가 그 품위 있는 푸르름이란…'

고흐는 소용돌이치는 세상에서 순탄치 못한 삶을 영위하다가 불행하게 생을 마감하였지만 자연에 대한 그의 끝없는 애정과 이를 화폭에 담은 정열은 사후에 빛을 발하였다. 수많은 작품 중에서 몇 개만을 가지고 논하는 어리석음이야 무엇으로도 감출 수 없지만 위대한 화가 고흐를 자연에 대입하여 소개하는데 의의를 갖고자 한다.

끝으로 빈센트 반 고흐를 찬양한 유명한 팝

사이프러스 · 1890

아를요양원 정원 · 1889

송의 원문과 번역을 싣는다. 이 음악에 빈센트의 모든 것이 살아 숨쉬는 듯하다.

Vincent

Song by Don McLean

Starry, starry night
Paint your palette blue and gray
Look out on a summer's day
With eyes that know
the darkness in my soul
Shadows on the hills
Sketch the trees and the daffodils

Catch the breeze and the winter chills
In colors on the snowy linen land

별이 빛나는 밤 그대의 팔레트를
푸른빛과 잿빛으로 칠해요
내 영혼의 어둠을 아는 그 시선으로
여름날을 바라봐요
저 언덕에 드리운 그림자와 나무와
수선화를 그려내고
눈 속에 묻힌 저 들녘의 미풍과 삭풍도
색으로 담아냈군요

Now I understand
What you tried to say to me

And how you suffered for your sanity
And how you tried
to set them free
They would not listen
they did not know how
Perhaps they'll listen now.

이제 난 이해할 수 있어요
그대가 표현하려 했던 것이 무엇인지
당신이 영혼의 정결함을 지키기 위해
얼마나 고통받았는지
그대가 그것들을 자유롭게 놓아주려고
얼마나 노력했는지
하지만 사람들은 듣지 않았죠 어떻게
들어야 할지 몰랐던 거예요
지금은 조금이나마 이해할런지요

붓꽃 · 1890

For they could not love you
But still, your love was true
And when no hope was left inside
On that starry, starry night
You took your life
as lovers often do
But I could've told you, Vincent
This world was never meant
For one as beautiful as you

Starry, starry night
Flaming flowers that brightly blaze
Swirling clouds in violet haze
Reflect in Vincent's eyes of china blue
Colors changing hue
Morning fields of amber grain
Weathered faces lined in pain
Are soothed beneath
the artist's loving hand

그들은 그대를 사랑할 수 없었지만
그대의 사랑은 진실했어요
아무런 희망이 남아 있지 않았을 때
그 별이 빛나는 밤에
그대는 연인들이 흔히 그러하듯 삶을
포기했지요
그렇지만 그대에게 말할 수 있어요
빈센트 이 세상은 당신같이 아름다운 이를
위한 곳이 결코 아니라고

별이 빛나는 밤
불타는 듯한 꽃이 밝게 빛나고 희미한 보랏빛
의 소용돌이치는 구름이
빈센트의 눈의 푸른빛을 반사하지요
색조가 바뀌는 황갈빛 곡식의 아침 들녘
세월에 패인 얼굴로 고통스럽게
늘어선 사람들은
예술가의 사랑의 손으로 위로 받아요

양귀비 밭 · 1890

Starry, starry night
Flaming flowers that brightly blaze
Swirling clouds in violet haze
Reflect in Vincent's eyes of china blue
Colors changing hue
Morning fields of amber grain
Weathered faces lined in pain
Are soothed beneath the
artist's loving hand

별이 빛나는 밤
불타는 듯한 꽃이 밝게 빛나고
희미한 보랏빛의 소용돌이치는 구름이
빈센트의 눈의 푸른 빛을 반사합니다
색조가 바뀌는 황갈빛 곡식의

아침 들녘
세월에 패인 얼굴로 고통스럽게
늘어선 사람들은
예술가의 사랑의 손으로 위로 받습니다

Starry, Starry night
Portraits hung in empty halls
Frameless heads on nameless walls
With eyes
that watch the world and can't forget
Like the strangers that you've met
The ragged men in ragged clothes
The silver thorn, a bloody rose
Lie crushed
and broken on the virgin snow

별이 빛나는 밤에
당신의 초상이 텅 빈 벽에 걸려있어요
액자도 없는 초상들이 이름도 없는 벽에 걸려
세상을 지켜보고 있지요
잊을 수가 없어요
그대가 만난 낯선 이들처럼 누더기 옷을 입은
누더기 같은 사람들과
핏빛 장미의 은 가시는 깨끗한 눈위에 부러뜨
려지고 뭉개어졌지요

Now I think I know
What you tried to say to me
And how you suffered
for your sanity
And how you tried to
set them free
They would not listen they're not listening
still
Perhaps they never will

난 이제는 알 것 같아요
그대가 내게 표현하려고 했던
그대가 영혼의 정결함을 지키기 위해
얼마나 고통받았는지를
그것들을 자유롭게 놔주려고 얼마나
노력했었는지를
그들은 듣지 않았어요
그들은 아직도 듣고 있지 않아요
어쩌면 그들은 결코 듣지 않을지도 몰라요

참고 문헌

콜린 위킨스(발혜주 옮김). 「명화이야기 시리즈-후기 인상주의」. 디자인하우스
부르스 버나드(김택 옮김). 「명화이야기 시리즈-고흐 편」
박홍규. 1999. 「내 친구 빈센트」. 조합공동체. 소나무
파스칼 보나프(송숙자 옮김). 2001. 「태양의 화가 반 고흐」. 시공사
정문규 해설. 1989. 「서양의 미술3-반고흐」. 서문당
신정림 옮김. 1999. 「빈센트 반 고흐-영혼의 편지」. 예담
어빙스톤(최승자 옮김). 1996. 「빈센트, 빈센트, 빈센트 반 고흐(상,하)」. 까치
민길호. 빈센트 반 고흐-「내 영혼의 자서전」. 학고재
마리 엘렌 당페라, 카롤린 마티유, 모니크 논(신성림 옮김). 「반 고흐」. 창해

이천용은 서울 출생으로 고려대학교 임학과를 졸업하고 동대학원에서 농학 박사학위(사방공학)를 받았다. 1978년부터 임업연구원에 근무하면서 산림휴양, 휴양침식방지, 산림수자원등 산림위역관리에 관한 연구를 수행하고 있으며, 1989년에는 미국 오리건대학교에서 1년간 연구교수로 있었다. 현재 임지보존과 임지보전 연구실장이며 숲과 문화 연구회 운영회원이다.

서양미술 속에 나타나는 녹색 질감
- 숲과 나무 -

임 주 훈

녹색의 의미

플라톤은 색(色)을 '모든 물체에서 쏟아져 나오는 불꽃'이라 했고 이시도르 폰 세빌라는 '붙잡힌 태양 광선'이라 생각했다. 태양계 속에 살아가는 우리에게 느껴지는 색은 인류에게 있어 단순한 물리현상이 아닌 '생생한 이데아 또는 순수 이성의 본질'로서 작용한다. 즉, 폴 세잔(Paul Czanne)의 표현처럼 '색은 우리의 두뇌와 우주가 만나는 장소'이다.

뉴턴의 빛의 스펙트럼을 통해서 우리는 녹색이 무지개의 한가운데를 차지하는 중간색임을 알 수 있다. 그래서인지 괴테는 '여기서 우리는 더 이상 나가기를 원하지 않으며 더 이상 나갈 수도 없다'고 표현했으며 칸딘스키는 녹색을 '되새김질의 능력밖에는 가지지 않은 채 바보같이 둔감한 눈으로 세상을 바라보는 뚱뚱하고 아주 건강한 그리고 꿈쩍도 하지 않고 누워 있는 소'로 비유하였다.

하나님이 세상을 창조하는 세 번째 날 '대지는 푸른 풀들로 푸르게 만들라' 하면서 다가온 녹색. 아리스토텔레스가 모든 식물의 시작색으로 표현하였으며 성장이고 생장이며 희망을 나타내는 녹색. 그 녹색의 덩어리인 숲을 괴테는 '어느 정도 거리를 두고 있으면 단조로운 커다란 덩어리로서 우리 눈을 상쾌하게 한다'라고 표현하면서 녹색을 생명활동의 단순한 배경 정도로 깎아 내렸다.

이러한 녹색이 서양미술에서 어떠한 위치를 차지하고 있는지, 또한 미술 속에 나타나는 녹색 질감이 과연 우리가 다루고 있는 생생한 자연의 질감을 드러내는지 비교하여 본다.

서양 미술사 속의 녹색 표현

1460년경 피에르 델라 프란체스카는 〈부활〉을 그렸는데 기하학적 구도와 함께 빛과 색채를 탁월하게 사용하였다. 부활하는 예수의 오른팔 뒤쪽에는 잎이 없는 큰 나무들이 앙상하게 서 있으며 왼팔 뒤에는 어린 나무들이 생동감 있게 자라고 있다. 이 때 잎은 탁한 흑갈색을 이용하여 처리하였다. 1482년 보티첼리는 〈비너스의 탄생〉과 〈프리마베라(봄)〉에서 숲을 거의 검은 색에 가까운 녹색으로 표현하여 비너스나 여체의 살색과 대조적으로 처리함으로써 안정된 상태를 표현하였다.

미켈란젤로가 1509년부터 1510년 사이에 로마 바티칸 사원의 시스티나 성당 천장에 그린 〈원죄, 아담과 이브의 타락과 천국에서의 추방〉이라는 프레스코에 나타나는 선악과의 모습에서 수관은 옅은 적갈색, 회색, 흑색으로 표현되었다.

중세 로마를 중심으로 한 르네상스 미술은 원근법에 기반하여 해부학적으로 형태를 그린 후 그 위에 채색을 하였다. 색채를 형태의 부속물 정도로 취급한 것이었다. 그러나 베니스의 지오르지오네는 색채의 영역에 혁명을 일으켰다. 피렌체 미술은 인물을 해부학적으로 그린 다음 의복과 배경공간을 그렸지만 그는 처음부터 인물과 의복, 배경을 구분하지 않고 그렸다. 그의 〈폭풍우 · 1505년〉라는 그림에서 볼 수 있듯이 데생과 색채를 하나로 하여 그리는 방법을 사용하였다.

1514년 조반니 벨리니와 티치아노가 그린 〈신들의 잔치〉에는 술과 웃음과 탐욕의 육감적인 잔치가 그늘진 숲을 배경으로 벌어지는데 숲의 요정들이 술동이를 머리에 이고 나른다. 진은 수관을 가진 숲은 풍요와 안정을 나타내는 듯하다.

17세기 초 네덜란드는 스페인의 지배에서 벗어나 자유시민국가를 형성하였으며 유럽의 중심지가 되었다. 네덜란드의 시민들은 그림에 관심이 많아 대중화된 분야였다. 네덜란드의 화가들은 아무런 주제가 없는 풍경화를 그렸다. 인물이 없어도 만족스러운 그림이 될 수 있다는 사실을 발견한 것이다. 그 일례가 홉베마의 〈미델하르니스의 마을길 · 1689년〉로서 가로수가 그림의 중앙에 등장하면서 녹색 수관을 표현하였다.

17세기 중엽 프랑스는 유럽에서 가장 풍요롭고 강력한 국가로 부상하였다. 이에 따라 예술의 중심지가 로마에서 파리로 옮겨졌다. 당시 프랑스에는 클로드 로랭이라는 대표적인 작가가 있었는데 그는 〈모세와 불타는 숲이 있는 풍경〉같은 풍경화를 통하여 사람들에게 자연의 숭고함과 아름다움에 눈을 뜨게 해주었다. 그는 그림 좌측에 숲을 중앙 바로 우측에 나무 한 그루를 그려 녹색 수관을 표현하였다. 로랭의 그림은 19세기 새로이 발흥한 풍경화의 원류로서 높은 평가를 받고 있다.

18세기에 이르러 중상주의 정책을 실시하면서 부르주아지가 지배계급으로 등장하였는데 이에 따라 살롱이 미술활동의 새로운 무대가 되었다. 그 결과 종전의 권위적인 표현을 하던 바로크 양식이 물러가고 개인생활에 적합한 쾌적한 표현을 하는 로코코 미술이 탄생하였다. 1717년 와토는 〈카테라섬으로의 순례〉라는 그림에서 우아하고 섬세한 장식, 그리고 화려한 색채를 사용하였다. 여기에 나타나는 숲은 흑색에 가까운 녹색, 갈색 등으로 처리되었으며 풍성한 느낌을 주고 있다. 이러한 모습은 1759년 프랑수아 부셰의 〈다이아나로 변장하여 칼리스토를 유혹하는 주피터〉나 1766년 장 오노레 프라고나르가 그린 〈그네〉에서도 마찬가지의 의미로 나타난다.

19세기초 컨스터블과 터너는 초상화 중심의 영국 미술 전통에서 벗어나 풍경화라는 새로운 분야를 개척하였다. 컨스터블은 야외에서 직접 자신의 눈으로 본 자연을 그리기를 원하였다. 그는 〈건초마차 · 1821년〉에서 바람, 태양, 광선, 구름이 만들어내는 웅대한 자연의 드라마를 화폭에 담았는데 화폭의 중앙 왼쪽에는 집을 둘러싼 숲을, 오른쪽에는 호수 너머로 보이는 숲을 표현하였다.

19세기 초반 프랑스에는 영국과 네덜란드의 풍경화에 직접적인 영향을 받고 현실풍경에 대한 깊은 관찰과 애정어린 표현을 시도한 한 무리의 화가들이 있었다. '바르비종파'라고 불리는 이들은 시골에 살면서 체험을 통한 자연을 화폭에 담았는데 코로는 〈퐁텐블로의 숲 · 1830년〉을 통하여 거대한 나무들로 구성된 숲과 그 앞을 지나는 개울을 배경으로 엎드려 책을 읽는 소녀를 표현하였다.

19세기 후반 이전의 미술과는 근본적으로 다른 미술이 등장하였다. 그것은 마네를 선구자로 한 인상파였다. 1863년 마네는 〈풀밭 위의 점심〉에서 숲 속에서 목욕을 하거나 남자들과 담소하는 여인을 나신(裸身)으로 표현하였는데 이 때 숲의 모습은 짙은 녹색을 이용하여 그늘지고 편안한 공간으로 표출되었다.

고흐의 오베르 성 · 1890년 6월작

　인상파 화가들은 빛을 색으로 칠하려 했는데 빛과 달리 색은 섞으면 탁해져 순도(純度)가 떨어진다. 이러한 결점을 보완하기 위해 원색의 물감을 색점으로 찍어 칠하는 점묘법이 쇠라에 의해 개발되었다. 쇠라의 〈그랑드자트 섬의 일요일 오후 · 1884~1886〉에서 나타나는 숲의 모습은 햇빛을 받아 빛나는 황금색을 띠는 것으로 표현되었다. 후기 인상파 화가인 폴 세잔은 1886~1888년경 고향 프로방스에 있는 생트 빅투아르 산을 그렸는데 산 앞 평원이 소나무 사이로 멀리 보이고 연기를 내뿜는 기차가 지나가는 육중한 산이 보인다. 이 그림에 나타나는 소나무는 왼쪽에 치우쳐 수관의 일부만 나타나는데 산이나 다리, 기차 연기 등이 가지는 흰색과 대조적으로 푸르름을 나타내기에 적합하다.

　1887년 태양의 화가 반 고흐는 〈아니에르

강변 도로〉를 그렸다. 강변을 따라 심겨진 가로수의 녹음은 녹색과 노란색 그리고 회색을 점묘하여 나타내었는데 빛을 반사하는 잎의 모습과 그늘진 잎의 대조가 한 수관 안에 동시에 나타나는 것을 볼 수 있다. 고흐는 특히 실편백을 즐겨 그렸다.

　1889년에 그린 실편백은 열식(列植)되어 있으며 불타는 듯한 수관을 가지는데 흑색에 가까운 진한 녹색, 탁한 연녹색, 황색을 이용하였고 빛에 반사되는 부분은 백색을 이용하여 수관의 풍부함을 독특하게 드러냈다.

　1890년에 그린 〈오베르성〉에서 그는 성을 배경으로 중앙에 커다란 나무 한 그루를 그렸는데 수관을 표현하는데 짙은 흑녹색의 윤곽을 이용하였으며 탁한 초록색으로 빛을 받는 부분을 드러냈고 탁한 황색을 이용하여 수관에 뚫린 구멍을 나타내었다.

숲과 나무가 나타낸 의미

서양화 속에 나타나는 숲은 어둡고 깊다. 그러나 공포의 대상이나 암흑의 세계를 나타내는 것은 아니었다. 숲은 풍요로움과 완벽한 공간으로서의 의미로 항상 우리 곁에 가까이 존재하고 있었다. 숲과 나무의 수관이 가진 녹색질감은 그러한 안정감과 찬연함을 나타내는 데 충분하였으며 때로는 흑색에 가까운 녹색으로 때로는 황금색에 가까운 밝은 빛으로 표출되었다. 그래서인지 숲은 야유회의 공간으로 잔치의 배경으로 나타나 우리의 삶을 풍요롭게 하였다. 그러나 이러한 녹색질감은 파블로 피카소, 바실리 칸딘스키 등 인상, 즉흥, 구성을 토대로 한 현대 서양미술에 와서는 일반인이 인식할 수 없을 정도로 증발되어버린 느낌이다.

참고문헌

김영나. 1996. 「서양 현대미술의 기원 1880~1914」. 시공사. 330pp.

마가레테 브룬스 지음 / 조정옥 옮김. 1999. 「여덟 가지 색으로 풀어 본 색의 수수께끼」. 세종연구원. 307pp.

박우찬. 1998. 「서양미술사 속에는 서양미술이 있다」. 재원. 215pp.

이일. 1992. 「서양미술의 계보 – 원시미술에서 추상까지」. 에이피인터내셔날. 316pp.

최승규. 1996. 「한 권으로 보는 서양미술사 100 장면」. 가람기획. 386pp.

파스칼 보나푸 지음, 송숙자 옮김. 1995. 「반고흐 – 태양의 화가」. 시공사. 175pp.

임주훈은 고려대학교 임학과를 졸업하고 동 대학원에서 산림생태학을 전공하여 농학박사 학위를 받았다. 그 후 독일 프라이부르크대학교 조림학연구소에서 방문연구원으로 근무하면서 산림식생 및 입지학을 연구하였으며, 현재 산림청 임업연구원 산림생태과에서 산불생태, 산불피해지의 생태계 변화와 복원에 관한 연구를 하고 있다. 숲과 문화 연구회 운영회원이다

문화재 속에 서 있는 나무들
- 도자기를 중심으로 -
황 인 용

'문화란 무엇인가' 하는 정의는 문화를 연구하는 학자의 수만큼 다양하다. 그 중에서도 필자는 '사고방식과 행동양식'이라는 간결하면서도 포괄적인 정의를 좋아하여 그 관점에서 이해하려고 노력해왔다.

단적으로 문화재를 예로 들어보자. 우리는 문화재에 적나라하게 표상된 선조의 사고방식을 여실히 읽을 수 있다. 과연 선조의 사고방식에서 가장 두드러지는 특색은 무엇이겠는가?

선조가 남긴 유형 무형의 문화재를 일별하면 자연동화의 특색을 띠지 않는 것이 거의 없다고 해도 과언이 아니다. 그만큼 선조의 머릿속은 자연에 대한 생각으로 꽉 차 있었다는 징표일 게다. 새삼스레 강조할 필요도 없이 우리의 전통문화는 세상에서 가장 뛰어난 자연동화의 문화다. 자연사랑의 종교이자 철학인 풍류도가 바로 명백한 그 증거다. 이 점 환경의 시대에 한국적인 가치가 세계적인 가치로 승화할 수 있는 절호의 환경을 우리는 맞이하고 있는 셈이다.

바로 <숲과 미술> 학술토론회를 개최한 이유도 그러한 가능성을 임업 및 예술적 차원에서 공동 모색하고 그 공감을 일반화하자는 뜻 깊은 취지가 아니겠는가 한다. 이러한 점에서 예술 또한 시대정신의 표상이어야 함은 물론이다. 사고방식의 방향과 내용을 결정해주는 것은 정신인 까닭이다. 비근한 예를 들어보자.

필자는 자나깨나 통일을 생각하고 있기에 자잘한 일상사를 수필로 쓰면서도 결론은 원대한 통일논의로 옮겨가 있는 경우가 많다. 만약 필자가 반통일 반민족주의자였다면 어느 유명한 작가 겸 언론인처럼 '통일은 미친 짓이다'고 하거나 어느 극우신문처럼 '민족은 동맹보다 낫다는 환상을 버려야 한다'며 시대착오적인 퇴영을 거듭하고 있으리라.

그건 그렇고 전통미술에서 나무를 주인공으로 내세우고 있는 경우는 도자기가 유일하다. 물론 회화에서도 나무와 숲은 무수히 그려졌으나 산수화라는 명칭이 말해주듯 산수의 일부로 묘사된데 불과하다. 따라서 이 글에서는 도자기 중에서도 국보와 보물에 한정해 거기 그려진 나무의 성격을 극히 개괄적으로 소개하고자 한다.

우선 우리의 도자기는 호화 사치스러운 중국산보다 놀랄 만큼 소박하고 자연스럽다. 중국도자기는 인공미의 극치라면 우리 도자기는 자연미의 절정이랄까? 이러한 차이는 '꾸밈'과 '꾸밈없는 꾸밈'의 결과일 터이고 꾸밈없는 꾸밈이야말로 최고의 꾸밈이라면 우리 도자기가 세계 최고의 성가를 누리는 비밀이라고 하겠다. 자연사랑의 지극한 경지는 무위자연의 궁극까지 도달해버렸다고 할 것인지……

우리 도자기는 아무 그림도 없는 것에서 추상적인 그림까지 다양한 문양이 존재하나 태반은 동식물이 그 주인공이다. 이 한가지 사실만으로도 선조의 자연 경도(傾倒)가 어떤 지경에 있었는지 유추하고도 남음이 있으리라.

거기 그려진 동식물은 기본적으로 동식물 자체의 객관적 성격이 강조되었다기보다는 도공의 성격이 대신 투영되었다고 보는 편이 타당하다. 환언하면 심경의 투사요 전위(轉位)라고 할까?

먼저 고려청자부터 살펴보자. 즐겨 그려진 구름과 학은 하늘색인 비색과 결부돼 지고지선한 이상세계를 표상해준다. 즉 그 시대를 풍미했던 불교적 이상주의 세계관의 표방이라고 하겠다.

거기에 덧붙여 청자의 고향이 호남지방이라는 사실은 청자의 문화적 특색이 호남문화의 특색을 그대로 반영해주고 있다는 말이나 다름없다. 호남산천을 일러 풍전세류(風前細柳)라고 한다. 이는 반산잔락(半山殘落)으로 굽이치는 곡진한 산세의 유정한 멋을 표상한 말이다.

일찍이 김원용 박사는 해남의 끝없이 펼쳐진 구릉지대를 여행하고서 "백제 예술의 특징적 현상인 곡선의 비밀을 비로소 알았다"며 감탄을 금치 못했다. 이는 선의 예술에서 백제의 전통을 고스란히 계승한 청자의 유려한 선형적(線形的) 아름다움을 이해하는 첩경이기도 하다. 그래서 그런지 몰라도 청자에 그려진 나무는 버드나무 일색이다.

그만큼 호남인의 마음속에는 버드나무가 절대적인 지위를 차지하고 있었던 셈이다. 그 하늘하늘 늘어진 정취하며 태풍에도 꺾이지 않는 강인한 적응력에 이르기까지 호남인의 외유내강한 성정 및 예술적 감수성과 맞아떨어지는 나무는 달리 없었던 까닭이기도 하다.

반면에 경기 광주지방이 고향인 백자의 경우에는 조선조 성리학의 세계관을 반영해 현실주의적이다. 더불어 경기지방의 단아한 산천을 표상해주는 말은 경중미인(鏡中美人)이

다. 백자 또한 그처럼 깔끔하고 조촐하고 세련되었다. 특히 청화(靑華)백자는 도자기의 꽃이라고 불리는데 고품질 고품격의 청화색은 세계인을 매료시킬 정도로 뛰어나다고 한다. 그 산뜻한 아름다움 앞에서 무슨 말이 필요한 것인가? 그 어떠한 찬사도 오히려 남루할 따름이다.

청화백자에 주로 그려진 대상은 용·호랑이 등의 동물과 송죽매(松竹梅)다. 여기서 용과 호랑이는 좌청룡 우백호로서 벽사를 위한 강력한 신적인 힘의 상징이고 송죽매는 이른바 세한삼우(歲寒三友)로서 유교적 덕목의 핵심인 충절의 표상이다. 이 점 청자와 백자에 반영된 시대정신의 차이를 극명히 인식할 수 있으리라.

언어철학자들은 '언어에 대한 철학적 탐구와 과제는 그러한 세계에 대하여 참된 그림을 그리는 일'이라고 선언한다. 이는 화용론(話用論)을 말함이다. 미술가들도 이 세계에 대한 철학적 탐구의 과제로 참된 그림을 그리기는 마찬가지라면 이를 화용론(畵用論)이라고 할 수 있지 않을까?

'숲과 미술'을 주제로 수많은 담론이 펼쳐졌듯이 이 글 또한 화용론(畵用論)을 옹호하기 위한 하나의 화용론(話用論)이라고 해야 옳을 터이다. 그도 그럴 것이 애초에 한자는 상형(象形)문자로서 그림에서 출발했다면 시서화(詩書畵)의 삼위일체는 필연으로서 화용론(話用論)과 화용론(畵用論)의 동시적 근거이자 전개인 셈이다. 무엇보다 서(書)와 화(畵)가 동원어(同源語)로서 결국 서화동원(書畵同源)을 뜻함에랴. 그러면 예경출판사의 「Korea Art Book」을 참고문헌으로 하여 도자기에 그려진 나무들이 얼마쯤 참된 그림인지 살펴보기로 하겠다.

청자양각포류수금문정병

1. 청자양각포류수금문정병
(青磁陽刻蒲柳水禽文淨瓶)

보물 제304호로 11세기(강진) 작품이다. 절
에서 사용된 물주전자라고 한다. 같은 형태로
국보 제66호인 청자상감유죽연로원앙문정병
이 있다. 이들은 청동제 물병을 모방한 것이라
는데 실제로 국보 제92호인 청동은입사포류
수금문정병(青銅銀入絲蒲柳水禽文淨瓶)과 똑
같은 형태다. 버드나무의 무성한 모습을 사실
적으로 묘사했는데 그 아래 원앙새와 기러기
한 쌍을 섬세한 회화풍으로 양각한 점이 특징
이라고 한다. 버드나무의 전체적인 구도는 좌
우 중앙으로 배치한 세 가지의 높낮이에 차등
을 두어 안정감을 강조하면서도 균형미가 뛰
어나도록 처리하였다. 잔잔한 물가의 정경은

마음의 평화를 표상한 것이라고 하겠다.

2. 청자양각죽절문병
(青瓷陽刻竹節文瓶)

국보 제169호다. 운학문매병과 쌍을 이루도
록 정반대로 목은 좁고 아래쪽은 퍼진 유려한
곡선의 비파형 병에 무수히 연립한 대나무를
돋을새김하였다. 마치 병 전체가 대나무 묶음
인 듯한 착각이 들 정도로 독특한 의장(意匠)
이다. 단조로운 기하학적인 구성이지만 상당
히 고답적인 추상성으로 말미암아 현대적인
감각마저 풍긴다. 어쩌면 도공은 부분과 전체
를 말하고 싶었을까? 아니면 일상의 분절(分
節)과 집합을 말하고 싶었을까? 그도 아니라
면 빈틈없음의 빈틈을 말하고 싶었는지도 모

청자양각죽절문병

를 일이다. 이 병에는 곡선 중에 직선이 있고 직선 중에 곡선이 있다. 곡선은 직선이 되고 직선은 곡선이 된다는 점에서 곡직의 변증법이라고 할 수 있다. 도공은 간단한 문양을 통해 얼마나 많은 말을 우리에게 하고 있는가?

이 작품은 대상이 되는 소재를 충실이 묘사하여 상형청자의 멋을 살린 수작이라고 한다.

3. 청자상감유죽연로원앙문정병
(青瓷象嵌柳竹蓮蘆鴛鴦文淨瓶)

앞서 말한 국보 제66호다. 이 병을 대하면 아라베스크 건축양식이 연상됨은 무슨 까닭일까? 고려시대의 속요(俗謠)인 쌍화점을 보면 회회(回回)아비 즉 이슬람 장사꾼 이야기가 나온다. 그 문화적 영향력을 짐작할 수 있는

청자상감유죽연로원앙문정병

대목이리라. 역시 물가의 정경을 묘사한 작품으로 등장하는 동식물도 버드나무, 대나무, 연꽃, 갈대, 원앙 등으로 다양하다. 그렇지만 그 중심에 서 있는 것은 버드나무다.

간결하면서도 적절한 공간의 배치를 보이는 문양들이 사실적이면서도 회화적으로 묘사된 작품이라고 한다.

4. 청자상감매조죽문매병
(青磁象嵌梅鳥竹文梅瓶)

보물 제903호다. 바탕은 진녹색인데 대나무를 흑상감으로, 활짝 핀 매화와 학은 백상감으로 표현해 색상의 대비가 곱다. 대나무를 주요 문양으로 힘차게 표현한 반면 매화나무는 수척하게 표현한 대위법적이다.

5. 청자상감매죽학문매병
(青磁象嵌梅竹鶴文梅瓶)

보물 제1168호다. 제903호와 색상 및 구도에서 흥미로운 대조를 보인다. 우선 바탕색이 초가을 하늘을 연상시킬 만큼 투명한 청색이다. 게다가 한 마리 학은 비상하고 있고 다른 한 마리는 하강하고 있는 모습이 한적하다 못해 고요하기까지 하다.

대나무는 소슬한 가을바람에 쏠린 듯 가지런히 기울어 있는 모습이 오히려 단정하고 매화나무는 양쪽으로 벌어진 두 가지를 간결히 그렸을 뿐이다. 도공의 깨끗하고 한아로운 심경이 여실히 표출되었다고 하겠다.

6. 화청자양류문통형병
(畵青瓷楊柳文筒形瓶)

국보 제113호로 해남에서 출토되었다. 우리 도자기는 대부분 중국 것을 모방하고 변형시킨 것이되지만 작품만큼은 그 계보를 짐작조차 할 수 없는 독특한 형태라고 한다. 오직 버드나무를 앞 뒤로 새겼을 뿐이지만 줄기의 굵

화청자양류문통형병

나무와 어린 대나무의 대위는 이를테면 노소(老少)의 조화를 의미하리라. 구륵법(鉤勒法)으로 정교하게 사실적으로 묘사한 솜씨가 뛰어나 궁중의 화원(畫員)이 그린 작품으로 추정된다고 한다.

8. 청화백자매죽문호 (靑華白瓷梅竹文壺)

국보 제222호다. 219호와 같은 형태이지만 매화와 대나무를 따로 분리해 그린 간결한 필치가 돋보이는 작품이라고 한다. 또한 청화색도 엷은 발묵(潑墨)으로 여유롭게 그림 담묵(淡墨)의 명품이라고 한다. 문양 또한 중국 영향을 벗어나 한국적인 운치를 보여주었다는 것이다.

9. 청화백자매조죽문호 (靑華白瓷梅鳥竹文壺)

국보 제170호로서 219호와 같은 형태다. 고목의 매화나무에 새 두 마리가 서로 부르고 화답하듯 정겨운 모습이다. 기벽이 얇고 잘 정제된 아담한 항아리의 뚜껑과 몸체에는 초기에 유행한 매조죽 문양과 소담한 들국화 문양이 몰골(沒骨)의 필치로 그려져 일품이라고 한다. 청화는 검은 색에 가까워 국산인 토청(土靑)이 아닌가 추측된다고 한다.

고 얇은 마디와 휘늘어진 이파리를 함축적으로 간략히 묘사한 솜씨는 수준 높다고 한다. 이 앞 뒤의 버드나무는 음양 조화의 상징인데 각자의 버드나무도 양쪽으로 가지를 늘어뜨리고 있는 모습이 대위법적이다. 이중의 대위법인 셈이다. 당시 사람들이 불교적 세계관에 지배당하고 있는 가운데서도 음양오행설의 영향력을 엿볼 수 있는 대목이기도 하다.

7. 청화백자매죽문호 (靑華白瓷梅竹文壺)

국보 제219호다. 심하게 굽은 고목의 매화

10. 청화백자홍치명송죽문호 (靑華白瓷弘治銘松竹文壺)

국보 제176호다. 이 항아리에 그려진 소나무는 노송으로 비스듬한 둥치에 잔가지는 유산가(遊山歌)의 가사처럼 에이 구부려졌다. 광풍이 아니라도 흥에 겨워 우줄우줄 춤을 출 것만 같다. 이 항아리는 화엄사에서 오래 전해온 것으로 최고(最古)의 청화백자다. 도자기 연구의 표준작품으로 유명하다고 한다. 최상품의 백자로 앞쪽에 소나무를 뒤쪽에 대나무와 죽순을 그렸다. 암청색의 발색이 좋은 청화로 농담을 적절히 가려 완전히 회화적으로 그린 그림은 구도나 필치가 뛰어나 화원이 그렸을 것으로 추정된다고 한다.

11. 청화백자송죽인물문호
(靑華白磁松竹人物文壺)

보물 제644호다. 두 마리 용이 서린 듯 시선을 압도하는 거대한 노송 두 가지가 서로 엇갈려 있는 아래에 앉아 있는 고사(高士)와 동자를 그렸다. 절파풍(浙派風)의 그림으로 회화성이 아주 강하여 회화사 연구에 각광받고 있다고 한다. 문기(文氣) 짙은 그림은 은일고사의 유유자적한 삶을 동경하는 당시 지식인의 심경을 표현한 것이라고 한다.

12. 청화백자매죽문병
(靑華白磁梅竹文甁)

보물 제659호다. 한국적인 운치를 짙게 풍기는 서정적 문양으로 유명하다. 서로 어긋난 고목의 매화나무에 참새 한 쌍을 앉혀놓았는데 그 귀엽도록 앙증맞은 모습은 한국인의 자화상이라고 할만큼 서정이 넘친다고 한다. 전체적인 구도도 균형이 잡혀 매우 아름답다. 뒷면에 구륵법으로 그린 대나무도 단아한 기품이 서려 있다.

13. 청화백자죽문각병
(靑華白磁竹文角瓶)

국보 제258호다. 후기의 작품에서 힘이 넘치는 조형미가 대표적인 명품이라고 한다. 유약 또한 맑고 투명한 최상품이라는 것이다. 앞쪽에는 간결하고 힘찬 두 그루의 대나무를, 뒤쪽에는 가느다란 한 그루의 대나무를 그려 전체적인 몸체와 비례를 맞추었다. 대나무이면서도 수형이 간결한 교목을 보는 듯한 인상적인 작품이다.

청화백자죽문각병

14. 청화백자화조문팔각통형병
(靑華白磁花鳥文八角筒形瓶)

보물 제1066호다. 우선 파격적인 형태가 눈길을 끈다. 별격(別格)의 가치와 아름다움을 보여주는 이채로운 작품이라고 한다. 앞뒤도 복숭아나무와 석류나무에 앉아 있는 새를 그렸다. 구륵법으로 힘차고 거침없이 그려 야취(野趣)가 풍부하다고 한다.

15. 백자철화매죽문대호
(白瓷鐵畵梅竹文大壺)

국보 제166호다. 기품 넘치는 장중한 형태로 16세기 철화백자의 대표적이라고 한다. 약

백자철화매죽문대호

백자철화포도문호

간 퇴색한 듯한 백자인데 철화여서 더욱 고색 창연한 느낌이 든다. 고목의 매화나무 둥치는 한 마리 용이 서린 듯 기상이 넘치고 직선으로 뻗어 올라간 가지 역시 힘차다. 뒤쪽에는 대나무를 가득 그렸다. 사실적인 화풍과 세련된 필치로 미루어 화원의 솜씨로 추정된다고 한다.

16. 백자철화포도문호
(白瓷鐵畵葡萄文壺)

국보 제93호다. 107호와 함께 철화백자의 대표작이라고 한다. 포도 그림은 자손의 번영을 기원하는 유감의 뜻을 담고 있다. 활달하고 능숙한 화원의 솜씨로 믿어지는 작품이다. 해학적으로 그린 원숭이는 후(鰥)자가 제후(諸侯)를 뜻한다고 한다.

17. 백자철사포도문호
(白磁鐵砂葡萄文壺)

국보 제107호로서 조선 백자 최고 명품으로 꼽힌다. 크기 또한 웅장하다. 상단부에 햇볕을 받아 투명하게 빛나는 포도 잎사귀와 탐스럽게 익은 열매를 사실적인 수법으로 자세히 묘사했다. 전체적으로 하반부를 여백으로 처리해 시원하면서도 절묘한 구도를 이루었고 게다가 농담(濃淡)의 조화가 뛰어나도록 능란하게 그린 필치는 당대 최고의 화원이 심혈을 기울인 솜씨로 추측된다고 한다.

이러한 사실적 화풍은 실학의 태동과 무관하지 않은 듯 싶다. 그 무렵 진경산수화의 등장은 이 사실을 분명히 증언해준다. 사실적 화풍이면서도 마치 현대의 그림을 보는 듯 세련되고 자연스러운 감각이 넘쳐나고 있다. 자유분방했던 화원의 정신인즉 그 시대의 시대정신

136

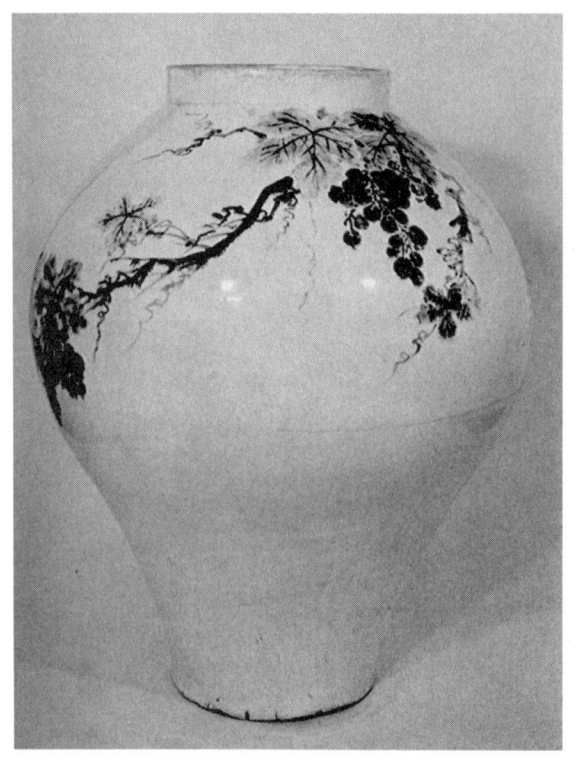

백자철사포도문호

이 아니라면 무엇이겠는가?

무릇 문화재 치고 시대정신을 담고 있지 않은 것은 하나도 없다. 뛰어난 문화재일수록 당시의 시대정신을 탁월하게 형상화한 것들이기 때문이다.

따라서 우리가 문화재 속의 나무를 대할 때 옛날의 관점이 아니라 오늘의 시선에서 그 시대정신을 읽을 수 있어야 한다는 뜻이기도 하다.

이러한 관점에서 말하자면 환경의 시대에 자연동화적인 우리의 문화재만큼 의미 깊고 막중한 존재도 달리 없다. 우리는 이점 무엇보다 자부심을 지니고 세계 최고의 문화국가로 우뚝 서야 마땅하다.

"나는 우리 나라가 세계에서 가장 아름다운 나라가 되기를 원한다……. 오직 한없이 가지고 싶은 것은 문화의 힘이다" 결론에 임해서 백범 선생의 육중한 말씀이 쟁쟁히 들려옴은 웬일일까?

황인용은 전남대학교 농업경제학과를 졸업하였다. 농림수산부, 농업진흥공사를 거쳤으며 1992년 동아일보에 입사하였다. 1985년에 민족문화추진회국역연수원을 졸업하였고, 1991년에 〈월간에세이〉를 통해 등단, 현재 수필가로 활동하고 있다.

조선시대 산수화와 소나무
- 산수화에 나타난 소나무 입지와 형태 -
배 상 원

서론

소나무는 우리 나라의 대표적인 나무로서 가장 많이 분포하고 있으며 한국의 정서를 나타내는 나무이기도 하다. 소나무는 목재로 이용을 하였을 뿐만 아니라 송홧가루, 송진 등 소나무에서 나오는 모든 것을 이용하였으며 예전에 식량이 모자라는 춘궁기에는 소나무 껍질을 식용대용으로 이용하기도 하였다. 또한 소나무 숲에서만 자라는 송이버섯은 지금도 귀중한 자원으로 이용되고 있다.

우리 나라의 소나무는 옛날부터 우리의 생활과 밀접한 관계를 유지하고 있으며 지금도 산에 가면 늘 볼 수 있는 나무이다. 이러한 관계를 일아 볼 수 있는 것은 건축물, 가구, 생활용품 등을 들 수가 있으나 이러한 것들은 살아 있는 소나무가 아닌 목재를 이용한 가공품이 대부분으로 실제 소나무가 어떤 곳에서 어떠한 모양으로 자랐는가는 알 수 없는 상황이다. 과거 소나무가 어떠한 형태로 자랐는가를 알기 위하여서는 문헌 상의 자료를 이용할 수가 있으나 실제 소나무의 모양이나 살고 있는 장소 즉 입지는 알기가 힘든 형편이나 산수화의 경우 시각적으로 소나무의 형태와 입지를 알아볼 수 있는 장점이 있다.

본 조사는 조선시대 화가가 그린 산수화 속의 소나무를 통하여 조선시대의 소나무의 형태와 입지를 구분하여 소나무에 대한 기초 자료를 제공하는데 목적을 두고 있다.

대상 및 방법

1) 조사대상 산수화 선정

조선시대 산수화 중 소나무가 그려진 산수화를 대상으로 선정하였으며 산수화 중 수종 구분이 분명치 않은 것은 조사대상에서 제외하였다. 이와 같은 기준으로 선정된 산수화는 83점으로 제작 시기는 조선 초기에서 말기까지이다.

2) 조사내용

입지구분

· 소나무 생육지역 구분 : 산악지, 구릉지, 하안(호수), 해안지역으로 구분

· 소나무 생육지역 내 위치 : 산정, 산복, 산록, 계곡, 암벽부분으로 구분

조사항목

· 소나무 임목 : 수고, 지하고, 수관폭

· 형질 : 수간, 초두부 피해

3) 분석

화면 상의 소나무의 측정치는 절대값으로 비교가 불가능하므로 상대 값으로 환산하여 분석하였으며 입지별 소나무 출현빈도, 형질, 지하고, 수관폭 등을 비교하였다.

결과 및 고찰

1) 입지별 소나무 발생빈도 지역에 따른 소

138

나무의 출현빈도는 산악지 76%, 하안 17%, 해안 3%, 구릉지역 2%의 순으로 높게 나타나고 있다<표 1>. 특히 산악지에서 소나무의 출현빈도가 전체의 76%이상을 차지한 반면 구릉지에서는 3%미만으로 나타나 지형에 따른 차이를 보이고 있다.

<표 1> 생육지역별 소나무 출현 빈도

생육지역	소나무출현횟수	점유율(%)
산악지	111	76.6
구릉지	3	2.1
하안	26	17.9
해안	5	3.4
계	145	100

산악지내 소나무 생육위치는 산정부에 63회, 계곡부 19회, 암벽지에 16회로 나타나 산정부에서 가장 많이 나타났으며 산록부에서 가장 적게 나타났다. 이외에 평지와 인가 부근에서 소나무가 일부 나타났다<표 2>. 소나무의 생육특성을 나타내는 지하고 높이는 지하고/수고비 60%이상으로 나타났으며 수관폭/수고비는 41~78%로 암벽지와 산록지에서 높은 수치를 나타냈다. 또한 수관폭/수관장비는 185~251%로 수관장의 2배 정도로 수관폭

이 큰 것으로 나타났다. 위와 같은 수치를 수고 20m를 기준으로 하였을 때 지하고 12m~15.6m, 수관폭 8.3~15.2m, 수관장 3.4m~8m로 수관폭이 수고, 지하고, 수관장에 비하여 큰 것으로 보여진다. 이러한 수치는 수관형태에 곧바로 영향을 끼쳐 수관이 평평한 모양으로 나타나게 한다.

하안지역내 소나무 생육위치는 산정부(정상)에 14회, 평지와 인가에 각각 4회, 산복부(산허리)과 암벽지에 로 1회로 나타나 산정부에서 가장 많이 나타났으며 산록부(산허리)에서 가장 적게 나타났다. 특히 하안지역에서는 산악지에서 와는 달리 평지와 인가부분에서 소나무가 2번째로 많이 나타났다(표 3). 소나무의 생육특성을 나타내는 지하고 높이는 지하고/수고비 53~72로 나타났으며 수관폭/수고비는 39~78%로 산정과 산복부지에서 높은 수치를 나타냈다. 또한 수관폭/수관장비는 82~221%로 관계위치별 차이가 크게 나타났다. 위와 같은 수치를 수고 20m를 기준으로 하였을 때 지하고 11m~14.5m, 수관폭 7.8~15.8m, 수관장 4.2m~9m로 수관폭이 수고, 지하고, 수관장에 비하여 큰 것으로 보여진다. 이러한 수치는 수관형태가 평평한 모양인 것을 의미한다.

<표 2> 산악지 관계위치별 소나무 출현빈도 및 생육상황

관계위치	소나무 출현횟수	점유율	지하고/수고	수관폭/수고	수관폭/수관장
산 정	63	56.8	61.4	68.5	207.9
산 복	5	4.5	–	–	–
산 록	3	2.7	59.5	78.7	194.7
계 곡	19	17.1	62.7	53.8	185.3
암 벽	16	14.4	63.3	76.1	251.9
평 지	2	1.8	78.0	41.6	189.8
인 가	3	2.7	62.3	71.6	229.2
계	111	100	–	–	–

〈표 3〉 하안지 관계위치별 소나무 출현빈도 및 생육상황

관계위치	소나무 출현횟수	점유율 (%)	지하고/수고 (%)	수관목/수고 (%)	수관폭/수관장 (%)
산정	14	53.8	55.0	78.9	183.4
산복	1	3.8	59.4	77.5	191.0
계곡	2	7.7	60.0	60.0	150.0
암벽	1	3.8	72.5	52.3	194.6
평지	4	15.4	60.8	60.8	82.6
인가	4	15.4	53.4	39.0	
계	26	100	–	–	–

구릉지와 해안지는 소나무 생육위치가 산정부에 주로 나타나고 있으며 인가 부근에도 나타났다〈표 4〉. 소나무의 생육특성을 나타내는 지하고 높이는 지하고/수고비 40~82%로 나타났으며 수관폭/수고비는 33~100%로 산정에서 높은 수치를 나타냈다. 또한 수관폭/수관장비는 55~253%로 해안지의 소나무가 높은 수치를 나타냈다.

지역별 관계위치에 생육하고 있는 소나무의 분포는 〈그림 1〉과 같이 산정, 산복, 계곡, 절벽 등지에 다양하게 나타났다.

〈표 4〉 구릉지와 해안지 관계위치별 소나무 출현빈도 및 생육상황

지역	관계위치	소나무출현	지하고/수고	수관폭/수고	수관폭/수관장
구릉지	산정	3	56.6	61.9	152.3
	인가	2	39.9	33.3	55.1
해 안	산정	5	82.6	100.0	253.9

〈그림 1〉 산악지, 하안지, 해안지 소나무 분포

(a)산악지의 소나무 분포

(b)하안의 소나무 분포

(c)해안의 소나무 분포

2) 소나무 수간형질 소나무 수간은 형질이 보통 이상인 곧음이 21%를 차지하며 이외에는 형질불량, S자형으로 굽거나 기울은 소나무가 전체의 78%를 차지하고 있어 전체적으로 수간형질이 불량한 것으로 나타났다<표 5>. 수간이 곧은 소나무만 지하고/수고비는 50% 미만으로 나타났으며 이외에는 55~62%로 큰 차이가 없으며 수관폭/수관장비는 굽거나 기울은 소나무가 모두 200%이상을 나타내 수관형태가 평평한 것으로 나타났다.

〈표 5〉 소나무 수간형질별 분포

수간	소나무 출현횟수	점유율	지하고/수고	수관폭/수고	수관폭/수관장
곧음	43	21.1	48.5	54.6	139.2
굽음	92	45.1	62.4	72.7	213.4
기울음	46	22.5	61.0	66.9	221.2
불량	23	11.3	55.3	59.0	142.6
계	204	100	-	-	-

〈표 6〉 산악지 소나무 수간형질

수간	소나무 출현횟수	점유율	지하고/수고	수관폭/수고	수관폭/수관장
곧음	28	18.3	51.0	54.6	125.4
굽음	67	43.8	67.2	72.7	250.9
기울음	40	26.1	62.5	66.9	201.7
불량	18	11.8	58.2	59.0	165.2
계	153	100	-	-	-

〈표 7〉 하안지 소나무 수간형질

수간	소나무 출현횟수	점유율	지하고/수고	수관폭/수고	수관폭/수관장
곧음	9	23.7	46.1	95.3	162.9
굽음	20	52.6	61.0	60.2	171.2
기울음	6	15.8	51.5	88.7	180.8
불량	3	7.9	57.5	55.3	131.1
계	38	100	-	-	-

〈표 8〉 구릉, 해안지역 소나무 수간형질

수간	소나무 출현횟수	점유율	지하고/수고	수관폭/수고	수관폭/수관장
곧음	43	21.1	48.5	54.6	139.2
굽음	92	45.1	62.4	72.7	213.4
기울음	46	22.5	61.0	66.9	221.2
불량	23	11.3	55.3	59.0	142.6
계	204	100	–	–	–

산악지 소나무는 수간이 곧은 소나무가 18%, 형질불량, S자형으로 굽거나 기울은 소나무가 전체의 80% 이상을 차지하며 곧은 소나무의 지하고/수고비. 수관폭/수고비, 수관폭/수관장비가 가장 낮은 수치를 보이고 있다<표 6>. 이러한 수치는 형질이 우량한 소나무가 수관장이 길고 건강하게 생육하고 있다는 것을 의미한다.

소나무 수간은 〈그림2〉와 같이 4가지로 구분이 가능하였다.

〈그림 2〉 4가지 수간 형질

(a) 곧은 수간

(b) 굽은 수간

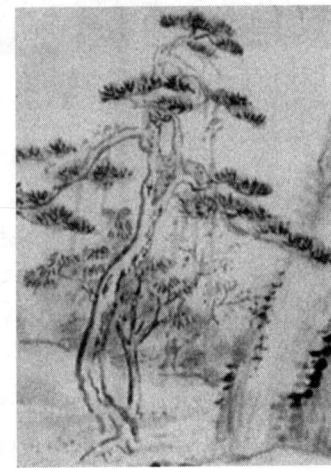

(c) 기울은 수간

(d) 형질 불량

〈그림 3〉 수관형태 (a) 수평, (b) 삼각형, (c) 임분형

(a) 수평형 수관

(c) 임분형수관

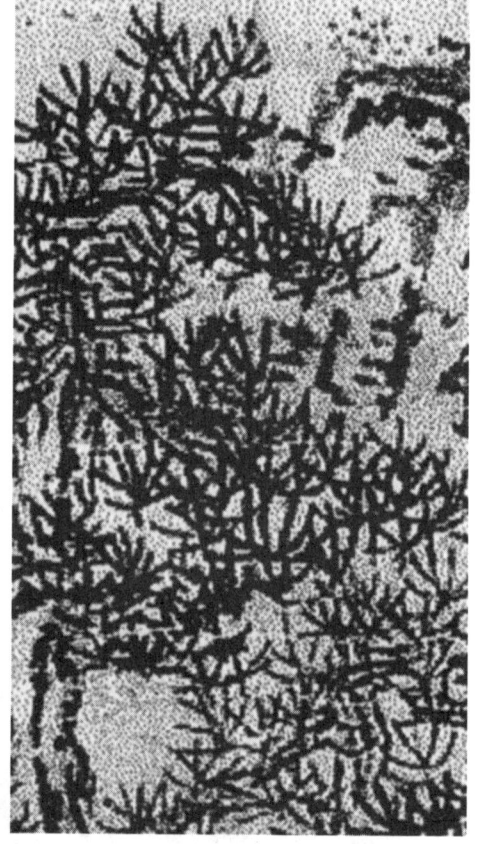

(b) 삼각형 수관

하안지 소나무는 수간이 곧은 소나무가 23%, 형질불량, S자형으로 굽거나 기울은 소나무가 전체의 70% 이상을 차지하며 곧은 소나무의 지하고/수고비가 낮은 수치를 보이고 있는 반면 수관폭/수고비는 가장 높은 수치를 보이고 있다〈표 7〉. 이러한 수치는 산악지의 소나무와는 달리 하안지의 수간형질이 우량한 소나무가 수관장이 길고 수관폭이 큰 특성을 보여준다.

구릉지와 해안지역의 소나무는 수간이 곧은 소나무가 높은 비율을 차지하나 소나무 출현 횟수가 낮으며 이중 형질이 곧은 소나무의 지하고/수고비는 44~92%, 수관폭/수고비는 69~95%로 큰 차이를 보이며 수간형질 우량

목과 불량목간의 차이도 크게 나타났다〈표 8〉.

3) 소나무 수관형태

소나무 수관은 수령이 많아짐에 따라 형태가 달라지는데 수령이 어릴 때, 즉 생장이 왕성할 때는 수관형태가 삼각형을 이루지만 수령이 많아지면 초두부가 평평해지며 수평형을 이루게 된다〈그림 3〉.

산수화 내의 수관은 위와 같이 수평형, 삼각형으로 구분이 가능하나 임분으로 이루어진 경우에는 명확한 구분이 불가능하여 임분형으로 별도 구분하였다. 전체적으로 소나무의 수관형태는 수평형이 87%, 삼각형이 9%로

〈표 9〉 소나무 수관형태별 분포

수관형태	소나무 출현횟수	점유율	지하고/수고	수관폭/수고	수관폭/수관장
수평형	180	87.4	63.3	68.1	205.7
삼각형	19	9.2	38.2	53.3	90.6
임분형	7	3.4	–	–	–
계	206	100	–	–	–

〈표 10〉 지역별 소나무 수관 형태 분포

지역	수관형태	소나무 출현횟수	점유율	지하고/수고	수관폭/수고	수관폭/수관장
산악지	수평형	137	88.4	63.9	67.6	217.8
	삼각형	16	10.3	35.2	54.0	88.3
	임분형	2	1.3	–	–	–
	계	155	100	–	–	–
하안지	수평형	33	86.8	57.5	66.4	168.3
	삼각형	1	2.6	48.2	68.9	133.3
	임분형	4	1.9	–	–	–
	계	38	100	–	–	–
구릉지	수평형	3	–	56.1	55.0	139.2
	삼각형	2	–	40.7	43.8	74.8
해안지	수평형	7	–	82.3	100.1	253.9
	임분형	1	–	–	–	–

나타나 대부분의 소나무가 생장기가 왕성한 시기를 지난 노령목으로 추정되었다<표 9>. 수관형태가 수평형인 소나무는 지하고/수고비, 수관폭/수고비, 수관폭/수관장비가 모두 삼각형 소나무보다 높게 나타났다.

산악지, 하안지, 구릉지, 해안지 내의 소나무 수관형태는 수평형이 80%,이상으로 나타나 대부분의 소나무가 생장이 왕성한 시기를 지난 노령목으로 추정되었다<표 10>. 수관형태가 수평형인 소나무는 지하고/수고비, 수관폭/수고비, 수관폭/수관장비가 모두 삼각형 소나무보다 높게 나타났다

4) 소나무 생육형태

소나무 생육지는 한 그루만 떨어져 자라는 단목생육, 여러 그루가 모여 자라는 소군상 또는 군상생육, 그리고 숲을 형성하는 임분생육으로 구분될 수 있다. 생육형태는 군상 68%, 임분 24%, 단목이 7%의 순으로 나타났으며 지하고/수고비는 임분, 군상, 단목의 순으로 나타났다. 이러한 경향은 단목이 거의 독립목으로 생육하여 가지가 고사하지 않기 때문에 지하고가 낮게 나오는 자연적인 현상을 보이고 있다.

〈표 11〉 소나무 생육형태별 분포

생육형태	소나무 출현횟수	점유율	지하고/수고	수관폭/수고	수관폭/수관장
단목	7	7.1	49.7	66.3	130.2
군상	68	68.2	60.2	64.6	185.9
임분	24	24.2	-	-	-
계	99	100	-	-	-

〈표 12〉 지역별 소나무 생육형태 분포

지역	수관형태	소나무 출현횟수	점유율	지하고/수고	수관폭/수고	수관폭/수관장
산악지	단목	4	5.7	46.6	88.1	158.8
	군상	45	64.3	63.2	64.4	203.6
	임분	21	30.0	-	-	-
	계	70	100.0	-	-	-
하안지	단목	2	9.1	61.1	66.8	149.2
	군상	19	86.4	55.7	68.9	133.3
	임분	1	4.5	-	-	-
	계	22	100.0	-	-	-
구릉지	단목	1	-	44.8	48.2	87.5
	군상	2	-	49.1	46.9	102.2
해안지	군상	2	-	66.7	69.1	209.3
	임분	2	-	-	-	-

산악지, 하안지, 구릉지, 해안지 내의 소나무 생육형태는 군상생육이 60~80%으로 나타나 대부분의 소나무가 군상으로 자라고 있으며 단목생육은 10%미만으로 나타났다〈표 12〉. 산악지의 단목의 지하고, 수관폭이 군상이나 임분보다 낮게 나타난 반면 하안지에서는 이와는 상반되는 수치가 나타났으나 이러한 수치는 조사수가 적어 뚜렷한 경향을 알아 볼 수는 없는 상태이다.

5)소나무 피해

소나무 피해로 조사된 초두부 고사, 수간 손상 그리고 뿌리부분의 노출은 전체의 3~8% 정도에 발생을 하였다〈표 13〉. 이중 수간 손상은 수간 하부의 피해로서 산불피해로 추정된다〈그림 4 b〉. 피해목의 평균 지하고, 수관폭은 큰 차이를 보이지 않고 있다.

지역별 피해는 모든 피해종류가 산악지에서 가장 많이 발생한 반면 구릉지와 하안지에서

〈표 13〉 소나무 피해 발생

피해형태	발생빈도	발생율	지하고/수고	수관폭/수고	수관폭/수관장
초두고사	8	3.7	51.9	51.9	145.8
수간손상	17	7.9	53.9	56.2	140.5
뿌리노출	13	6.0	58.7	62.6	161.8

〈그림 4〉 소나무 피해 종류

(a)초두부 고사

(b) 수간 피해

(c) 뿌리 노출

〈표 14〉 소나무 지역별 피해발생

지역	피해형태	발생빈도	지하고/수고	수관폭/수고	수관폭/수관장
산악지	초두 고사	7	58.8	55.4	155.3
	수간 손상	13	55.7	57.6	155.3
	뿌리 노출	11	58.0	61.4	157.2
구릉지	수간 손상	1	43.2	27.3	48.2
	뿌리 노출	2	62.5	68.8	184.7
하안지	초두 고사	1	65.3	31.1	89.7
	수간 손상	3	49.7	60.6	116.8

상대적으로 적게 발생하였다〈표 14〉.

결론

산수화 내의 소나무는 산악지에서 가장 많이 나타났으며 산악지의 경우 산정부, 계곡부에서 주로 소나무 입지로 구분되었으며 하안, 해안에서도 산정부가 소나무 입지로 구분되었으며 특수입지인 절벽에서도 소나무가 발생하였다.

소나무의 지하고는 수고의 50~60%로 수관장이 40~50%로 비교적 높게 나타났고 수관폭 역시 상대적으로 높은 수고의 50%이상으로 나타났으며 생육형태도 단목이나 임분형태보다는 군상형태로 생육하는 것이 2/3이상을 차지하였다.

소나무의 수간형질은 78%가 불량하였으며 수관형태 87%이상 수평형으로 구분되었으나 피해상황은 전체의 10%미만이 초두고사, 수간손상을 입은 것으로 나타났다. 산수화 주요 대상인 소나무는 수령이 높고 군상으로 정상부, 계곡부, 절벽에 있는 것을 주 소재로 하였으며 이에 따른 소나무 입지가 구분되었다.

참고문헌

배상원 편저. 2000, 「숲과 임업」. 숲과 문화
　　총서⑧ 수문출판사. 204p.
이헌상 편. 1996, 「산수화 (상). 한국의 미

    12」. 중앙일보 12판 230p.
이헌상 편. 2000, 「산수화 (하). 한국의 12」.
    중앙일보 10판 263p.
임업연구원. 1999, 「소나무 소나무림」. 임업
    연구원

배상원은 고려대학교 임학과를 졸업하고 푸라이부르그대학에서 조림학을 전공하여 박사학위를 받았다.
현재 임업연구원 중부임업시험장에서 근무하고 있으며, 숲과 문화 연구회 운영회원이다.

3

숲을 통한 심성의 채색

산림경관의 심미적 가치 활용

송 형 섭

1. 문제의 제기

산림을 바라보는 인간의 의식은 인류의 과학 문명 발달과 이용, 그리고 이에 따른 시대 사조에 의하여 변화하여 왔다. 특히 19세기에 불어닥친 산업화는 문명이기 발달과 소득 향상의 물질적 풍요사회를 이룩하였으나 자연 자원의 심각한 훼손과 오염은 물론 심리적 불안정과 가치관의 혼란을 가중시켜왔다. 도시의 인구 집중과 비대화, 공간의 밀집성 등은 그동안 자연적 공간 사회에서 누려 왔던 전원적, 자연 순환적 생활 방식을 높은 혼잡성과 공해, 소음, 삭막함 등 혼탁한 생활환경으로 변화시켰고 자연생태계의 순환 역행과 인간 소외 등 많은 문제를 야기하고 있다.

도시사회 속의 원자화에 대하여 최초로 언급한 바 있는 독일의 사회학자 짐멜은 '대도시와 정신건강'에서 도시는 모든 인간적 가치들이 화폐경제라는 공통분모에 의해 붕괴되고 있다고 하였으며 미래학자 토플러는 산업혁명을 자연과의 전쟁으로 간주하였음을 인식할 필요가 있다.

산림은 이러한 제 문제를 근원적으로 해결할 수 있는 가장 적절한 수단이라고 많은 관련 학자들이 지적하고 있다. 산림은 흔히 생활 환경에서 강조되고 있는 쾌적한 환경, 즉 아름답고, 조용하고, 깨끗한 환경을 유지하는 지킴이

역할과, 영적 심성을 발현시키는 자연미와 예술미의 근원지이며, 인간 사회가 추구하는 선(善)의 질서의 아름다움을 고취시킬 수 있는 심미적 가치를 갖고 있기 때문이다.

나무와 풀, 산과 물, 계곡, 꽃과 새 등 자연생물학적 속성 범위가 대단히 넓은 대규모 자연 풍경화인 산림공간은 예술 창조의 동력원 역할을 충분히 수행하여 왔다. 존 러스킨이 그의 저서 「현대 화가」에서 언급한 '모든 호머풍의 경치는 숲과 목장과 샘을 포함해서 아름답게 꾸며져 있다'고 한 것은 성공적인 풍경화의 구도를 표현한 말이며 실제로 야외의 좋은 풍경을 그리려고 시도한 동서고금의 많은 화가들이 시냇물이나 샘 등의 수경을 끼고 있는 산림공간을 그려 왔다. 이제 산림을 가꾸는 데에도 이러한 심미적 관점이 강조될 시점이다. 본 난에서는 산림경관의 심미적 가치 증진을 위한 산림경관의 심미적 요소와 지각 체계, 공공의 심미 의식, 디자인 기법 등에 대해 살펴보기로 한다.

2. 산림경관의 심미적 요소

자연지형 등의 형태 요소와 능선, 수간, 계곡, 임도 등의 선형 요소, 수종, 표고, 계절에 따른 색채 요소, 그리고 각 자연물과의 구성 결합, 거리 등에 따른 질감 요소 등의 심미적 요소를

고려한다. 산림경관은 일반적으로 삼각구도의 안정감과 원형의 원만함을 표현하고 있으며 직선의 강한 느낌과 곡선의 부드러움이 서로 조화롭게 공존하고 있다. 더욱이 수종, 기상 변화, 계절에 따른 다양한 색채와 자연물의 구성, 조망 거리 등에 따른 여러 가지 변화된 질감을 느낄 수 있다.

이들 요소들은 산악, 수계와 같은 지형 인자, 계절의 변화와 바람, 안개, 빛의 기상적 인자, 수목, 관목, 화훼류, 풀과 같은 식물 인자, 야생 동물, 곤충, 어류의 동물 인자, 폭포와 암석과 같은 수경 인자, 천연암석의 석경 인자, 역사 문화 유적지 등과 같은 문화 인자 등 여러 경관 재료 인자들로 구성되어 있다. 이들 요소 인자를 통해 인간의 전 감각 체험 즉, 시각뿐만 아니라 새나 곤충, 바람, 물소리와 같은 청각, 수목, 야생초화류 향기의 후각, 수피의 따뜻함, 물의 차가움, 공중 습도 등을 지각할 수 있는 촉각, 그리고 약수, 산채, 열매의 미각 등 다양한 심미적 지각 체험이 가능하다.

3. 산림경관의 공간 지각 체계

가. 거리에 따른 공간 지각

거리는 공간 지각에 크게 영향을 주며 이는 산림경관의 조성 관리에 우선적으로 고려되어야 할 요소이다. 거리는 일반적으로 근경, 중경, 원경으로 구분한다. 근경은 다시 지근경과 근경으로 구분되며 지근경은 대상물의 세밀한 지각이 가능한 거리인 1-2미터 정도로 접촉이 가능한 거리이다. 이 거리에서는 시각에 의한 지각뿐만 아니라 전 감각, 즉 촉각, 후각, 청각, 미각의 감각작용기능이 함께 이루어지는 특징을 가진다. 근경은 수목 잎의 식별이 가능한 거리를 말하며 임내 하층식생의 지각이 가능한 거리이다. 임외에서의 임연부 지각은 거리가 멀면 전면의 무성함으로 수목의 지

각이 곤란하며 수목의 지각은 100미터 이내가 된다.

중경은 수관식별이 가능한 거리로 일반적으로 500미터-3킬로미터의 거리를 말한다. 상층 임관구성의 구분이 가능하고 산림풍치의 계절 변화를 지각할 수 있는 거리이다. 이 거리에서는 안개, 광선, 측광, 그늘과 같은 대기 상황에 크게 영향을 받는다. 원경은 개개 수목에 대한 식별이 불가하며 삼림의 존재와 녹화만을 지각할 수 있는 거리로 배경에 주로 영향을 준다.

나. 시점위치에 따른 공간지각

거리와 함께 산림경관 조성에서 중요하게 취급할 요소는 관찰자의 시점위치이다. 일반적으로 시점위치는 임내, 임연부, 산복시점으로 대별되며 각 시점 위치에 따라 고려될 디자인 인자의 중요도가 차이가 있다. 먼저 임내 시점의 경우에는 인체 5감각을 통한 전감각 체험이 가능하며 이때의 시각 정도는 하층식생에 좌우된다. 즉, 하층식생이 무성할 경우에는 시각의 차폐효과가 나타나게 된다. 수직방향으로는 임관의 구조와 지하고가 풍치에 영향을 주며 수평방향으로는 다양한 하층식생에 영향을 받게 된다. 산책로나 도보로, 일정 공간 주변에서와 같이 시점이 임연부에 위치할 경우에는 도로변의 대상식물에 영향받기 쉬우며 산복 시점의 경우에는 능선부위 상태, 수관의 표면 인자가 지각에 크게 영향받게 된다. 이와 같이 시점 위치는 산림경관 조성에 있어 중요한 디자인의 영향 요소가 된다.

4. 심미 의식의 변화

최근 생태계의 지속적인 안정을 위하여 생태미학에 대한 개념이 새롭게 등장하고 있다. 이는 미의 시각을 자연 생태적인 안정성에 초점

을 두어 자연 경관이 갖고 있는 다양한 생태적 군집과 종 다양성 및 건강 생명성을 중시하는 개념이다. 이 개념은 자연에 대한 개발 위주의 견해가 우세하였던 19세기 산업화 시기부터 1950년대까지의 과학 기술 우위 시각의 자각에서 출발되었다. 1960년대 자연 경관에 대한 심미적 기여 가치에 대한 재평가와 1960년대 중반 자연환경오염이 극도로 심화된 후 환경의 질을 유지시키기 위한 국가와 공공 간섭의 불가피성 제기와 같은 자연 경관에 대한 중요성이 새롭게 인식되기 시작하였고 이러한 시각에서 생태적 개념이 등장하게 되었다. 이 개념은 근자에 이르러 자연 경관자원에 대한 유지, 보전, 개발, 이용의 합리적 계획 대안으로 자리잡아 가고 있다. 미학적인 측면에도 이 개념이 도입되어 정지된 상태에서 바라보는 조망이나 경관 형태, 예술적 구도 중심으로 해석하려는 과거의 형식미학적 질 중시 시각에서, 최근에는 경관을 즐기기 위한 드라이브와 같은 동적 체험과 자연 경관의 이해와 생명, 건강성을 중시하는 생태 미학적 시각으로 변화되고 있는 추세이다.

5. 디자인 원리

산림경관은 경관의 기본요소와 이의 다양한 변이 변수, 그리고 구성인자에 의해 시각적으로 여러 다른 느낌을 갖게 한다. 경관 구성 및 주요 변수로는 형태, 시각력, 규모, 통일성 등을 들 수 있는데 이러한 원리들은 서로 다양하고 복잡한 방법으로 상호 작용한다. 다양성과 통일성의 조화, 독특한 장소의 보존과 이의 증대가 가장 중요한 경관조성의 목표가 된다. 자연경관은 이러한 경관의 구성원리가 복잡하면서도 조화 균형적으로 표출되고 있어 다양한 아름다움을 제공하게 된다. 경관의 주요 구성 변수는 다음과 같다.

가. 형태

형태는 주변 사물을 인식하는 가장 강력한 힘을 가지며 고정물과 공간, 산림과 나지, 수종들의 대조로 인한 선과 경계부위로 이루어진다. 자연 경관의 형태는 일부 기하학적 형태를 갖고는 있으나 일반적으로 불규칙한 자연적, 비대칭 형태를 갖고 있다. 형태는 어떤 물체의 덩어리나 형상이라고 할 수 있으며 외관

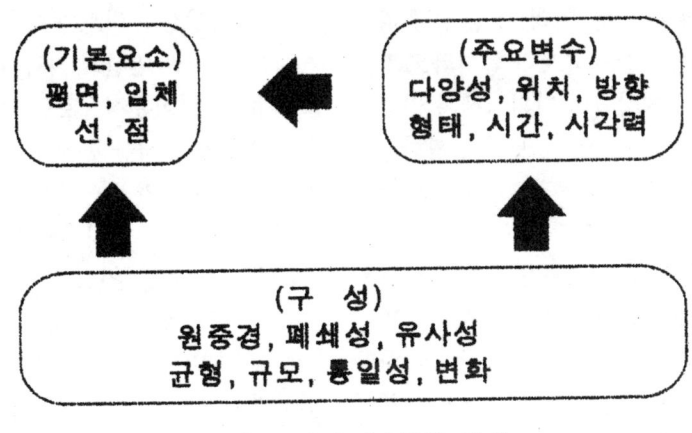

그림 1. 미적 변수들의 관계

적으로는 2차원적인 형상(Shape)이나 3차원적인 형태(Form)를 나타낸다. 부적합한 형태는 규모, 다양성, 다른 요소가 조화될 지라도 부자연스런 느낌을 주게 된다. 사선의 형태는 수평선이나 수직선보다 더 동적인 효과를 준다. 일반적으로 산림 임분의 임연부는 직각, 평행 등 기하학적 모양을 피하고 자연스런 곡선적 형태가 심미적 개선에 효과적이다. 또한 임도변 등 주요 조망지점에서는 조망 기회의 확대와 침활혼효림 조성을 통해 심미적 가치를 높이도록 한다.

나. 시각력

시각력은 눈으로 지각할 수 있는 이미지의 동적 움직임이다. 시각력은 형태에 의해 생성되며 형태의 방향성에 따라 뚜렷하게 나타난다. 일반적으로 시각력은 능선부위에서는 위에서 아래 방향으로 계곡부위에서는 아래에서 위쪽 방향으로 이동하게 된다. 시각력은 경관형태 조성에 유용하게 이용될 수 있으며 규모와 난해한 지형 경관의 선 디자인에 합리적으로 이용될 수 있다.

다. 규모

규모는 상대적 크기와 관계있으며 지각 반응에 중요한 영향을 주는 요소이다. 경관의 규모는 수직적 높이와 시야 폭, 거리, 조망 점에 따라 다르게 나타난다. 같은 규모라 할지라도 경사가 급하면 크게 지각되며 지피식생과 가장자리 형태의 선은 경관 규모를 보다 명확하게 한다. 한 지역의 규모가 너무 크게 나타날 경우에는 이를 세분하여 규모를 완화할 수 있으며 건물의 규모는 다양한 재료를 이용하여 완화시킬 수 있다. 세분화 비율은 1/3-2/3의 비대칭 규모가 가장 이상적이다. 일반적으로 산책로나 임도변에서의 경관 규모는 작기 때문에 세부 조망이 가능하도록 경관의 미세 경관

내용을 강조해야 한다. 건축시설물의 경우에는 색채 비율을 이용한 건축물의 분리 효과를 통하여 거대한 인공물의 규모를 완화시킨다.

라. 다양성

경관의 다양성은 바람직한 시각적 질을 창출해 준다. 단조로운 경관은 휴양 이용객들에게 즐거움보다는 때로는 실망감을 줄 수 있다. 다양성은 경관 차이의 수와 정도를 말한다.

자연 경관은 다양한 지형, 기후, 그리고 인간활동 결과 대단히 복잡하고 다양성 있는 경관을 가진다. 그러나 경관의 과도한 다양성은 흔히 시각적 혼란을 초래할 수도 있다. 다양성은 통일성이 있을 때 효과가 있는 것이다. 다양성은 경관의 규모에 상당히 영향을 주게 되는데 다양성이 높으면 규모의 완화 효과가 있는 것이다. 따라서 규모가 큰 경관은 다양화로 이를 완화하고 규모가 작은 경관은 다양성을 줄여 전체 경관의 통일성과 조화를 꾀해야 한다. 이미 위치를 가지고 있고 움직일 수 없는 바위와 같은 요소들은 특별한 다양성 디자인 요소로 이용할 수 있다. 무조건적인 수목 식재는 이러한 다양한 경관 요소를 잃게 하는 요인이 될 수 있다. 식재 방법은 다양성을 증가시킬 수도 있으나 이들 지형적 특징 요소들을 차폐시킬 수도 있는 것이다.

문제는 다양성의 정도가 어느 수준이어야 하는 점이다. 이는 인간의 지각과의 관계에서 설명될 수 있다. 이론적으로는 다양성 정도에 따른 지각 반응 조사를 통하여 일정 정도를 설정할 수 있으나 미의 반응 또한 시간과 공간적으로 변화될 수 있으므로 하나의 커다란 범주로 정하여 주는 것이 좋다.

생태학적 다양성은 경관의 다양성에 일반적으로 높은 기여를 하고 있지만 생태학적 다양성과 경관적 다양성이 반드시 같은 효과를 갖는다고는 할 수 없다. 임분 구성의 다양성, 서

식지의 존재, 다양한 수종, 지피식생은 생태적 경관의 다양성과 경관의 다양성에 모두 기여를 하게 된다. 그러나 만약 생태학적 다양성 요소가 너무 밀하게 섞여 있을 경우에는 시각적으로는 복잡하게 구성된 단조로운 어두운 초록 색채의 질감으로만 지각될 수가 있다. 반면에 도시경관의 경우에는 경관의 다양성을 갖고는 있으나 생태적 경관 가치는 매우 낮다. 따라서 경관의 다양성 요소는 생태적 다양성과 경관적 다양성의 적절한 조화가 될 수 있도록 디자인하는 것이 요구된다.

마. 변화성

경관은 시공간적으로 변화한다. 대부분의 토지 환경은 어떤 이용이나 개발 목표를 갖고 있으며 이는 경관의 변화를 초래한다. 휴양 개발지를 포함한 이러한 변화는 모든 토지에서 계속적으로 발생될 것이다. 자연스럽고 경관의 다양성을 제공해주는 방향으로 변화가 발생된다면 좋겠지만 대부분의 개발 이용지역의 경우 인위적인 관리를 필요로 하고 있다. 이러한 토지이용의 변화는 디자인을 통해 시각적 질의 훼손을 개선하도록 한다.

바. 통일성

통일성은 유사성과 다양성이 조화롭게 구성되어 균형을 이룬 시각적 대비 효과를 말한다. 경관의 지형적 요소는 경관 특성에 영향을 주며 경관의 통일성과 관련이 높은 요소라 할 수 있다. 형태, 시각력, 규모는 산림경관의 색채, 질감, 형태의 대조 요소로 통일성에 기여한다. 인공물은 주변 자연물과의 조화 통일성이 보다 요구된다. 산림 경관에서 임연부 처리는 통일성 디자인에 유용한 방법이다. 특히 벌채지와 조림지의 경우에는 주변 경관과의 대조가 크게 나타나므로 다양성, 적정 규모 방법과 같은 주변 경관과의 통일성이 필요하다.

6. 심미적 디자인 기법

가. 경관단위 구분

경관 범위는 생태적 단위 규모를 고려하여 3가지 규모로 세분화하여 조성 및 관리하는 것이 관리 운영면에서 유리하다. 즉, 지역경관 단위, 입지경관 단위, 단지경관 단위로 구분하여 범위를 정한다.

1) 지역경관

지역경관의 범위는 자연 지리적 영역으로 범위가 정해지며 이는 대단위 규모의 경관지역을 말한다. 이 지역 단위 규모에서의 시각 관리는 교통망, 전선망과 같은 대단위 시설 개발에 따른 시각적 영향을 평가하고 이들 시설 개발의 부정적인 시각적 요인을 최소화하는 방향으로 범위를 정한다.

2) 입지경관

입지경관의 범위는 시각회랑 혹은 토지 형태에 의해 위요된 공간으로 그 범위가 정해진다. 일반적인 시각 자원 조성 및 관리는 이러한 입지경관 단위가 기본이 된다. 이 경관 단위에서 주어진 개발에 따른 방문객의 시각적 선호가 어떠한지를 판단해야 한다. 대부분의 휴양 이용은 도로나 신책로, 수로를 따라 이루어지거나 특별한 시설지역에서 일어난다. 이용객들이 쉽게 조망할 수 있는 경관지역을 파악하여 이들 지역을 우선적으로 조성 관리한다.

3) 단지경관

단지경관의 범위는 시설 개발이 이루어지고 있는 범위를 말한다. 이 단위 범위에서의 관리는 시각적으로 즐거움을 줄 수 있는 기능과 쾌적한 환경을 조성 유지가 보다 중시된다. 입지경관 내에서의 시설 단지 개발에 따른 시각 영향은 먼저 입지경관 계획시에 고려되어야 하며 단지경관 계획시에는 시각적 질 목표를 수립하여 조성 관리한다.

나. 물리 환경 파악

물리 환경 속성의 분석 내용은 조성 특성 요소, 부정적 요소, 긍정적 요소의 3가지 요소로 구분하여 조사한다.

1) 잠재 특성 요소

특성 요소는 장래에 유지 조성되어야 할 바람직한 특성을 파악하는데 있다. 산림 지역의 경우 특성 내용으로는 소경목, 대경목의 크기, 성숙 노령 임분의 특성은 물론 치수단계를 포함한 갱신 임분의 특성 내용을 파악 분석한다. 또한 특징 수종, 임분 규모, 직경, 수피 특성, 질감특성, 대조적인 수종, 관목, 지피식생 등의 처리 목표를 강구해야 한다. 특히 산림 경관은 디자인되었다 하더라도 시계열에 따라 여러 갱신 단계와 경급이 존재할 수 있다는 점을 고려하여 분석한다.

2) 부정적 요소

부정적 요소 분석에서는 목재 수확의 경우에서처럼 흔히 나타나기 쉬운 부정적, 비자연적 시각요소를 어떤 시각질 목표에 부합될 수 있도록 처리할 것인가를 분석하는 과정이다. 산림경관에서의 부정적인 시각적 요소로는 벌채 폐잔재나 개간 나지 상태, 운재로 요인과 같은 시업 흔적 요소, 병충해 등 각종 피해지 등이다. 이들 부정적 요소의 시각적 영향 정도를 파악하고 이를 기 수립된 일정 지역의 시각적 질 목표에 부합될 수 있는 조성, 무육 벌채 방법을 계획한다. 한 예로 대규모 개벌 방법의 선택은 시각적 질 목표 중 최대변형 가능지역으로 선정된 지역에서만이 허용될 수 있는 방법이라 할 수 있다.

3) 긍정적 요소

시각적으로 긍정적인 요소를 파악하여 이를 강화하도록 한다. 긍정적 요소로는 대경목, 밀생 임분과 함께 수계, 기암괴석과 같은 지형적 요소, 독특한 동식물 서식지, 역사문화 유적지와 같은 특별한 지각 효과를 줄 수 있는 요소이다. 이와 함께 임도변, 산책로에서의 시계 확보를 위한 간벌 방법 또한 시각적으로 긍정적 요인을 제공할 수 있다. 모든 수확 활동시에는 적절한 임분의 경급을 포함한 바람직한 임분 상태가 될 수 있도록 처리하는 것이 필요하다. 만약 성숙 임분의 특성과 여러 경급이 서로 바람직한 비율로 되어 있는 경우에는 당연히 이들의 조화가 계속적으로 유지될 수 있도록 시업활동이 이루어져야 하며 현재의 임분 상태가 이와 같이 바람직한 비율로 되지 않는 상태일 경우에는 적정 갱신 방법을 이용하여 이를 달성할 수 있도록 한다. 벌채시에는 일부 성숙 임분을 잔존시켜 이들 임분을 대신할 후계림이 조성될 때까지 유지시키는 것이 바람직하다.

이들 요소분석에서 간과해서 안될 사항은 물리적 환경 특성은 시간적, 공간적으로 끊임없이 변화한다는 점이다. 산림지의 경우 시간적으로 보면 치수림-유령림-성숙림 단계가 반복하게 되며 공간적으로는 시각적 대상 형태가 임분의 성장과 수확 반복, 시업활동, 산지의 이용 등으로 인한 변화와 변화의 잠재력이 상존하고 있는 것이다. 이러한 시간적, 공간적 변화의 잠재성을 고려하여 분석한다. 특히 무립목지와 같은 소공간의 경우 생태적으로 매우 흥미롭고 다양한 경관 자원을 제공할 수 있으므로 과거와 같이 이 지역에 대한 무조건적 식재 계획보다는 이전의 우세 임목이 자연적으로 자리잡도록 계획한다.

다. 시업 방법

시업의 방향은 자연성을 살리고 시설지의 경우라도 자연스런 형태를 갖도록 하는 것이 중요하다. 즉, 휴양시설시에는 안정성, 기능성과 편의성, 내구성과 함께 주변 경관과 조화 있는 형태와 구조를 갖도록 재료를 선택하고 디자

표 1. 대경관 및 미경관 사업 방법

구분	대상	고려요소	관리방향	관리방법
대경관 사업	조망경관, 유형직 경관물	임상, 색채, 시각	원경, 중경 관리 조방적 관리	보호수대, 임분갱신 조망식재 위주
미경관 사업	주변경관, 유무형경관물, 휴양시설,	인체5감	근경, 세부 관리 집약적 관리	지피식생, 주변식재, 시설 관리, 벌채지 관리

인되어야 한다. 경관의 변화는 자연의 복원력을 이용하여 천천히 이루어지도록 한다.

임목 벌채시에는 대규모 개벌을 지양하고 소개벌, 택벌, 산벌 작업이 요구된다고 할 수 있다. 그러나 방법의 선택 문제는 경제성, 생산성, 작업의 용이성, 천연림 혹은 인공림의 여부 등 여러 측면이 종합적으로 이루어져 결정되어지기 때문에 어느 방법을 선택하느냐 하는 측면보다는 어떻게 처리되어야 하느냐가 보다 중요하다.

1) 대경관적 사업

대경관적 사업은 경관의 관리 대상을 조망내상물, 형태적 경관물 위주로 하여 임분의 형상, 색채와 같은 시각적 요소에 보다 중점을 두는 방법이다. 관리의 방향은 원경과 중경의 조방적 처리를 중심으로 주로 임분 갱신, 병해충 지역, 수계지역 처리 등의 조망 위주의 방향으로 진행된다. 산림작업시에는 손상목, 커다란 폐잔재나 수피의 손상과 같은 시각적 영향 요소를 제거하는 것이 필요하다.

또한 벌채시에는 이제까지 나타나지 않았던 수계, 공간, 인공시설물 등 미세한 부분이 눈에 띄게 되므로 먼저 벌채 후 어떻게 변화될 것인가를 파악하여 벌채 계획을 수립한다. 벌채지 모양은 인접 임분과 색채 등이 비슷하게 유지될 수 있도록 하고 경사지나 스카이라인 지역은 시각력이 크게 나타나므로 가능한 이들 지역에서의 개벌은 지양한다. 벌기는 장기윤벌기를 택하는 것이 좋다. 벌구는 임연부 처리를 통한 완만한 곡선 처리가 좋다.

작업 순서는 먼저 경관의 영향요소를 파악한 후 벌채지역을 지도 등을 이용한 도면 작업 – 벌채지 조림 – 임연부, 휴양활동지, 임도변의 미적 처리 순서로 진행될 수 있도록 계획한다.

벌채 방법은 생태적 안정성과 미적 측면을 고려하여 선택한다. 천연갱신의 경우 택벌작업이 유용하며 인공갱신의 경우 복층림 작업, 대상 작업이 이용될 수 있다.

2) 미경관적 사업

미경관적 사업 계획은 휴양지와 같이 민감한 지역에서 세부적인 사업을 통해 경관의 질을 높일 수 있도록 하는 사업 방법이다.

방문객이 보다 근접하여 지각할 수 있는 근경의 물리 환경 요소의 고려가 필요하며 휴양시설변의 주변식재 및 벌채지 처리와 같은 세부 디자인 사업 방법이 행해진다.

시각적 영향의 물리적 환경 요소로는 절개지 사면, 입목 밀도, 광도, 수종, 수고, 지하고, 흉고직경, 지피식생, 벌채시의 폐잔재 정도, 차폐 및 가시 정도 등을 들 수 있다. 특히 절개지 사면, 폐잔재 등은 시각의 질에 부정적 요소로

표 2. 수간거리와 수고에 따른 산림 공간 활용

구분	수간거리와 수고	공간 특성 및 활용
밀생림	A/16 > L A/8 > L > A/16	괴밀도, 지피 초본류, 경관 조망 중밀도, 지피 초목본, 경관조망
소생림	A/4 > L > A/8 A> L > A2	소밀도, 투시可, 공간 이용可 수관지각, 중 소공간 이용 투시양호, 산보 이용
산생림	2A > L > A L > 2A	초화류, 관목식재 가능, 임간 광장 임목 고립감, 개활적 광장, 운동시설 가능

* A : 두 입목 수고의 합(H1+H2), L : 두 수목간의 거리

크게 작용하므로 산책로변이나 이용 동선 부근의 폐잔재는 제거하거나 잘개 부수어 눈에 띄지 않도록 하는 것이 좋다.

휴양 활동공간에서의 적절한 임목 디자인은 휴양객들의 이용 활동 만족에 크게 영향을 준다. 일반적인 디자인 방법은 식재 거리와 수고와의 관련성에서 찾을 수 있다. 이는 두 식재 수종의 수고 합과 식재 간격을 기준으로 하여 대립적 관계와 관련적 관계를 이용하여 공간 활용 계획을 수립한다.

밀생림은 울폐도 70-100%로 자연 생태 경관 유지에 적합한 입지 특성을 갖고 있어 자연적 경관을 감상하는 휴양 공간으로 활용될 수 있는 자연 공원의 특색을 나타낸다. 소생림은 울폐도 40-60%로 자연 감상과 삼림욕을 할 수 있는 산책 공간 및 산림 휴양 공간으로 다 이용될 수 있다. 산생림은 10-30%의 울폐도를 갖는 개방적 공간으로 휴양림 내의 시설 활용 공간으로 이용될 수 있는 공간이다. 산생림으로 갈수록 집약적 관리가 보다 필요하다.

7. 맺는말

아름다움을 체험하는 주 수단을 여러 연구에서 인체의 시각으로 보고하고 있다. 이는 경관 관리에 있어 시각적 질을 중시해야 함을 의미한다. 또한 사람들은 심리적 안정이 제공되는 자연스런 산림경관을 선호하고 있다. 경관 관리는 산림 등 토지 관리자들에게 공공 편익을 제공하는데 도움을 준다. 일반적으로 자연스런 경관이 풍경 질이 높으며 풍경 질은 신체적, 정신적 편익과 생산성의 증가, 사회 관계의 개선 등의 사회 편익 가치도 크게 증진시키고 있음을 여러 연구에서 제시하고 있다. 경관 관리는 긍정적인 요소를 파악하여 이를 살리고 부정적인 요소를 제거하는 방법을 통하여 심미적 안정성과 건강성을 유지 개선 관리하는 체계이다. 국토의 65%를 차지하고 있는 국내 산림의 심미적 가치 활용으로 다시 한번 아름다운 금수강산의 나라로 가꾸어 보자.

참고문헌

김용준 역. 1986. 「지구는 구제될 수 있
　　　는가」.정우사.
양평군. 2001. 「양평군 산림비전 21」
임문진. 1991. 「삼림미학」. 숙형출판사
　　　(대만)
USDA-FS. 1974. 「National Forest
　　　Landscape Management」
USDA-FS. 1995. 「Landscape
　　　Aesthetics」

송형섭은 충남대 임학과 및 동대학원을 졸업하였다. 산림청, 임업연구원, 미국 South Dakota 주립대 연구
교수를 거쳐 현재 충남대 산림자원학과 부교수로 재직하고 있다. 산림휴양 및 산림풍치관리학 분야를 연구
하고 있다.

소나무와 선비도(圖)

박 재 현

1. 남천(南天) 송수남(宋秀南)과 숲 속의 맑은 물

'물 밖에 물이 있다. 물 속에 물이 있다. 물이 먹을 만나면 먹이 되고 먹이 물을 만나면 물이 된다 ‥물이 빛이라면 먹은 어둠이다. 시인들은 물을 노래하고 화가는 물을 그린다. 물이 없는 시는 가슴에 와 닿지 않고 물이 없는 그림은 살아 움직이지 않는다. 깊은 강은 소리내지 않는다. 더 많이 품고 더 많이 알고 더 많이 주고 더 멀리 흐르면서도 항상 조용하다. 물이 흐르는 것이 법이다.

그러나 사람이 만든 법은 물처럼 흐르는 것이 아니라 거꾸로도 가기가 일쑤다. 법을 마음대로 쓰고 법을 마음대로 고치는 것은 물을 두려워하지 않기 때문이다. 물은 물을 두려워하지 않는 사람을 용서하지 않는다. 물은 안개였다가 구름이었다가 비였다가 눈이었다가 얼음이 되기도 한다. 물은 그렇게 때때로 얼굴을 바꾸지만 속마음은 바꾸지 않는다. 이 지상에 죽지 않고 영원히 사는 것은 오직 물밖에 없다.

산은 어디 가고 돌이고 물이란 말인가. 안개도 구름도 또한 물이 아니던가. 그렇지. 물이 없는 산이 어찌 산일 수 있으랴. 내 물가에 나와 있어도 마음의 때를 씻지 못하였구나. 나 같은 속인이야 물가에 나간들 무엇을 씻겠나. 물 밖에 내가 있고 물 속에 나는 없다. 가을 물은 소 발자국에 고인 물도 먹는다는 우리 나라 속담이 있다. 가을 하늘이 높고 맑은 것처럼 가을 물은 하늘을 닮은 것일까? 가을 하늘이 떠 있는 물에 내 얼굴을 비춰 본다. 물은 욕심이 없다. 물은 다툼이 없다. 물은 거짓이 없다. 물은 아픔이 없다. 물은 슬픔이 없다. 물은 이별이 없다. 물은 티가 없다. 물은 자유다.

물은 평화다. 물은 사랑이다. 물은 어머니다. 물에서 와서 물로 돌아가는 이 찰나. 물은 해다. 물은 달이다. 물은 하늘이다. 물은 땅이다. 물은 사람이다. 물은 불이다. 물은 흙이다. 물은 바람이다. 물은 꽃이다. 물은 돌이다. 물은 우주다. 물은 물이다. 내가 물일 때 세상은 물이 되고, 물과 불이 만나면 세상은 어둠이 되고. 물은 사랑이다. 소리 없이 기쁨으로 와서 소리 없이 슬픔으로 사라진다. 사라진 뒤에 물은 생각을 지운다. 물은 스스로 아무 일도 하지 않는다. 아무 일도 하지 않으면서 삼라만상을 만들어 낸다.

물은 나무와 풀을 키우고 새와 물고기를 키우고 산을 만들고 강을 만들고 바다를 만들지만 물은 그저 저 혼자일 뿐 아무 일도 하지 않는다. 물은 서두르지 않는다. 서두르지 않아도 다다를 곳에 다다른다. 물이 흐르듯 그렇게 세월이 가는 것을 보면서 서두르지도 멈추지도 않고 물처럼 살아갈 수는 없을까? 물이 흐르는 것이 법(法 = 水 + 去)이라고? 물은 소리로

와서 소리로 돌아간다. 물에서 캔 돌은 물을 만나야 제 빛깔을 낸다. 물 먹은 붓은 새가 된다. 물은 불이다. 불은 물이다. 물은 흙이다. 흙은 물이다. 물은 바람이다. 꽃이다. 어머니다. 물에서 태어나고 물로 살다가 물로 돌아간다. 물은 나이고 나는 물이다. 물은 왜 강을 이루고 바다로 나가는가. 바다에 나갔다가는 구름이 되고 비가 되어 다시 돌아오는가. 상선약수(上善若水), 가장 좋은 일은 물같이 사는 것이라고 노자는 말씀했다. 물처럼 살라고?

그러나 물은 아무 것도 가르쳐 주지 않는다. 저 무한한 물의 힘, 물의 생각, 물의 시간들을 어떻게 알 수 있다는 말인가? 물처럼 살고 살아도 나는 물을 모른다. 물은 생각이다. 물은 말씀이다. 물은 사랑이다. 물은 용서다. 물은 어머니다. 물은 모이면 강으로 간다. 강에서 다시 바다로 바다에서 다시 하늘로 물은 마르는 것이 아니라 사람의 눈에서 멀어지는 것 뿐이다. 흐르는 물을 어찌 잡을까?

사람이 몇 생을 닦아야 물이 되며 몇 겁을 전화해야 금강의 물이 되나, 금강의 물이 되나.'

남천(南天)이란 호를 가진 수묵화가 송수남(宋秀南)의 선시(禪詩)들이다. 그 작가의 선시 가운데 물과 관련된 짧은 깨달음만 모아 보았다. 물이 좋아서일까. 그는 깨끗한 물에 가뭇가뭇 풀어지는 먹물을 바라보며 오롯이 물만 생각했는가 보다. 그는 순수한 물의 본질로부터 물의 천변만변 변화무쌍을 공허한 시로 읊어 냈다. 그가 나로 하여금 물의 세계로 빠져들게 했다. 깊은 물에 홈빡 빠져 나올 수 없게 했다. 정말 물은 변화무쌍 천지창조의 조화를 부리는 존재임에는 틀림이 없는 것 같다. 물이 넘실대는 곳에는 언제나 새 생명이 움틀거리고 물이 지나간 곳에는 언제나 생명이 살아 숨쉰다. 물 있는 곳에 생명이 함께 한다. 물 속에 생명이 살고 있고, 물 밖에 생명이 탄탄

한 뿌리를 내리고 있다. 물이 가지 않는 곳이 없어 온 세상 곳곳에 생명이 살고 있고, 생명이 뿌리를 뻗어 내리고 있다.

물은 모든 생명 있는 것들에게 그 자신의 생명 줄을 이어 주고, 생명 기운을 나누어준다. 생명의 탄생을 기뻐하며 험한 세상 꿋꿋하게 잘 살아 나가길 애틋한 마음으로 보듬어 준다. 또 누가 무어라 칭찬해도 자만하지 않고, 누가 무어라 욕해도 부끄러워하거나 실의에 빠지지 않는다. 오로지 제가 할 일을 알고 그 일을 묵묵히 하고 산다. 그것이 물이다.

물은 세상 모든 살아 있는 것이든 죽어 있는 것이든 제 몸 속에 담아 내고 슬퍼하거나 노여워하거나 아파하거나 혐오하지 않는다. 제 몸 속에 무엇이 있건 간에 관심 두지 않는다. 제 몸 속에 무엇이 살건, 무엇이 죽건 그런 것엔 아무런 관심 없다는 듯 두리번거리지 않고 오직 제 갈 길만 간다. 제 할 일만 한다. 제 할 일이 무엇인지 아무도 가르쳐 주지 않았는데도 물은 스스로 제 할 일을 찾아 한다. 제 갈 길을 찾아간다. 한 눈 팔지 않고 아래로 아래로 세상 끝을 돌아 제 자리로 돌아왔다가 순라군처럼 또 세상을 돌고 돈다.

지구처럼 하나의 커다란 원을 그리며 돈다. 지구가 영원히 사라질 때까지 물은 지구를 넘지 않고 지구가 태양을 돌고 은하계를 도는 것처럼 한없이 돌고 돈다. 그래서 물은 언제나 제자리에 머무르려 하지 않는다. 끊임없이 활동한다. 아무리 험준한 협곡이라도, 아무리 커다란 댐으로 막아 놓았더라도 물은 거침이 없다. 그저 넘실넘실 부드럽게 댐을 넘고 협곡을 지나 고요히 흐른다. 사람들은 사람이 물을 죽인다는 말들을 자주 한다.

그러나 물을 죽일 인간은 아무도 없다. 잠시 잠깐 물을 더럽힐 따름이다. 물은 하찮은 인간들에 의해 결코 존재를 잃어버리거나 죽어 없어지지 않는다. 영원히 물로써 살뿐이다. 잠깐

더러운 물질을 머금었을 뿐 그 더러운 물질로 하여 죽음으로 치닫지 않는다. 언젠가 그 더러운 물질을 녹이고 없애 다시 깨끗한 물로 돌아간다. 이것이 엄연한 자연의 이치다. 물의 본질이고 물의 이치다. 내겐 물만 생각하고 살았던 날들이 있다. 몇 날 며칠 물만 생각하고 있던 때가 있었다. 그러던 어느 날 나는 청평사 절집 마루턱에 앉아 눈으로는 바위를 살짝 살짝 건드리며 지들끼리 재미있다는 듯 웃음 짓는 골짝물의 모양새를 바라보다가 귀로는 소살 소살 골짝물이 까르륵거리는 소리를 들으며 입가에 웃음을 떨어낼 수 없던 때가 있었다. 나는 마냥 행복했었다. 율곡 선생이, 남천 선생이 물가에 앉아 세심을 느끼지 못했음을 한탄했다지만 나는 세심을 느끼지 못해도 행복하기만 했다. 바닥까지 훤히 드러나 보이는 깨끗한 물을 바라볼 수 있고, 자잘 자잘 청량한 소리로 내 귀를 간질이는 물소리를 듣고만 있어도 나는 마냥 행복했다. 행복이 이런 것이구나를 자연스레 깨달을 수 있었다.

나는 때때로 물고기가 되어 맑은 여울을 가르며 헤엄치고 싶기도 했다. 그렇게만 할 수 있다면 얼마나 시원할까. 거추장스러운 옷 따위는 걸칠 필요도 없고, 온 몸으로 맑고 시원한 물을 헤치며 내가 가고 싶은 곳은 어디로든 갈 수 있지 않을까.

그렇게만 된다면 온 종일 깨끗한 물을 마시며 살 수 있지 않을까. 이따금 모락모락 피어오르는 아지랑일 벗 삼아 물위로 폴짝폴짝 튀어 오르기도 하고, 물안개 피어오르는 동트는 새벽 물안개 마시며 수면을 유영하기도 하고, 가랑잎배를 타고 미지로 여행가는 개미를 들썩들썩 건드려 놀래켜 주기도 하고. 차가운 겨울이면 시골 아이들 썰매 날에 다칠 것도 없이 얼음 밑을 유유히 헤엄칠 수도 있지 않을까. 아이들이 썰매타기 시합을 하듯 나는 아이들의 썰매와 미끄럼, 달리기 경기도 하고. 얼마

나 좋을까. 이따금 바다로 나아가 정말 널따란 세상을 보며 여태껏 내가 너무 좁고 작게 살지는 않았나 나를 돌아볼 수도 있고, 산꼭대기 올라가 세상을 내려다보듯 바다 한 가운데에서 세상의 깊이를 느껴 볼 수도 있고. 그러고 싶어질 때가 있었다. 그렇게만 할 수 있다면 얼마나 좋을까. 인간임을 거부하기보다 잠시 잠깐 물고기라도 되어 물 속에서 살 수 있다면 얼마나 좋을까. 그렇게만 된다면 세상이 얼마나 맑고 깨끗해 보일까.

물 속에서 하늘하늘 바람에 일렁이는 나무들도 보고 두둥실 떠가는 구름도 보고, 바깥에서 볼 때는 여유롭고 유유자적해 보이지만 물 속에 잠긴 다리를 요란스레 휘적대는 원앙이, 오리들도 보고. 통통통 수면에 떨어지는 빗방울을 입 속에 담고 폴짝폴짝 물장구를 치고 싶은데. 나는 물고기가 아니다. 또 물고기가 될 수도 없다. 그러나 꿈속에서는 물고기도 되고 여태껏 그리워했던 물 속에서 살수도 있다.

남천이 맑은 물에 더 맑은 먹을 풀듯 나는 꿈속에서 맑은 물을 머금는 물고기가 되고 싶다. 남천이 맑은 먹물을 한지에 우려내듯, 나는 물고기가 되어 수면 위로 목을 내밀고 하늘이 내린 맑은 빗방울을 받아먹고 싶다. 아! 그 빗물은 얼마나 시원하고 달콤할까. 깨끗한 세상이 내려 준 복비(福雨)를 말이다.

그러려면 꿈속에서라도 세상을 맑게 만들어야 할 텐데. 남천이 그랬듯 나도 맑은 물에 몸과 마음이 폭 빠져 있다. 그냥 그대로 맑은 물 속에서 나오고 싶지 않다. 이대로가 좋다. 맑은 물과 함께라면. 맑은 물과 하나 된다면.

맑은 물이 숲에서 발원한다는 사실을 깨달은 남천. 그래서 남천의 먹물 그림은 깨끗한 골짝물에 우려내었을 때 제대로 된 맑은 그림이 되는가 싶다.

그래서 더더욱 남천의 먹물 그림이 숲의 향기 맑은 골짝물 소살 대는 이야기까지 전해주

고 있는 것이 아닐까.

2. 능호관(凌壺觀) 이인상(李麟祥)의 소나무 사랑

능호관 이인상은 조선 영·정조 시대를 풍미한 대표적 문인화가라 해도 무방할 인물이다. 시·서·화(詩·書·畵) 어느 하나에만 치우치지 않는 실력과 재능을 마음껏 발휘한 인물이다. 비록 오십 일세라는 젊다면 젊은 나이에 외롭게 돌아갔지만 그가 남긴 시와 서예 그리고 문인화는 오늘날까지도 그 가치를 여실히 발휘하고 있다.

능호관은 옛 중국의 방호산을 능가하는 경관을 '뜻 대로 비록 초옥 두어 칸이라지 만 남산의 수백 대관 집보다도 훌륭한 집'이라 해서 붙인 호이다. 이는 '이 집 남쪽 창을 열면 남산의 가운데 봉우리와 마주하고, 북쪽 작은 창으로는 서울의 등줄기가 다 보이는 아름다운 경관을 지닌 집'이기 때문이다. 그 다운 발상이고 그다운 운치다.

능호관은 소나무를 무척이나 좋아한 선비 화가다. 이는 추사 김정희 선생도 소정 변관식 선생도 가히 따라갈 엄두를 내지 못할 경지이기도 하다. 그가 그린 몇몇 그림에는 소나무가 중요한 소재로 등장한다. 물론 군락 군락으로 그려놓은 소나무도 있고 다른 활엽수들과 어우러진 소나무도 한 편의 소재로 등장한다. 그러나 거의 주요한 장면을 차지하고 있는, 연극이나 영화, 드라마라면 주인공이라고 할만한 소나무가 나오는 그림은 실상 손꼽을 만한 몇몇 작품에 불과하다. 그러면서도 능호관이 소나무를 무척이나 아끼고 사랑했다는 사실은 그가 그린 그림을 언뜻 보는 것만으로도 알 수 있는 사실이고, 또 논리적으로 표현한다면 그처럼 소나무 하나를 소재로 화면 전체를 메우는 그림은 흔치 않기 때문이다. 추사가 세한도

로 표출한 그림에도 소나무로만 그림을 메워 나가지는 않았다. 그는 잣나무와의 어울림으로 소나무의 가치를 부각시켰다. 소정 변관식도 금강소나무를 아끼고 사랑하였다고는 하지만 소나무 하나로만 화폭을 꾸려 가지는 않았다. 그러한 면에서라면 소나무를 사랑한 화가 치고 조선을 살다간 화가, 아니 문인화가라면 단연코 능호관 이인상을 아니 들 수 없다.

능호관이 소나무를 전면에 내세워 그 자신의 고고함 그리고 그 자신의 독야청청한 기개를 드러내 놓은 그림은 많지 않다. 지금도 국립중앙박물관에 가면 볼 수 있는 〈설송도(雪松圖)〉가 그의 대표적인 소나무 사랑 그림이라고 할 수 있다.

'〈설송도〉는 눈 덮인 낙락장송을 그리면서 대담하게 윗줄기를 생략하여 구도상 긴장감이 감돌고 그 꿋꿋한 기상이 강하게 다가온다. 화면 전체에 은은한 번지기를 능숙하게 구사하여 청신하면서도 삼엄한 분위기가 서려 있다.' 미술평론가 유홍준은 그렇게 설송도를 감상하고 있다.

그렇다. 능호관의 설송도에는 눈 덮인 소나무 두 그루로 하여 긴장감이 물씬 풍겨나고 있다. 휘어져 자라는 소나무와 곧게 자란 소나무, 마치 누구에겐가 고개를 숙인 듯한 모양, 아니 벼가 익으면 고개를 숙인다고 그처럼 늙어 세상을 다 아는 것같이 고개를 숙인 모습, 아니면 굽실거리는(그렇게 보아서는 아니 되겠다!) 모양의 구부러진 소나무 앞으로 당당하고 떳떳하게 곧추선 소나무를 전면에 배치시켜 감상자로 하여금 긴장감을 일게 한다. 이는 소나무의 기상으로 하여 감상자가 자기도 모르게 긴장하게 하는 모습 그것이다. 이와 같은 긴장감은 추사 김정희 선생이 그린 〈세한도(歲寒圖)〉에도 썩 잘 나타나지 않는 느낌이다. 거대하고 육중한 늙은 소나무. 두 그루의 소나무가 감상자의 마음을 확 사로잡는 것

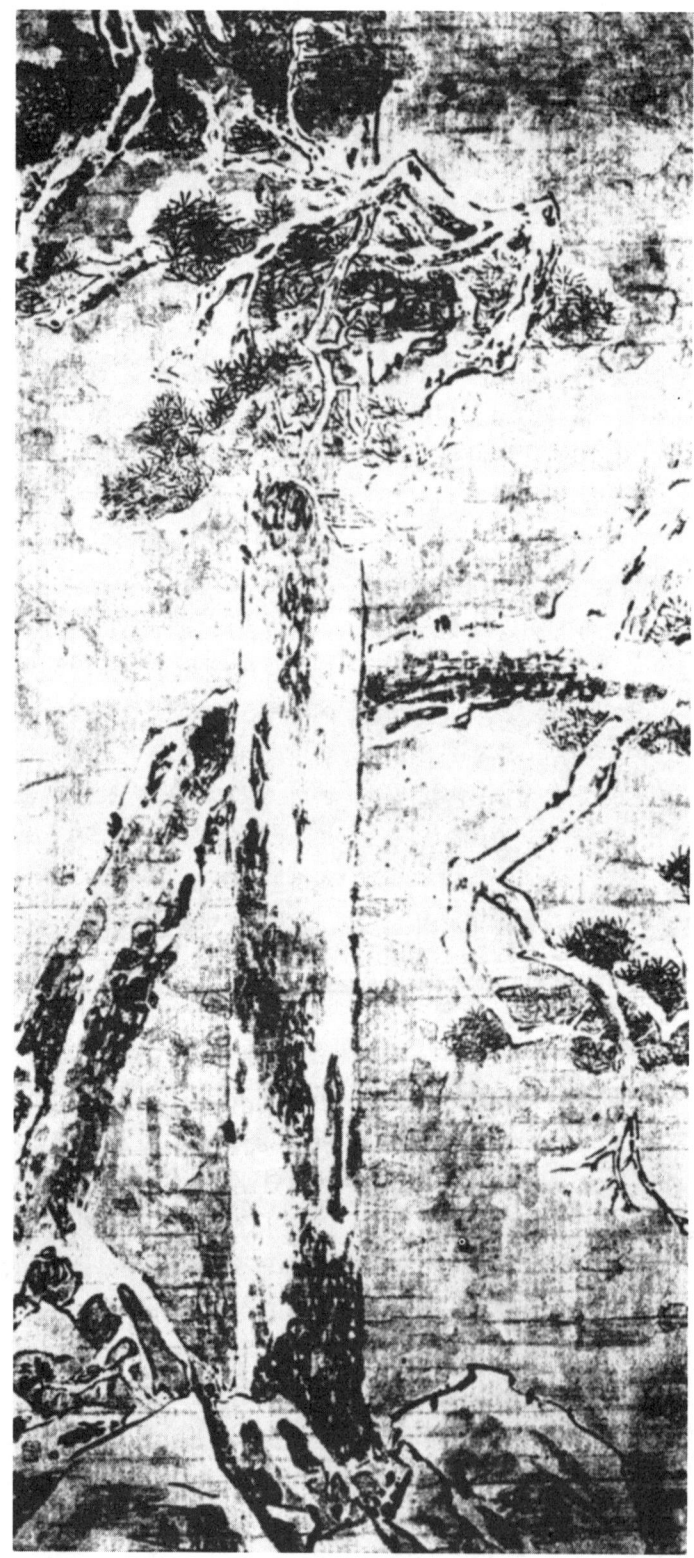

능호관의 설송도

이다.

무거운 눈을 이고 선 휘어진 소나무와 눈 무게에 눌려 가지가 부러질지언정 고개는 구부릴 수 없다는 곧은 소나무. 선비의 기상을 너무도 잘 나타내주는 그림이 아닐 수 없다. 비유가 어떨지 모르나 후면에 있는 휘어진 소나무를 권모술수 아니면 출세를 위해 누구에게라도 머리를 조아릴 수 있는 능호관이 살던 그 시대의 아첨꾼에 비유한다면 곧게 서 있는 소나무는 능호관 자신을 상징한 것은 아닐까. 굶어 죽는 한이 있더라도 곧게 살다 가리라는 그의 의지가 담겨 있는 것은 아닐까. 그의 삶을 가만히 들여다보면서 나는 그런 느낌을 지울 수 없다. 더욱이 휘어진 소나무와 곧은 소나무의 대비로서만 그림을 완성시켰다는 점에서 단순히 소나무만을 놓고 보면 조선에는 휘어진 소나무도 있고 곧은 소나무도 있다는 그런 문외한 같은 생각도 할 수 있는 것이다.

소나무가 휘어지면 어떻고 곧으면 어떤가. 나무가 살다보면 이렇게도 자랄 수 있고 저렇게도 자랄 수 있는 것이지. 문득 예전에 누군가 와, 휘어진 소나무가 가치 있느냐 아니면 곧은 소나무가 가치 있느냐 하는 문제를 고민하면서 쓴 글이 생각난다. 물론 능호관의 설송도와는 크게 관계는 없다손 치더라도 소나무의 가치론적 관점에서 잠깐 인용하여 본다.

얼마 전 나는 동료와 좋은 우리 소나무들이 산불에 타 뒹구는 현장, 광란의 화마가 휘몰아친 지 3년이 지난 강원도 고성군, 그 가운데서도 피해가 심했던 구성리 일대를 둘러보았다.

차가 따사로운 햇살이 비치는 한적한 시골길을 미끄러지고 있을 때 내 눈에 들어온 정경은 차마 눈뜨고 볼 수 없는 처참한 광경이었다. 화연에 휩싸였을 때의 충격은 이보다 더했을 테지만, 불에 탄지 벌써 3년이란 세월이 지난 지금에도 이 정도의 충격을 준다면 그 전의 참상은 이루 말로 다 할 수 없을 것 같았다. 내 눈에 들어온 소나무들은 모두 불에 타 거뭇거뭇 아직 상처가 치유되지도 않은 것들에, 아예 거대한 소나무 무덤이 되어 버린 곳이었는데. 허름한 시골집을 둘러 싼 몇몇 소나무들은 불에 그을리지도 않고 그 험한 불에도 끄떡없이 우람한 자태를 뽐내고 있었다. 나는 무심결에 "참으로 아름다운 소나무야!", "저렇게 아름다울 수가!" 감탄사를 연발했다.

운전하던 동료는 내 말이 떨어지기가 무섭게 내게 핀잔을 주었다. "저렇게 구불구불한 소나무가 무에 아름다울 수 있느냐?"고. "곧게 쭉쭉 뻗은 소나무가 아름다운 소나무지, 저런 이상한 소나무가 무엇이 아름답냐?" "소나무를 임업적으로 바라보아야지, 감상적으로 바라보면 되겠느냐!" 동료는 소나무를 임업적으로, 생산적으로 바라보았을 때 구불구불 소나무가 하등 가치 없는 소나무라는 것이다. 강원도 봉화, 춘양지방의 좋은 유전질을 가진 곧디곧은 소나무가 임업적으로, 생산적으로 아름다운 소나무지, 저렇게 구불구불 용트림한 소나무는 생산적인 목재가치로서는 젬병인 소나무고, 쓸모 없는 소나무라는 주장이다. 나도 그의 말에 일견 동의를 하지만, 내가 감탄한 의미는 그것이 아닌데 하는 아쉬움 속에 나는 아무 말도 하지 않았다. 그러나 나는 그 말을 곱씹어 생각했다.

며칠 전 나는 호암미술관에서 개최하는 '소정과 금강산' 전을 관람할 기회가 있었다. 그곳에서는 굵직굵직 곧게 자란 아름드리 소나무들이 정말 멋들어지게 화폭을 장식하고 있었다. 보덕굴을 뒤로 하고 우뚝 서 있는 통직한 소나무로부터 듬성 듬성 군락 군락 우람하게 자란 소나무들은 한 눈에 보아도 저 것이 "정말 금강소나무로구나" 하고 연발하게 했다. 그러나 또 달리 관폭도에 자아낸 소나무는 구불구불 세월의 때를 한껏 머금고 있어 그 연륜의 깊이에 나의 정신이 온통 빠져드는 착각에 빠지기도 했다. 나는 그때 이렇게 생각했다. '금강산엔 굵고 통직한 금강소나무만 있는 것은 아니다. 이따금 구불구불 용트림한 금강소나무도 있다. 그들이 어울려 조화를 이루고 한 폭 그림에 소나무 장관을 연출한다.'

내가 소나무를 바라본 시각은 구불구불 소나무 등걸의 변화무쌍한 아름다움이었을 듯싶다. 문득 그 때 동료가 한 말을 새삼 떠올렸다. "구불구불 소나무가 무에 아름답냐?"는 아마도 그때 구불구불 소나무를 바라보며 내가 지른 탄성은 불에 타 숯덩이로 변한 소나무들에 대비된 살아 있는 소나무의 모습이 더한 아름다움으로 비쳐졌기 때문이기도 했거니와, 내가 바라보던 멋들어진 소나무가 인고의 세월을 한껏 머금은 구불구불한 소나무였기 때문이 아니었는가 싶기도 했다.

굳이 소나무를 임업적, 생산적으로 바라보지 않아도 문화적, 예술적 아름다움으로 바라본다면 곧고 굵직하게 자란 소나무만 쓸모 있는 소나무고, 구불구불 용트림한 소나무는 쓸데없는 이상한 소나무가 아니라는 것이다. 어떻게 소나무를 바라보느냐 하는 관점의 차이에 있는 것이다. 곧고 통직하게 자란 소나무도 아름다운 소나무고, 구불구불 용트림한 소나무도 아름다운 소나무인 것이다. 또 소나무의 특성이 험하고 지력도 별반 없는 열악한 환경, 산등성에서 잘 자라 우리들 인식 속에 소나무는 구불구불 용트림한 소나무로만 생각할 것은 아니라는 생각이다. 소광리 산등성에 굵고 통직하게 자라는 수백 살 소나무를 보았다면 구불구불 용트림한 소나무에서 보지 못하던 새로운 소나무의 아름다움을 발견할 수 있는 것이다.

소나무는 우리 나라를 대표하는 나무라는 점에서 가치가 차고 넘친다. '남산 위의 저 소나무 철갑을 두른 듯 바람소리 불변함은 우리 기상일세' 애국가 가사로만 보아도 소나무의 기

상은 곧바른 소나무, 구불구불 세월의 때 철갑을 두른 용트림한 소나무에서 발산되는 것이다. 그래서 소나무는 우리의 마음에 영원히 각인 되어 있는 한민족의 나무인 것이다.

고성의 한 연회장에서 생물학을 전공한 어느 여교수는 이런 말을 했다. "산불로 폐허가 되다시피 한 고성에 소나무 일색으로만 조림하지 말고 참나무, 자작나무와 같은 좋은 활엽수도 심어보자"고. 그랬더니 그곳에서 태어나고 살아온 한 관계자는 이런 말을 했다. "강원도 사람들은 소나무만 나무로 보지, 다른 나무들은 나무로 보지 않는다" 참으로 무서우리 만치 놀라운 소나무 사랑이다. 굳이 따지자면 강원도 사람들은 강원도 지역에 잘 자라는 나무가 소나무라는 것을 이미 터득하고 있는 것이다. 춘양이니, 봉화니, 소광리 쪽으로 달리다 어느 곳에서나 볼 수 있는 쭉쭉 뻗은 소나무를 보았다면 그의 말이 이해갈 만하다.

상왕산 개심사 범종각을 받든 네 개의 기둥이 구불구불 자연 그대로의 소나무 등걸이요. 우리 나라에서 가장 오래된 저수지인 호남평야에 널펀히 자리한 벽골제 둑의 뼈대를 받치고 있는 것이 굵디굵은 소나무요. 경복궁 복원공사에 얹혀진 대들보, 기둥이 소나무다. 천년이 지나도 썩지 않고, 철근 콘크리트보다도 강인한 소나무, 그것이 곧고 굵다면 얼마나 좋으랴. 또 곧지 않으면 어떠랴. 낙락장송 소나무를 도시 한복판에서 볼 수 있고, 또 어느 화폭에서 소나무 감상에 젖어들 수 있다면 그것이 생산적이어도 좋고, 예술적으로 아름다움을 가지고 있어도 좋은 것이다. 소나무가 아름다운 이유는 그 곧고 굵음에 있는 것도 아니요. 굽고 비틀려도 천년을 살기 때문도 아니다. 소나무는 우리 민족의 가슴에 오롯이 서 있는 우리 민족의 대표 나무이기 때문이다. 그래서 나는 임업적이고 생산적인 곧고 통직한 소나무도, 예술적이고 문화적인 아름다움을 지닌 구불

구불 소나무도 모두 사랑한다. 내가 한국인이라는 이유 하나로.

그렇다. 소나무가 굽어 자라면 어떻고 곧게 자라면 어떤가. 임업적(林業的) 관점을 떠나 미적(美的) 관점으로 본다면 곧은 소나무는 곧은 소나무대로 꼿꼿하고 대쪽같은 기운이 있어 아름답고, 휘어진 소나무는 휘어진 소나무대로 여유롭고 운치 있어 아름답다. 능호관은 아마도 그런 의미에서 모든 소나무를 좋아했을 것이다. 그래서 부러 휘어진 소나무와 곧은 소나무를 대비시켜 화면을 우려냈을 것이다. 눈과 소나무. 얼마나 잘 어울리는 조화인가. 눈처럼 하얀 마음, 그리고 천년을 파아란 절개로 생명으로 이어가는 소나무. 둘이 만나 곧은 마음으로 천년을 이어가고자 했던 조선의 정신, 선비의 정신. 그것이 능호관의 설송도에 그대로 드러나고 있는 것이다.

능호관이 소나무를 애틋하게 사랑한 그림을 하나 더 들라면 단연코 만년에 완성한 〈송하독좌도(松下獨坐圖)〉를 들지 않을 수 없다. 평양 조선미술박물관에 소장되어 있는 송하독좌도는 은거 생활에 들어간 능호관이 항상 이 그림과 같은 자세로 초연히 살기를 원한 그림이다. 낙락장송의 나뭇가지에서 내리 뻗은 넝쿨의 표현으로 그림에는 화사의 가슴 속에 어린 처연한 심회가 드러난다고 유홍준은 감상하고 있다.

유홍준의 감상처럼 〈송하독좌도〉는 정말 꼿꼿한 소나무 아래 홀로 앉아 있는 늙은 선비를 묘사하고 있다. '설송도'에서 우려낸 꼿꼿한 소나무를 송하독좌도에 잠시 잠깐 옮겨다 놓은 듯한 착각을 불러일으킬 정도다. 굵게 구부러진 가지가 좌우로 바뀐 것, 그리고 눈 내린 계절과 그렇지 않은 계절과의 차이, 그 것들 말고는 같은 소나무를 그린 듯싶다. 그처럼 우리 소나무의 곧추선 아름다움이 잘 표현된 그림도 많지 않다. 〈송하독좌도〉에서처럼 휘어진

소나무가 없는 모습이 그의 말년의 심정을 잘 드러내주고 있다.

얼마나 외로웠을까. 종강모루에 은일하면서 좋아하는 책과 벗삼아 지낸다고는 하지만 세상을 등진 은일자의 마음이란. 아무도 찾아 주지 않는 곳에서 살아가는 은일자의 고독이란. 그 고독이 알알이 배어 나와 한 그루 꼿꼿한 소나무를 만들었다. 어쩌면 〈송하독좌도〉에 그려진 한 그루 소나무가 조선인, 한국인의 정신적 상징을 대표하는 것은 아닐까. 그럴 것이라 여겨진다. 옛날이나 지금이나 한국인이 가장 좋아하는 나무가 소나무이고 보면 내가 그렇게 단정하는 것도 무리는 아닐 것이라 생각된다.

능호관은 소나무로 하여 철저히 은일자의 고독감을 공감각화하려고 했다. 그의 고고한 속마음을 소나무에 이입시키려 했다. 거기서 나온 그림이 송하독좌도다. 〈송하독좌도〉에 새겨 넣은 곧은 소나무다. 얼마나 아름다운 소나무인가. 소광리 소나무에 버금가는 소나무고 금강소나무에 비겨지는 소나무다. 문득 예전에 피력해 놓은 글 '십팔공 소나무'가 생각난다. 그때 나는 내 나름대로 소나무의 공(公), 덕(德)을 열 여덟 가지(十 + 八 = 木)로 풀어 놓았었다. 그러나 송하독좌도를 감상하면서 소나무의 열 여덟 가지 공, 덕에 한 가지 공, 덕을 덧붙이고 싶은 생각이 들었다. 소나무는 그림으로 새겨 나와 사람의 심금을 울려, 사람으로 하여금 소나무의 고고한 심상을 닮아갈 수 있게 하니 교육에 있어 소나무는 훌륭한 스승이요, 말없는 선구자라. 그것이 소나무의 열 아홉 번째 공이요, 덕이다. 잠깐 그때 내가 피력해 놓은 소나무의 열 여덟 가지 공, 덕을 인용해 본다.

'내 방 책상 위 벽에는 소나무 수묵화 한 점이 걸려 있고, 그 그림 옆에는 노향각노인(擄

香閣老人) 김정희 선생(金正喜 先生)의 〈세한도(歲寒圖)〉 탁본이 걸려 있다. 책상 위 벽에 걸려 있는 수묵화에는 굵은 소나무가 두 줄기로 서 있고, 그 줄기에는 몇 줄기 가지가 창공을 향해 힘차게 뻗어 있다. 또 가지마다 짙푸른 솔잎도 무성해 소나무의 생명력을 느끼기엔 어느 것 하나 모자람이 없다. 거기다 하얀 여백이 무한의 여운을 느끼게 한다.

나는 책을 읽다 싫증이 나면 소나무 수묵화를 보기도 하고, 소나무 수묵화도 싫증이 나면 승연노인(僧蓮老人) 김정희 선생의 〈세한도〉를 보면서 소나무의 아름다움이 이보다 더할 수 있을까 감탄하곤 한다. 또 한참을 소나무 수묵화와 세한도를 보고 있으면 마치 내가 학이라도 된 양 오도카니 소나무 가지에 앉아 나 혼자만의 고고한 쓸쓸함에 젖는 듯한 착각에 빠지곤 한다.

때로 유리벽에 갇혀 있는 소나무가 애처롭다 싶으면 산에 들어 살아 숨쉬는 소나무를 만나기도 한다. 불암산 꼭대기 바위틈에 용트림하고 서 있는 소나무도 만나 보고, 오봉산 절벽 틈에 기대고 서 있는 할방 소나무도 찾아본다. 강원도 골짜기에서 하늘을 뚫어져라 곧추선 소나무에 기대도 보고, 희양산 언저리에 두 갈래로 뻗은 어여쁘고 통통한 소나무도 만져본다. 상왕산 솔밭에 들어 힘찬 기운을 발하는 소나무에 기대어 호연지기도 길러 보고, 도봉산 자운봉 바위틈에 몸을 맞긴 채 세상을 굽어보는 소나무 등걸도 쓰다듬어 본다. 어느 하나 내게 가슴 벅찬 감동을 주지 않는 소나무 없고, 어느 소나무 하나 내게 깨달음을 주지 않은 소나무 없다. 모두가 나름대로 삶의 철학을 내게 가르쳐 주고, 내게 세상을 바로 볼 수 있는 혜안(慧眼)의 눈을 뜨게 해 준다.

소나무는 내게 곧지만 유하게 살라고 한다. 탐닉하지 말고 집착에 빠지지도 말라고 한다. 적어도 나는 소나무가 나에게 그렇게 말하는 것 같고, 또 그렇게 가르침을 베푸는 것 같다. 산에서 소나무를 만나고 돌아온 날은 무언지 모를 깊은 감동이 잔잔히 내 가슴 밑바닥에서 흐르는 것을 느낄 수 있고, 마음이 그렇게 푸근할 수가 없다. 세상의 모든 번뇌가 다 사라지는 평온의 시간 속에 내가 자리하고 있는 것처럼 생각된다.

십팔공(十八公), 소나무 송(松)자(字)를 풀어 보면 그렇게 풀어진다. 열 여덟 가지(十八) 공(公)이 있어 그렇게 지었는가 싶은데, 소나무의 열 여덟 가지 공이 전해지지 않으니 상고 시대의 창힐도 소나무의 열 여덟 가지 공은 무척이나 아꼈는가 싶기도 하다. 언제부턴가 나는 소나무를 만날 때마다 '소나무의 열 여덟 가지 공(公), 덕(德)은 무엇일까?' 곰곰 생각하곤 한다. 소나무 등걸에 기댄 채 햇빛에 반사돼 반짝이는 소나무 이파리를 보며 내 두 손바닥으로도 하늘을 가릴 수 있는데, 소나무는 널따란 가지 이파리로도 하늘을 가리지 않으니 '참으로 덕이 있는 나무구나' 싶었다. 하늘의 기운을 홀로 받겠다고 대지를 가리지 않는 마음, 그것이 소나무의 첫 번째 공(一公, 一德)이 아닐까.

추위에 떠는 백성에게 제 몸을 불사르는 불쏘시개가 되면서도 아프다는 말 한마디 않고 살신공양(殺身供養)으로 사람을 도우니, 그것이 소나무의 두 번째 공(二公, 二德)이 아니고 무엇이겠는가. 굶주린 백성에게는 제 가죽을 벗겨 죽을 쑤게도 하고, 꽃가루 날려 맛난 음식도 되어 주고. 허기진 배를 움켜쥔 백성의 도끼 날에 쓰러지면서도 불평 한마디하지 않으니, 그것이 소나무의 세 번째 공(三公, 三德)일 성싶고. 수백년 서까래를 이고 있으면서도 힘들다 하지 않으니, 그 끈기와 고뇌를 인내함이 소나무보다 더한 것이 어디에 있겠는가. 그것이 소나무의 네 번째 공(四公, 四德)일 성싶고. 퍽퍽한 대지, 비바람에 부스러지는 땅이 재앙을 부르지 않도록 그 땅을 움켜 쥐 꼼짝 못하게 하고, 제 뿌리는 따가운 햇살에 마르고 갈라져도 제 몸 아끼지 않고 세상을 도우니 그것이 소나무의 다섯 번째 공(五公, 五德)일 것이고. 이파리 넓은 나무들에게 좋은 땅 다 내어 주면서도 시기하지 않고, 바위 틈 모래 틈에 뿌리를 내리면서도 꿋꿋하게 살아가는 개척의 정신이 소나무의 여섯 번째 공(六公, 六德)일 것이고. 제 피부에 한낱 미물(微物)인 개미들의 집을 마련해 주고도 간지럽다 호들갑 떨지 않으니, 그것이 소나무의 일곱 번째 공(七公, 七德)이겠고. 제 피를 사람들의 약으로 연료로 유용하게 쓰게 하니, 그것이 소나무의 여덟 번째 공(八公, 八德)이겠고.

제 손가락 잘라 아픈 사람 약으로 쓰게 하고 힘없는 사람 힘을 돋궈 주고, 사람들 잔치에 떡받침이 되니, 그것이 소나무의 아홉 번째 공(九公, 九德)이겠고. 이파리, 뿌리를 우려 내 고통받는 사람들에게 불로묘약(不老妙藥)이 되어 주니 그것이 소나무의 열 번째 공(十公, 十德)이겠다.

북풍 한설(北風寒雪)에도 청청함 잃지 않고 선비들에게 고고한 정신을 일깨우니, 그것이 소나무의 열 한번 째 공(十一公, 十一德)일 테고. 시인 묵객에게 시를 구워주는 소중한 불쏘시개가 되어 주니, 그것이 소나무의 열 두 번째 공(十二公, 十二德)이리라. 앙증맞은 송이버섯을 뿌리로 키워 내니, 그것이 소나무의 열 세번 째 공(十三公, 十三德)이요. 붉은 비늘로 몸을 단장하고 천년을 해로하니, 그것이 소나무의 열네번 째 공(十四公, 十四德)이리라.

백목(百木)의 왕이지만 뭇 나무들에게 뽐냄이 없고 언제나 겸손히 제자리를 지키니, 그것이 소나무의 열 다섯 번째 공(十五公, 十五德)이요. 짐승들 배고프다고 솔방울 털어 보시(布施)하니, 그것이 소나무의 열 여섯 번째 공(十六公, 十六德)이리라. 은은한 향취로 비틀거리는 속인들의 정신을 다독이니, 그것이 소나무의 열 일곱 번째 공(十七公, 十七德)이요. 한민족 하나로 뭉치게 하는 정신의 지주이니, 그것이 소나무의 열 여덟 번째 공(十八公, 十八德)이리라.

소나무는 백목의 왕이요. 못난 사람들에게 올바르게 살아가도록 가르치는 정신적 스승이다. 그래서 소나무에는 시기하고, 아첨하고, 등치고, 전쟁으로 피를 보는 우리네 사람 세상에서 볼 수 없는 자연의 정령(精靈)이 깃들어 있다. 모든 자연의 나무들이 서로들 제 자태를 뽐내며 어우러지고 흐드러진 대도 눈 하나 꿈쩍하지 않고, 제 자리에 오롯이 청청(靑靑)하게 서 있는 소나무를 볼 때마다 나는 이런 생각을 한다. '소나무처럼 살 수 있다면. 소나무처럼 청청하게 살 수만 있다면 얼마나 좋을까' 오늘 책상머리에 걸려 있는 '송수천년(松壽千年)'이라 씌어진 소나무 수묵화. 삼십육구주인(三十六鷗主人) 김정희 선생의 세한도를 바라보며 십팔공 소나무를 생각함은 아직도 내 몸에 배어 있지 못한 소나무의 청청함, 소나무의 올곧음을 배우기 위함이다.

장조(張潮)는 「유몽영(幽夢影)」이라는 책에서 '소나무 꽃가루로 양식을 삼고, 소나무 열매로 향기를 삼고, 소나무 가지로 먼지털이를 삼고, 소나무 그늘로 장막을 삼고, 소나무 울림소리로 악기를 삼는다'고 좋아했다지만, 나는 소나무의 열 여덟 가지 덕을 생각하기에 그렇게 좋을 수 없다. '소나무는 죽으면 버릴 게 없으나 사람은 죽으면 버릴 게 너무 많다.' 정호승의 시 한 구절이다. 그래 그렇다. '소나무는 죽어도 버릴 것이 하나 없다. 뿌리로부터 이파리 하나까지 모두 쓸모가 있다. 그래서 십팔공 소나무가 아니겠는가. 그에 비해 사람은 더러운 때 더러운 마음 죽어도 그대로 간직하고 있음에 버릴 게 너무 많다. 그래서 나는 더욱 더 십팔공 소나무를 좋아하게 된다.'

능호관의 검선도

능호관이 애틋하게 사랑했던 소나무 하나를 더한다면 나는 서슴없이 〈송하관폭도(松下觀瀑圖)〉를 내놓고 싶다. 국립중앙박물관에 소장되어 있는 〈송하관폭도〉는 능호관의 대표작 가운데 하나로 소나무 아래로 곧게 내리꽂히는 폭포를 바라보는 모습을 선경스럽게 포치해 놓은 그림이다. 누가 보아도 신선이 폭포를 바라보는 그림이며, 폭포를 바라보는 사람의 크기로 본다면 소나무는 적어도 천년은 산 소나무라 해도 과장이 없을 듯싶다. 누워 자란 듯 하지만 옆으로 본다면 꼿꼿하게 자란 소나무. 〈설송도〉에서나 〈송하독좌도〉에서 구워낸 소나무와 별반 다르지 않다. 다르다고 한다면 선비의 고고한 내면의 세계가 천길 만길로 내리 꽂히는 폭포수처럼 굽이굽이 용솟음친 소나무 등걸, 그 등걸에 알알이 새겨 있는 은일자의 고고한 세월. 그것이 너무도 잘 아로새겨진 그림이 아닐 수 없다. 능호관이 얼마나 소나무를 사랑했기에 설송도나 송화독좌도나 송화관폭도나 모두 소나무를 그렇게도 고고하고 아름답게 드러내고 있는가.

나는 그의 고고한 선비정신에서 그가 소나무를 사랑할 수밖에 없음을 알아차릴 수 있었다. 계속되는 지인들의 죽음, 공직에 있으면서도 정직하게 살아가지 않는 수많은 공직자들, 그들과의 잦은 마찰, 그러기에 세상을 등지고 살아가야만 하는 은일자의 철저한 고독. 그 모든 것들이 그로 하여금 조선소나무를 사랑하지 않을 수 없게 만들지 않았을까.

어쩌면 조선의 선비, 아니 외세의 침략과 고통스런 탄압, 그리고 그 모든 역경을 이겨내고 새 한국을 건설하려는 한국인의 의지, 그 의지를 몸에 배어내고 있는 소나무. 능호관의 마음을 대변할 수밖에 없는 소나무. 그렇기에 사랑할 수밖에 없는 소나무. 단적으로 말하면 능호관의 소나무임과 동시에 조선인, 한국인의 소나무가 능호관의 그림에는 새겨 있는 것이다.

나는 능호관의 〈검선도(劍仙圖)〉를 보면서 그가 사랑했던 소나무는 철저히 은일자적이고 고고하며 조선의 선비도를 상징하고 있다는 생각을 지울 수 없다. 검선도에 그려진 사람이 누구인지는 밝혀지지 않았지만 그 도인을 배경으로 하는 곧은 소나무와 비스듬히 누워 있는 소나무는 능호관의 마음을 잘 대변해 주고 있다.

얼마나 꼿꼿한 모습인가. 얼마나 고고한 모양샌가. 조선의 상징, 한국의 상징은 소나무에게서 찾을 수 있으니. 능호관이 애써 우려낸 소나무, 그것은 우리의 마음속에 오롯이 서 있는 조선의 의지와 힘을 상징하는 것이니. 능호관은 이미 오래 전부터 소나무로 하여 조선, 아니 한국이 상징될 것을 예견이라도 했던 듯싶다. '아! 조선소나무여! 능호관의 소나무여! 영원하라!'

3. 소정 변관식과 금강소나무

소정(小亭) 변관식과 금강산은 내게 특별한 의미를 가진다. 그것은 소정이 적묵법과 파선법을 사용하여 과거 중국화 풍으로 흐르던 산수화에서 탈피해 우리만의 독특한 자연을 독창적으로 표출하였다는 미술적 기교보다, 한국적 산수화의 기틀을 마련했다는 미술사적 평가보다 소정이 드러내고자 했던 한국적 정서, 그가 소재로 삼고자 했던 자연의 표징은 그림 속에 들어앉은 소나무에서 찾을 수 있다는 것을 확인할 수 있었기 때문이다.

시대적으로 엄선된 작품은 어느 작품이 뛰어나고, 어느 작품이 못하다고 할 수 없이 모든 작품이 제각각 의미를 갖고 품격을 갖추고 있다. 1920년대 초반 작품인 〈수유정〉을 잘 살펴보면 마이산에서나 볼 수 있는 두개의 암봉 사이로 뭉텅 뭉텅 배치한 나무는 언뜻 보아 참나무로 여길 수 있으나 자세히 보면 소나무라는 것을 확인할 수 있다. 그렇지만 어딘가 어

조춘. 종이에 수묵담채. 1994

색하고 여물지 않은, 화려한 듯 꿈꾸는 듯한 자연은 분명 우리 강산에서 볼 수 있는 정경은 아니다. 그러기에 기교는 넘치지만 그림은 어색하고 솔직하지 못하다. 또 소나무의 작은 바늘잎을 푸르딩딩 참나무 잎처럼 뭉뚱뭉뚱 그려낸 것은 소나무의 풍성함을 엿보게 하는 모습이라 할 수 있지만 아무래도 우리 소나무로 보기에는 모자람이 없지 않다. 이와 같은 느낌은 아직 소정의 그림이 중국화의 틀을 벗어나지 못하고 있음을 보여주는 좋은 예라 할 수 있는 것이다. 더구나 소나무를 계곡 주변에 심어 놓은 것으로 보아 소정은, 척박하고 열악한 환경을 좋아하는 소나무 특유의 생태에 문외한 같은 인상을 준다. 그러나 그것은 중국화의 기풍에 근접한 묘사이고 소재의 배치라는 점으로 해석하기 때문에 빚어진 결과이며, 역으로 소정이 한국적인 산수화에서 빼놓을 수 없는 소재가 소나무라는 것을 인식하기 시작했음을 짐작할 수 있게 하는 부분이다.

좀 더 소정의 작품세계를 자세히 들여다보면 그림이야 그 전부터 그렸다고 할 수 있지만, 우리 강산을 바탕으로 한 실경산수화는 1930년대부터라고 할 수 있다.

1939년에 구워 낸 〈강촌유거(江村幽居)〉는 한적한 강가 마을을 배경으로 능선을 타고 굵직굵직 자라는 소나무 군락을 멋들어지게 그려내고 있는데, 암릉 절벽에 간당간당 서 있는 소나무가 절벽 밑 황토집 위로 언제 쓰러질지 몰라 아슬아슬 긴장감마저 든다. 그러나 〈계산춘재(溪山春霽)〉를 보고 있으면 〈강촌유거〉에서 느낄 수 없었던 소나무의 아름다움에 나도 모르게 그림 속으로 빨려 들어가는 착각에 빠진다. 군락 군락으로 풍성한 '강촌유거'의 소나무 군락에 비한다면 '계산춘재'에 심어 놓은 소나무는 삼삼오오 짝을 지어 황포노인의 발길을 잡아끌기에 무색함이 없다. 어찌 동년에 그린 그림이 이토록 다를 수 있을까.

그것은 소나무의 풍요로움과 한적(閑寂)을 대비시키고 싶었던 소정의 마음이 절절했음을 보여주는 것이라 할 수 있다.

더구나 같은 봄을 새기면서도 1944년에 구워 낸 〈조춘〉을 보면 '계산춘재'에서 보듯 파리한 바늘잎 대신 올해 새롭게 피어난 청초한 솔잎은 초가집 뒷밭에 분홍으로 피어난 복송꽃을 보지 않더라도 감상자로 하여금 화면 전체에 봄이 왔음을 금세 알아차릴 수 있게 한다. 그렇지만 1955년에 그린 〈무장춘색(武昌春色)〉은 복송꽃이 아름다워 눈길을 머물면 아무렇지도 않다는 듯 묵묵한 삼삼오오 소나무가 〈계산춘재〉를 그렸을 때로 돌아가는 듯한 회상에 젖게 한다. 과유불급(過猶不及)이라 해도 무방하지 않을까. 〈조춘〉에서 그려 낸 솔잎의 빛깔이 봄빛을 너무도 잘 우려냈기 때문일까. 옛날로 돌아가다니. 그러나 그것은 진실을 알아차린 후의 회귀(回歸)이니 만큼 소담스럽고 다정다감한 소나무의 자태는 한국을 대표하기에 모자람이 없다고 해야 할 것 같다. 그래서 더욱 소정의 그림이 투박하고 거칠게 느껴지지만 질박한 한국인의 정서에 부합되고, 그런 연유로 하여 소정의 그림이 그 어떤 산수화보다 한국적이라 할 수 있는 것이다.

1950년대 후반에 우려 낸 작품 〈동리 어귀〉의 자연적 배경을 보면 전면에 굵은 참나무를 그리고 그 굵기만큼이나 굵은 소나무를 멀리 뭉텅 뭉텅 그려 넣어 소나무와 참나무로 하여금 초가집과 기와집을 대비시키듯 배치시키고 있다. 1959년과 1960년에 그려 낸 〈춘광(春光)〉과 〈촉촉청산(矗矗靑山)〉은 화제만큼이나 아름다운 소나무를 내세워 그림에서 느껴지는 쓸쓸함과 외로움을 덜어내고 있다. 더구나 작은 암봉에 소나무가 없다면 그것은 까까머리 민둥산과 무에 다를 것이 있을까. 그래서 더욱 소나무의 가치는 소정의 그림에서

도화작작(桃花灼灼)ㆍ65.5×86.5cm 1966년 작

빛을 발하고 있는 것이다. 황토 집으로 걸어 들어가는 황포노인, 반대 길 정자로 오르는 노인과 청년을 내려다보고 있는 소나무가 산의 정취를 촉촉하게 젖게 한다. 마치 솔잎에 송알송알 매달린 아침 이슬을 보는 듯한 느낌이다.

1962년 작 〈도화산촌(桃花山村)〉과 1966년 작 〈도화작작(桃花灼灼)〉에 자라는 소나무는 복숭아밭을 둘레둘레 에워싸고 곧게도 자라 소나무의 고고함이 복송의 화려함을 아우르는 듯 하다. 이제 환갑을 넘긴 소정의 인생 역정이 소나무에 절절이 배어 있는 그림이라 아니할 수 없다. 그래서 그런지 〈비폭도(飛瀑圖)〉를 들여다보고 있으면 정자보다도 암릉 솔밭에 가부좌를 틀고 앉아 곧바로 내리꽂는 폭포를 바라보는 달관의 재미는 가히 신선놀음에 버금간다 아니할 수 없다. 어쩌면 소정은 그런 기분을 그림 속 소나무로나마 표현하고 싶었을 지 모른다.

소정의 소나무 사랑은 그의 말년 작품에서 고스란히 드러난다. 1970년경에 그려낸 〈춘경산수(春景山水)〉를 잘 보면 외따로이 떨어진 황톳집이 눈에 띄는데, 이제 막 황톳집에서 나온 황포노인과 거대한 소나무 두 그루가 마치 완당(阮堂)의 〈세한도(歲寒圖)〉를 바라보는 착각에 빠지게 한다. 서로 사이좋게 마주보고 섰는 소나무 아래 황톳집과 황포노인이 사각형으로 대칭을 이루는 모습은 바로 소정의 균형적인 자연관(自然觀)이 그대로 드러나고 있다고 해도 과언은 아닌 것이다.

그러나 무엇보다도 소정이 사랑한 소나무의 아름다움은 그가 세상을 뜨기 한 해 전 혼신의 힘을 다해 그린 〈송림(松林)〉에서 완벽하게 표출되었다고 할 수 있다.

소정이 스스로 소나무를 사랑했음을 알리기라도 하듯 그는 그의 유일한 표현인 붓질로 소나무 이파리 하나 하나까지 섬세하게 그려낸 것이다. 삐죽삐죽 바늘잎을 드리운 드넓은 솔

내금강 단발령(內金江 斷髮嶺). 1973년 작

밭에 소나무로 능선을 그려내고, 겹겹이 싸인 멀고 먼 산들엔 흐릿한 소나무로 배경을 삼고. 소정은 소나무 나라에서 살다가 소나무 나라로 돌아가고 싶다는 열망을 이 작품에서 솔직하게 드러냈다 할 수 있겠다. 소정이 소나무를 얼마나 사랑하고 있었는가는 그의 정신을 지배했던 금강산, 금강소나무에서 찾을 수 있다.

1961년 작 〈관폭(觀瀑)〉에는 정자를 둘러싸고 울퉁불퉁 거북등을 드러낸 소나무가 폭포보다도 더 아름답게 그려지고 있다. 고아한 정자에 앉아 폭포가 울어대는 장중한 물소리와 소살 소살 소곤대는 소나무 노래를 듣고 있으면 무릉이 여기고 천국이 여기임에, 온통 마음은 기쁨으로 충만해질 것 같다. 소정은 그렇게 세파에 시달린 마음을 비워 내고 그 빈자리에 금강소나무를 심어 두고 있었던 것 같다. 폭포와 소나무를 통해 황혼의 아름다움을 만끽하고 있는 것이다. 그보다 앞서 그려낸 〈내금강 보덕굴(內金剛普德掘)〉에서는 보덕굴을 중앙에 배치하고, 그 앞에 떠억 버티고 선 소나무를 그리고 보덕굴 뒤로 또 다른 소나무 군락을, 보덕굴 옆 암릉엔 곧고 꿋꿋한 금강소나무 한 그루를 그려 넣음으로써 소정의 고고한 정신을 소나무의 고고함과 절개에 삽입시키고 있다.

보덕굴로 오르는 한 떼의 산객(山客)을 말없이 내려다보는 우뚝 선 소나무는 세인들이 소정을 보고 무어라무어라 해도 아서라 말아라 대꾸할 필요가 없다는 것처럼 보여지기까지 한다. 어쩌면 소정은 보덕굴 창가에 턱을 괴고 앉아 이 우람한 소나무를 바라보며 인생을 유희하고 있지 않았을까. 〈내금강 보덕굴〉을 바라보고 있으면 어느새 나도 소정이 그랬던 것처럼 보덕굴에 앉아 청청한 소나무를 바라보고 있다는 착각에 빠지니 말이다.

〈내금강 단발령(內金江 斷髮嶺)〉을 따라 걷고 있으면 송홧가루가 날리고. 황포자락에 묻은 송홧가루 때문에 황포가 노랗게 되었다고 해도 믿을 수밖에 없음을 금강산 만물상은 알고 있는 듯, 떠벅떠벅 황포자락을 휘적이며 지팡이를 두드리는 세 노인을 통해 소정은 솔밭의 아름다움을 유희(遊戲)하고 있었는 지도 모른다. 소정이 금강산을 좋아할 수밖에 없었던 이유를 나는 소나무의 천국이 금강산이기 때문이라고 말하고 싶다.

만일 소정의 그림에서 소나무를 지워 버린다면? 그것은 생각할 수도 없고 생각해서도 안 되는 일이지만, 만일 그렇다면 소정의 그림은 한국적이지 못할 뿐더러 금강산은 금강산으로 남지 못했을 것이다. 아니 소정의 그림은 삭막하기만 하고 쓸쓸하기만 했을 것이다. 소정이 그랬듯 '죽은 뒤에 내 그림을 보아 두라'는 말은 송수천년(松壽千年)을 두고 한 말일 성싶다. 소정은 가장 한국적인 산수화를 그려내기 위해서라도 금강산, 그것도 금강소나무를 화면 가득 심어 두었던 것이다. 그것은 소

정의 마음을 솔직하게 드러낼 수 있는 가장 손쉬운 표현이요. 가장 아름다운 수단이었다. 그래서 소정이 그림을 그리지 않았다면 소정은 소나무 키우며 산 속에 은거하는 송작도인(松作道人)이 되었을 지도 모른다.

소나무, 올곧게 자라는 금강소나무. 그것은 소정의 그림 인생에서 빼 놓을 수 없는 부분이며, 소정의 인생 전부였다고 해도 과언은 아닐 것이다. 소정이 소나무, 그것도 금강소나무를 그리지 않았다면 소정의 자연은 완성되지 못했을 것이고, 소정의 그림은 거칠고 음울하기만 했을 것이다. 그래서 소정의 금강산은 아름답기만 한 것도 아니요. 고독하기만 한 것도 아니요. 화려한 것만도 아니다. 소정의 금강산은 금강소나무가 있기에 장엄하고 늠름하고 장쾌하다. 그래서 소정의 그림을 대하고 있으면 한국인의 혼이 느껴진다. 그것이 소정 그림의 한국적 멋이다.

나는 오늘 소정과 금강산을 통해 한국인의 혼, 한국의 아름다움은 소나무에 있음을 깨닫는다. 한국인의 멋스러움은 금강소나무에 있음을 깨닫는다. 소정과 멋들어진 금강소나무 그리고 변관식의 그림을 넘나드는 황포노인과 나 모두가 소나무를 아끼고 사랑하는 자연인이라는 사실을 깨닫는다.

박재현은 서울대학교 대학원 산림자원학과에서 박사학위를 받았으며, 동 대학원에서 박사후 연수과 정을 거쳐 현재 임업연구원 임지보전과에서 산림과 수질 연구를 담당하고 있다. 주요 저서로 대학교재 「산림공학」, 「한국의 산림과 임업」, 그리고 공저 수필집인 「작은 것이 아름답다」가 있다.

자연 그림과 건강

신 원 섭

1. 자기 상실의 시대

오늘 우리가 살고 있는 시대를 한마디로 표현하자면 자기 상실이라는 표현이 가장 적합할 듯싶다. 돌이켜 보자. 오늘의 우리는 삶의 주체인 나를 생각할 일말의 여유 없이 살아가고 있다. 얼마나 불행하고 얼마나 안타까운 일인가. 나는 누구인가? 왜, 그리고 어디를 향하여 가고 있는가? 이렇게 자신에 대한 기본적이고 깊은 성찰을 할 수 없는 오늘의 현대인은 그저 거대한 사회의 한 부분으로만 존재할 뿐이다.

2. 자기 회복을 위한 길 – 숲

그렇다면 우리는 왜 자연으로 돌아가야 하는가? 바로 상실된 우리의 인간성을 회복하기 위해서이다. 진화론적인 관점에서 보면, 우리 인간은 약 200만 년 전에 동아프리카 사바나 숲에서 살기 시작했다는 것에 많은 학자들이 동의하고 있다. 이 시대에는 숲의 어떤 특징들이 개인이나 종족의 생존에 큰 영향을 미쳤을 것이다. 이런 주장이 바로 우리 인류의 삶의 기원이 우리의 유전자에 각인되어 있다고 하는 바이오필리아(Biophilia) 가설이다. 바이오필리아란 Bio(생물)와 philia(사랑)의 합성어로 우리 인간의 마음속에 자연에 대한 애착과 회귀 본능이 내재되어 있다는 사고이다. 윌슨의 바이오필리아 가설에 의하면 자연은 우리

인간이 생존유지와 종족의 번식을 위해 필요한 여러 가지 산물을 제공하는 자원의 공급원이라는 물질적 관념을 훨씬 넘어서 우리 인간은 심미적, 지적, 인지적, 그리고 정신적 안정과 만족을 얻기 위해 필연적으로 자연에 의존하여야 한다고 주장한다. 따라서 유전적으로 우리 인간은 자연 회귀의 본능을 가지고 있기 때문에 지금도 고요한 숲에 들어서면 더할 수 없는 마음의 안정과 포근함을 얻는 것이리라.

우리 인류의 역사를 더듬어 보면 인간이라 부를 수 있는 최초의 종족이 이 지구상에 나난 지가 수백만 년 전이라 한다. 그리고 인간은 현재까지의 역사에서 90%이상을 수렵생활로 영위하였다는 것이 일반적인 정설이다. 그렇다면 우리 인간의 역사에서 90%이상이 전적으로 숲을 주거로 하였고 자연의 특정한 정보에 의존한 생활이었다. 전체적인 인류 역사의 관점에서 보면 현대인은 바로 엊그제 숲에서 나와 도시생활을 하고 있는 셈이다. 숲은 바로 우리 인류의 고향이다.

3. 숲과 자연의 단절이 바로 비인간화

위에서 살펴본 바이오필리아(Biophilia) 가설은 역설적으로 아무리 현대 물질 문명에 익숙해진 도시인이라도 자연과의 조화로운 삶이 없으면 비인간화된다는 주장을 지지한다. 인본주의적 심리학에서 살펴 본 인간은 그야

말로 어마어마한 잠재성을 가진 고귀하고, 유일한 존재이다. 그래서 인간은 그 잠재성을 현실화시키고 자기의 모든 가능성을 표출하고자 끊임없이 성장하는 존재인 것이다.

만일 이러한 성장의 통로가 막히면 우리 인간은 문제에 봉착하게 되고 정신적, 육체적 결함을 겪게 된다는게 이 심리학의 기본 주장이다.

바이오필리아 (Biophilia)는 인간의 기본적 잠재성이 자연에로의 회귀와 교류에 있고 이러한 관계의 단절에 익숙한 오늘날의 현대인은 정신적, 육체적 질병뿐 아니라 인간이라는 기본적인 위상마저도 흔들리는 존재로 전락한다. 이러한 예는 일일이 열거하지 않더라도 신문이나 방송의 뉴스에서, 또는 우리 주변에서 눈으로 직접 볼 수 있는 몰인간적 사건이 넘쳐나는 것만 보아도 수긍할 것이다.

4. 숲 그림의 건강 이용

숲과 자연과의 단절이 인간의 정신적, 육체적 건강 문제를 일으켰다면 반대로 그 치유의 해답은 바로 자연이다. 현대 의학이 가져다주는 여러 가지 부작용, 예를 들면 약물의 오남용과 부작용, 의료진과 환자간의 불신, 치료 환경의 열악 등이 오히려 환자의 상태를 악화하고 심화시키는 문제를 해결하기 위하여 의료계에서도 요즈음 많은 대체 치료법에 관심을 기울이고 있다. 원예치료, 향기치료, 음악치료, 놀이치료 등이 요즘 대두되고 있는 대체 요법의 예들이다.

자연과 인간과의 기본적 관계에 바탕을 둔 치료적 응용도 매우 빠르게 진행되고 있다. 치료적 응용의 범위도 직접적인 숲의 이용을 치료적 도구로 이용하는 것에서부터 창을 통한 숲의 감상이나 그림 등을 통하여 숲과 자연을 감상함으로 치료 효과를 높이는 간접적 이용에 이르기까지 그 응용 범위는 다양하다. 이와

같은 치료적 응용은 캐플란의 자연에 대한 인간 선호의 패턴 조사 연구 결과에 그 논거를 둘 수 있다. 캐플란의 연구 결과에 의하면 일반적으로 사람들은 인공 환경보다는 자연 환경을 선호하고, 아무 것도 없는 인공 환경보다는 물, 나무, 그리고 식물과 같은 자연이 있는 인공 환경을 선호하였다. 또한 이런 자연 선호의 패턴은 문화나 민족을 초월하여 일관성을 갖는다는 것이 학자들의 주장이다.

마지막으로 숲과 자연에 대한 그림이 건강의 회복에 이용된 연구의 사례를 살펴봄으로서 간접적 숲의 이용이 얼마나 광범위하게 우리의 일상에 적용될 수 있는지 알아보고자 한다. 우선 스웨덴의 한 정신과 병원의 사례이다. 15년의 관찰을 통하여 환자들이 병원에 걸린 그림의 종류에 따라 행동이 변화한다는 것을 밝혀내었다. 15년간 7번의 벽에 걸린 그림에 대한 훼손(그림을 벽에서 떼어 내서 없애 버린다든지, 그림 액자를 부수어 버리는) 행동이 발견되었는데 훼손된 그림의 종류는 모두 추상화였다. 그와는 반대로 자연을 그린 그림에 대해서는 전혀 훼손 행위가 발견되지 않았다. 이와 같은 결과는 미국의 Ulrich(1993)가 단기간의 정신병원 입원 환자를 대상으로 조사한 연구결과와 일치하였는데 이들 환자는 그림에 자연의 대상 (꽃, 나무, 꽃병, 자연 풍경 등)이 포함된 그림을 선호하였다. 그러나 그림이 추상적이거나 그림 내용이 애매한 것에 대하여는 매우 부정적 반응을 보였다고 보고하고 있다.

교도소, 치과, 그리고 병원에서 수행된 연구들도 비슷한 결과를 나타내고 있다. 예를 들면 Moore(1982)는 감방의 창을 통해 자연이나 논밭을 볼 수 있는 재소자와 교도소의 마당만 보이는 감방의 재소자를 대상으로 비교한 결과 전자의 재소자가 후자의 재소자보다 의무실이나 병원의 이용횟수가 현저히 적음을 발

견하였다. 치과 병원에서는 자연 그림의 벽화가 있는 치료실에서의 환자와 자연 그림 벽화가 없는 치료실에서의 환자를 비교하였는데 자연 벽화를 보며 치료를 받은 환자가 그렇지 못한 환자보다 훨씬 적은 스트레스 반응을 보였다(Heerwagen, 1990).

또 다른 병원에서의 연구를 살펴보면 침대에 누운 수술 대기 환자를 대상으로 세 가지 다른 그림의 천장 벽화(물과 호수가 있는 자연의 그림, 바람에 세차게 불어 배가 약간 기운 그림, 그림이 없는 흰 천장)에 대한 반응을 조사하였다. 그림을 보여준 뒤 3-6분 후 혈압을 조사한 결과 자연 그림을 본 환자가 약 10-15정도 낮음을 관찰 할 수 있었다. 좀더 심화된 연구에서 Ulrich & Lunden(1990)은 심장 수술을 하는 166명의 환자들을 대상으로 자연 풍경의 그림과 추상화 또는 흰 벽과 판넬만

있는 환경이 어떠한 영향을 미치는가를 조사하였는데 자연 그림을 보며 수술에 임했던 환자가 수술 후 우울 또는 부정적인 상태가 덜함을 알 수 있었다.

5. 마치며

지난 몇 세대는 인류의 문명이 최고의 속도로 발전된 시기였다. 우리는 어리석게도 이 모든 발전이 인간에게 더욱 풍족한 삶과 더욱 인간다운 삶을 약속해 줄 것으로 믿고 있었다. 그러나 오늘의 현실은 어떠한가? '내가 누구인가?' 라는 가장 근본적인 인간의 문제조차도 제기할 틈이 없는 각박한 현실에 매여 살아가고 있다. 우리가 자연을 경외하고 보존해야 하는 이유는 바로 상실된 우리를 찾기 위함이다. 잊었던 우리, 그래서 정신적, 육체적으로 병들고 힘든 현대인에게 간접적 자연의 이용은 그 회복의 기본적 걸음인 것이다.

신원섭은 충북대학교 임학과를 졸업하고 캐나다 토론토대학에서 임학박사 학위를 받았다. 충북대학교 산림과학부 교수이며 산림휴양에 대한 연구를 하고 있다. 수십 편의 논문이 있으며 「야외휴양관리」 등의 책을 저술하였다. 숲과 문화 연구회 운영위원이다.

옻(漆)나무와 미술공예

금 복 현

　　그림에 있어서 특히 풍경화에는 동서양을 막론하고 나무를 빼놓을 수 없다. 동양화에는 소나무, 대나무, 매화 등 수많은 나무가 그려지고 있지만 옻나무를 그림의 소재로 삼은 것은 본 적이 없을 것이다. 그러나 옻나무가 미술 또는 공예품에 지대한 영향을 끼쳐 아마도 일등공신 역할을 했다면 의아하게 생각하는 이가 많을 것이다.

옻나무(漆樹)

　　옻나무는 우리 나라를 비롯하여 일본, 중국, 태국 등 동남아에 분포하고 있는 나무로 키가 수십 미터에 달하며 낙엽목으로 우상복엽이며 7~11개의 작은잎이 있다. 작은잎은 타원형 혹은 계란형타원이다. 색은 녹색이며 예점두를 이루고 이면엔 모용이 있다. 잎의 크기는 3내지 9센티미터 정도, 지맥은 경사져 나아가 거의 평행하고 가을에는 단풍이 아름답다. 꽃은 5월 하순에 피고 종자는 10월에 이르러 성숙한다. 목재는 가볍고 연하며 잘 쪼개지고 속과 겉은 확연히 그 색을 달리하는데 질이 좋은 옻나무일수록 속은 노란 황금색이며 겉은 회백색이다. 아름다운 황금색을 띠는 심재는 다른 나무에서는 찾아볼 수가 없어 옻나무를 가래떡 썰 듯이 1밀리미터 두께로 잘라서 모자이크하듯이 붙여 나무상감을 하면 매우 아름답다. 이외에도 노란 심재는 부채자루나 털이

개자루, 등잔대 등 공예품으로 사용되며 가볍고 질긴 편이어서 매우 좋고 천연의 황금색을 띠어 더욱 아름답다. 우리 나라 옻나무는 세계에서도 가장 질이 좋아 일본에서도 생칠 원액을 가장 비싼 값으로 사다가 정재해서 다시 비싼 값으로 되파는 실정이다.

옻칠에 대한 개요

　　옻칠은 옻나무의 수액에서 얻어진 도료로서 필요조건인 내구성, 내화성, 광택성, 내약품성 등은 물론 촉감이 좋고 은은한 색감을 주는 천연고분자 도료로 우르시올, 당단백, 다당류, 산화효소 및 수분으로 이루어져 있다. 다른 칠은 모두 건조해야 마르는데 옻칠은 수분을 이용한 산화효소에 의해 진행되며, 이러한 특징은 일반적인 합성도료와 비교하여 공해 유발의 가능성이 없을 뿐만 아니라 나쁜균을 퇴치하는 성분이 있어 예로부터 약용으로 사용되기도 하였다. 또한 손상된 바깥층을 대신할 수 있는 새로운 층을 만드는 자기재생 능력으로 피도체를 보호하며, 내구성이 매우 우수한 도료이다. 그래서 모든 칠이 습도에 약한데 비해 옻칠은 습도에 강해서 수천 년 땅속 습한 곳에 묻혀 있어도 썩지 않는 칠은 지구상에 옻칠밖에 없다.

옻칠과 미술

이렇게 내구성이 강한 옻칠에 채색안료를 섞어 칠을 하거나 그림을 그리면 천년이 넘게 보존되므로 이러한 방법은 오래 전부터 사용되었다.

우리 나라에서 출토된 낙랑시대 유물 중 주칠(붉은 옻칠)로 된 목기제품이나 대나무로 엮은 상자에 당시의 풍속과 인물을 채색칠로 그려넣은 남태칠기들이 증명하듯이 흑색이나 흑갈색의 옻칠에 채색을 넣어 그림을 그리고 글씨를 써서 오래 보존하는 지혜를 엿볼 수 있다. 특히 신라나 고려 때 미세한 순금가루를 옻칠에 섞어 그림을 그리거나 글씨를 쓴 것이 지금도 많이 남아 있는데 천년이 지난 지금까지도 그 색이 영롱하다. 이것을 금니사경이라 하는데 병풍처럼 접거나 두루마리 형태로 되었다. 대개 짙은 남색, 즉 쪽물을 들여서 그 위에 그린 것이 많고 혹 감물이나 먹물을 들인 바탕에 그리기도 하였다. 금가루가 비싸서 구하기 어려울 땐 은가루나 동가루 혹은 송홧가루를 옻칠에 개어 쓰기도 하였다. 조선 초기 이중 같은 화가는 검은색 바탕의 종이에 금니로 산수화를 그려서 마치 야경을 보는 듯한 그림을 남기기도 하였고 이러한 기법은 조선 후기까지 유행되어 대원군이 금니로 난을 그리기도 했고, 궁중화가였던 석연 양기훈은 수백 마리의 기러기가 갈대밭에서 노니는 그림을 그려 마치 달밤에 기러기들의 축제를 보는 듯하다.

고려불화의 수월관음도의 옷자락이나 장신구에 금니로 비단무늬를 아로새겼는데 그 섬세함과 아름다움은 극치에 이른다. 또한 경주 천마총에서 출토된 말안장에 그려진 채색 천마도 역시 옻칠에 채색을 섞어서 그렸기에 양호한 상태로 보존될 수 있었다.

천마총의 천마도

옻나무와 공예

옻나무의 수액은 자신을 지키기 위해 독한 분비물을 방출하기에 동물이나 사람에게 그 수액이 피부에 닿으면 가렵고 따가워 몹시 고통스럽다. 가려워서 긁으면 긁은 자국에 붉은 반점이 생기며 약한 피부에 감염되어 더욱 가렵고 피가 나서 아픈 데도 가렵다. 심하면 눈이나 얼굴이 퉁퉁 붓기도 하며 열이 나기도 한다. 이러한 옻나무의 수액을 잘 정재해서 공예품에 칠하면 그 공예품을 잘 보호하고 은은한 광택과 촉감이 좋고 음식을 담는 용기에 칠하면 음식의 부패도 방지해서 건강에 좋다. 그래서 인류는 일찍이 옻칠을 사용했는데 중국에서는 이미 4천년 전에 옻칠공예품들의 흔적이 있고 우리 나라에서도 2천년 전 원삼국시대 때 경남 의창군 다호리 고분에서 다량의 옻칠 공예품이 출토되기도 하였다. 또한 고려 때 나전칠기들은 그 정교함이나 아름다움의 극치를 이루었고, 조선시대를 거쳐 지금까지도 이어져오고 있다.

어떤 옻칠장인은 옻칠은 물과 공기만 빼고는 다 칠할 수 있다고 했으니 정말 그런 것 같다. 청동불상에도 옻칠을 한 것이 있고 옻칠한 후에 얇은 금박을 입혀 금박도금을 하는데 사용되었고, 신라시대 동경 뒷면에 나전과 여러 가지 보석을 상감하여 옻칠한 작품도 있고 가죽함이나 가죽신에 옻칠을 하기도 했으며 삼베나 한지를 여러 겹 바르고 옻칠을 반복하여 제작된 건칠기법의 투구도 있다.

표주박이나 가마요강을 지승으로 짜서 만들고 옻칠하면 단단해지고 물이 새질 않아 아주 실용적이다. 그러나 뭐니뭐니 해도 옻칠은 나무에서 채취한 것이므로 나무에 칠했을 때 가장 좋고 그래서 가장 많이 했다. 공예품에 옻칠제품들을 대략 살펴보면 소반, 제기, 바릿대(스님 밥그릇), 장롱, 함, 문갑, 연상, 촛대, 필통, 전통, 말안장, 투구, 부채, 조족등, 표주박, 물병, 가마발, 칼집과 칼자루, 갓집, 갓, 붓걸이 등이 있다.

이렇듯 옻나무는 미술품과 공예품에 지대한 공을 세웠지만 화학도료에 밀리고 값이 비싸다는 이유로 점점 뒷전으로 밀려가고 있다. 그나마 농가에서 재배하는 옻나무도 의약품이나 건강식품인 옻닭용으로 팔려나가 옻칠용으로는 소량만 채취되는 형편이다.

우리 나라 옻칠은 세계에서 가장 우수한데도 재배량은 가장 적다. 우리 나라에서는 어디서나 옻나무 재배가 가능하고 원주산을 제일로 친다. 국가적인 차원이거나 민간단체에서라도 옻나무 심기 운동을 벌이고 정재기술을 발전시켜 다양한 색상의 질 좋은 옻칠을 개발하여 옻칠 왕국을 만들면 어떨까 싶다.

금복현은 30여년간 전통공예연구를 하고 있다. 경기도 우수공예인(4호)및 으뜸인(2000년 선정), 전승공예전 특별상(9회), 전국공예작품경진대회(19회) 상공부 장관상을 수상하였다.
국립민속박물관, 경기도 박물관, 롯데월드 박물관에 출강하고 있으며, 현재 청곡부채연구소장으로 활동하고 있다.

숲에서 찾을 수 있는 염료식물

이 성 필

숲에는 다양한 식물이 저마다 자태를 자랑하며 여러 가지 모습을 연출하고 있다. 우리나라와 같은 온대지역은 사계의 변화가 매우 극적이어서 계절이 바뀜에 따라 너무나 다른 자연의 모습을 볼 수 있다.

잔설이 남은 숲에는 복수초나 생강나무의 노랑꽃, 연두색으로 물이 오르는 버들가지의 아름다움은 겨울을 겪은 사람에게 설렘으로 다가온다.

푸른 물이 뚝뚝 묻어날 것 같은 짙푸른 녹음은 여름의 넘쳐나는 젊은 힘을 느끼게 하고, 온 산을 볼태우는 가을의 단풍은 세월의 무성함과 비장감을 느끼게 하며, 앙상한 겨울 숲은 우리의 정신을 더욱 차갑고 맑게 해준다.

1856년 영국의 perkin에 의해 화학염료가 합성되어 본격적으로 이용되기 전까지 생활 속에서 가장 보편적인 기술로 널리 식물을 이용한 천연염색을 이용해왔다.

천연염색은 환경이나 경제적인 측면도 중요해지겠지만 무엇보다도 우리들 자신이 자연을 직접 이용하는 과정에서 자연을 보다 잘 알수 있게 해준다는 점을 간과해서는 안될 것이다.

천연염색을 하면서 자연에 직접 접하는 과정을 통해 자연을 알게 되고 자연을 아끼게 될수 있다면 이는 무엇과도 바꿀 수 없는 친환경적인 성과가 될 것이다.

식물염색은 자연에서 그 재료를 얻어오는 것이다. 계절의 변화에 따라 염료식물에서도 채취시기에 따라 다양한 색상을 얻을 수 있다는 것이 너무도 자연스러운 일로 식물염색을 통해 자연이 만들어 준 색을 소중히 나눠 쓴다는 겸허한 마음이 필요하다.

1. 염료식물이란

식물에는 다양한 색이 있다. 화려한 색의 꽃이나 열매뿐만 아니라 잎, 줄기, 심지어는 뿌리에도 색이 있다. 이처럼 눈에 보이는 식물의 색이 그대로 염색되는 것은 아니다. 미국미역취나 만수국의 경우 노랑색 꽃에서나 녹색의 잎에서나 똑같은 색이 나온다. 이는 눈에 보이는 식물의 색 중에는 염색에 쓰일 수 있는 색과 쓰일 수 없는 색이 섞여 있기 때문이다. 그러므로 식물에 있는 여러 색소 중에서 섬유를 물들일 수 있는 특별한 조건을 갖춘 것만을 색물염료라 하며, 이러한 색소를 얻을 수 있는 식물들을 염료식물이라 부른다.

염료식물은 먼저 아름다운 색을 낼 수 있어야 하고 일단 물들인 색이 쉽게 빠지지 않아야 한다. 경제적인 측면에서는 식물체내에 많은 색소를 가지고 있어야 하고 쉽게 구할 수 있는 식물이어야 한다.

이는 자연보호라는 측면에서 매우 중요한데,

182

아무리 훌륭한 조건을 갖춘 염료식물이라도 멸종 위기의 희귀종이라면 결코 이용될 수 없다.

식물염색은 자연에서 재료를 얻어오는 작업으로 '지속 가능한 자연 이용' 이라는 대전제 위에서 이루어져야 한다. 그러므로 쉽게 재배되는 식물이나 우리 주변에 흔히 볼 수 있는 식물을 이용하는 것이 가장 바람직하다.

2. 염색의 기원과 역사

염색의 자연 발생에 대해서는 여러 가지 추측이 있을 수 있지만 소복을 입고 자연 속을 돌아다니면서 자연스럽게 묻혀진 녹청접이나 포도, 산딸기 등의 과일이나 열매를 따먹으면서 옷에 묻었던 착색을 그 기원으로 보는 견해가 일반적이며 이것은 천을 끊여서 물들이는 염색 이전의 원초적인 염색행위로 볼 수 있을 것이다. 이후 몸에 상처가 나거나 끓이는 과정을 거치게 되었는데 이러한 과정에서 염착이 이루어지는 염색이 발생되고, 그 과정에서 매염제의 사용도 시작된 것으로 보여진다.

이렇게 발생된 염료는 처음에는 단지 신체를 가리는 옷으로 시작된 것이 그 옷에 아름답게 채색해 보고 싶은 정서를 찾아 자연의 공기나 물의 색, 선명한 꽃이나 수목의 색을 자신의 신체에 옮겨 장식하고 싶은 의지를 가지게 되어 염색의 발전이 있게 되었다. 그리고 오랜 세월을 거치면서 결국 인공적인 염료를 만들 때까지 인간들은 자연의 생물 또는 흙으로부터 아름다운 색소를 구하는 지혜를 가지게 된 것이다.

(1) 변한과 진한
청색의복을 착용하였으며 청색, 적색, 자색 등의 색실로 문양을 넣어 딴 금직이 사용되었다고 전하고 있다(삼국지 위지동이전).

(2) 삼국시대
고구려 고분벽화에서는 점문, 원문의 문양과 삼할의 염색기법이 보이고 그것은 신라공예품에서도 나타나 양국의 관계를 알 수 있다. 왕복은 오채라는 색깔옷을 착용했으며 대신은 청색옷을 입고 서민은 갈옷을 입었다.

백제는 품관별 복식제도를 정하여 신분을 구별하도록 하였는데 이것은 당시 적색, 청색, 황색, 자주색, 비색 등의 색채가 있었음을 알 수 있다. 이 시기의 유적 공주 송산리 고분벽화의 사신도, 일월도나 부여 능산리 고분 벽화의 사신도 연화문, 구름무늬 등에서도 주, 황, 청, 흑색의 색채가 보여 뛰어난 염색기술을 볼 수 있다.

신라의 염색기술은 직위에 따라 자색, 비색, 청색, 황색의 옷을 입게 하여 자초, 꼭두서니, 쪽, 황벽, 울금등의 식물염료가 사용되었음을 알 수 있다.

(3) 고려시대
고려는 사영공장과 관영공장에서 염직물을 생산하였다. 특히 염색을 관장하기 위해 관영직조 수염장인 도염서 등에 염료공과 염색공을 두어 염색을 담당하게 하면서 전문성을 띠며 부상하기 시작하였다.

자초 염색은 중국에까지 알려질 정도로 기술이 우수하였으며 좋은 자초 품종을 가지고 있었을 것으로 생각된다.

(4) 조선시대
가내 수공업과 농촌수공업 이외에 경공장에서 교역품과 귀족 충당의 염색품을 생산하였다. 염색장은 청염장 30명, 홍염장 20명, 황염장 20명으로 분업화 되어 생산되었다. 설치된 공장이 보여주듯이 청색과 홍색이 중심이었다. 청색은 쪽으로, 홍색은 수입 소방목과 황화로 염색하였다. 화학염료가 들어오기 전인

1800년대 말까지는 주로 치자, 울금, 황백, 홍화, 소목, 자초, 쪽 등의 식물성 염료를 사용, 매염제로는 잿물, 석회, 명반, 철장 등을 이용하였다.

3. 천연 염색의 방법과 종류

(1) 천연 염색의 방법

식물의 각 부위에는 다양한 색소를 가지고 있어 식물에서 얻어지는 색은 대부분 복합색소이다. 하지만 이것이 식물염료의 장점으로 동일한 식물에서 채취된 연료도 매염제에 따라 여러 가지 색을 낼 수 있다.

또 이렇게 얻어진 다양한 색들은 채도가 낮아서 전체적으로 튀지 않고 가라앉은 색상이 되는데 채도가 높고 한가지 색소만으로 된 합성염료로 이 같은 색상을 내기 위해서는 여러 종류의 염료를 섞어야만 한다.

그러므로 천연염색의 경우, 특별한 배색 조화를 하지 않아도 잘 어울리는데 이는 자연 속의 식물들이 서로 조화하여 어울리는 것과 같은 이유이며, 천연 염색한 실이나 천의 경우, 자연스럽고 편안한 느낌을 주며 은은한 색상을 나타낸다.

① 천연 염색의 조건

· 아름다운 색을 낼 수 있어야 한다.

· 염색 후 색의 염색 견뢰도가 높은 것이 좋다. 아무리 아름다운 색도 사용 중 또는 세탁 후 색이 옅어지거나 바래면 이용가치가 없다.

· 구하기 쉽고 경제적인 것이어야 한다.

· 쉽게 재배되고 환경보호를 할 수 있어야 한다.

② 천연 염료 염색 시 주의사항

· 염색과 매염 시 계속해서 잘 저어준다.

– 합성염료에 비해 얼룩이 생기기 쉽다.

· 색소에 따라서는 온도에 민감하여 염색 온도를 정확히 맞추어 염색한다.

· 충분히 수세 한 후, 건조는 반드시 그늘에서 건조한다.

– 일광 견뢰도가 낮기 때문에 건조 시 변색되기 쉽다.

· 건조 시 염색한 시료가 겹치지 않도록 한다.

(2) 천연 염색의 색조에 따른 분류

① 적색계 : 홍염 또는 적색염이라고 한다. 홍색염으로는 홍화(잇꽃), 소방, 천염(꼭두서니), 오미자 등이 사용되었다. 잇꽃은 인류문화사상 가장 오랜 역사를 남긴 염료식물이라고 한다. 이집트 분묘에서 기원전 3500년경의 홍화종자가 발견되었다고 하며, 우리 나라의 홍화도 낙랑시대의 고분에서 화장품의 물감으로 발굴했을 만큼 오랜 역사를 가지고 있다. 그 후 삼국시대에 들어와 홍화의 염색은 활발해지기 시작하여 신라, 고려를 통해 조선조에 들어와서 혼인 등 예식 때 민가에서까지 홍의를 즐겨 입었다. 홍색 옷의 착용이 늘어남에 따라 소방염이 성행하여 세종 20년(1438)에 홍의 착용을 제도적으로 제한시켰다.

② 황색계 : 이 염색은 황백나무, 치자나무, 울금, 황련, 괴화, 신초(조개풀), 두리염(팥배나무 이용) 등의 식물을 재료로 한다.

③ 청색계 : 이 염색은 쪽을 옛부터 이용해 왔다. 쪽이외에도 닭의 장풀, 누리장나무, 맥문동, 닥나무 등이 있다. 쪽풀의 잎과 줄기를 이용해 항아리에 넣고 물을 부어 두었다가 한번 뒤적여 놓고 하룻밤을 재워 쪽을 건진다. 물과 조개껍데기 등을 태운 석회가루를 10대 2의 비율로 고르게 섞어 놓는다. 다음 콩대 등을 태운 재로 만든 잿물을 따뜻하게 하면 일정시간이 경과한 후 쪽물이 우러난다. 용액에 천을 여러 번 담가 원하는 색상으로 염색을 한다. 쪽염은 알카리에 의해 환원 염색되는 염료이기 때문에 변색하지 않고 일광에도 강하여 세계 어느 곳에서도 쪽염을 애용하고 있다.

④ 자색계 : 다년생초인 지치를 이용한 염색으로 우리 나라 뿐만 아니라 기원전 1400년부터 역사 속에 나타났으며, 기원전 600년 중국의 춘추전국시대에 이미 자색옷을 착용했다는 기록이 있다. 자색은 지금의 보라색에 가까운 색을 말하며 삼국 시대에 이미 이 자색을 고구려, 백제, 신라가 모두 제 1위의 색으로 왕좌를 표시했다. 그 후 고려에 와서도 자염은 더욱 성행했으나 이것은 지치나무의 뿌리껍질에서 얻는 것이므로 얻기가 대단히 귀하여 소목(소방목)을 함께 사용하기도 했다. 그 후 조선조에 이르러 지치의 재료는 점점 더 희귀하여 1430년에는 관복이 청색과 홍(적)색 위주로 바뀌었다. 1446년에는 다시 황색, 홍색과 함께 이 자색을 가장 고급스러운 색이라고 해서 제도적으로 금했다고 한다.

⑤ 갈색계 : 감염색, 시염이라고 하는데 우리 나라 특유의 염색법이다. 덜 익은 떫은감에 의한 염색법이며 제주도 지방의 풍속이다. 갈물염색이라고 하는 이 염색은 무덥고 습기찬 지리적 조건에 의해 생겨난 특이한 방법이다. 7, 8월에 덜 익은 풋감을 따서 으깨어 즙을 낸다. 그래서 물들인 천을 함께 집어넣고 주물러서 찌꺼기는 털어내고 강한 햇볕에 잘 말린다. 가끔 물을 축여 주면서 10여 회를 반복하여 말리면 점점 진한 적갈색으로 변하여 풀먹은 천이 된다.

4. 매염제 및 매염방법

(1) 매염제란

매염제란 : 식물염료를 섬유에 붙들어 매는 역할을 하는 화합물이 바로 매염제다. 매염제의 역할은 크게 다음 세가지가 있다.

· 흡착 : 섬유에 염료를 붙이는 역할
· 고착 : 섬유에 붙은 염료가 떨어지지 않게 하는 역할
· 발색 : 색이 나게 하는 역할

전통적인 매염제는 자연에서 얻어지는 천연물이었다. 옛 선인들은 식물을 태운 잿물, 식물의 수피나 혹에서 얻어진 탄닌, 사과나 오미자의 과일즙, 금속성분을 포함한 경수, 사람을 포함한 동물의 오줌 등을 매염제로 이용하였다. 콩대나 동백나무의 재에는 알루미늄이 들어 있고 과일즙에는 구연산이 들어 있고 오줌에는 요소가 있다.

(2) 매염제의 종류

식물염색에서 우리 조상들은 매염제를 직접 만들어 사용해왔다. 시중에서 시판되는 화학약품보다 매염효과가 약할 뿐더러 조금 손이 많이 가지만 주변에 흔히 있는 재료로 만들어 보는 것도 또 다른 재미이기도 하므로 직접 만들 수 있는 매염제를 중심으로 알아보도록 하자.

① 철장만들기(철매염제)

ㄱ. 섬유 100g에 녹슨 쇠못 500g, 식초 500cc, 물 500cc를 스텐레스 용기에 놓어 20분 이상 끓여서 액량이 반이 되도록 줄인다. 녹슨 쇠못이 없으면 새 못을 10분간 끓인 다음, 건져서 플라스틱 그릇에 놓아두면 며칠 안에 녹이 슨다.

ㄴ. 플라스틱 그릇에 옮겨서 1주일 정도 방치한다.

ㄷ. 윗물을 걸러서 시원한 곳에 보존한다. 쇠못은 말려서 다시 사용한다.

철장은 기본적으로 철을 녹슬게 하여 금속성분을 떼어낸 것이다. 철장은 반년 이상 지나면 매염효과가 떨어지므로 가급적 새로운 것을 사용한다.

② 초산동 매염제

ㄱ. 섬유 100g에 대해 공예 소재로 시판되는 동판 1kg을 준비하여 잘게 자른다.

ㄴ. ㄱ의 것을 식초 1리터에 넣어서 10분간 끓인다.

ㄷ. ㄴ을 최소 하룻밤에서 일주일 정도 방치한다. 가끔 봉으로 저어 잘 섞어준다.

ㄹ. 용액이 옅은 청록색으로 변하면 매염제로 사용할 수 있다.

③ 동백나무 잿물 만들기

동백나무 잿물을 만들기에 가장 좋은 계절은 여름이다. 이 시기에 식물체내의 알루미늄 생성이 가장 왕성하기 때문이다. 가지를 모아서 바로 재를 만들어 보관했다가 필요할 때 잿물을 만든다. 동백나무 이외에 노린재나무, 검노린재, 검은재나무, 사철나무 등의 잿물도 알루미늄 매염제로 쓰인다.

ㄱ. 섬유 무게의 10배정도 되는 잎과 가지를 모은다. 섬유 100g의 경우 1kg의 식물이 필요하다. 말리지 않고 잘게 잘라서 강한 불에 생으로 태워 회색의 재를 만든다. 이때 불이 약하면 숯이 되어버리므로 주의한다. 이렇게 만들어진 재는 오래 보관할 수 있다.

ㄴ. 큰 그릇에 3리터 정도의 뜨거운 물을 채우고, 여기에 재를 넣은 다음 잘 저어서 하룻밤 정도 방치한다.

ㄷ. 맑은 윗물만을 떠내어 고운 망으로 잘 걸러낸다.

④ 알루미늄 매염제

알루미늄 매염제는 전통적으로 널리 이용되어 온 안전한 매염제로서 전반적으로 색상을 밝게 해준다. 시판되는 알루미늄 매염제로 초산알루미늄과 염화알루미늄이 있다.

초산알루미늄은 흰색 가루로서 침염할 때에는 섬유 중량의 4-5%를 따뜻한 물에 잘 녹여 사용한다. 30도 이상 되면 흰 침전이 생기므로 가열해서는 안 된다. 침전이 생겼을 때에는 윗물만 사용한다. 염화알루미늄은 무색 결정으로 따뜻한 물에 녹여 사용하는데, 산이 남기 때문에 선매염이나 지치의 염색에는 사용하지 않는다. 보통 쉽게 구할 수 있는 것으로는 명반과 소명반이 있다. 명반은 봉숭아 물들일 때 사용되는 것으로 약국에서 구할 수 있으며, 소명반은 명반 대용으로 쓰이는 황산계 화합물로 생명반, 카리명반이라고도 한다.

이들은 물에 잘 녹지 않으므로 소량의 물에 넣어 투명해지도록 끓인 다음 적량의 물을 추가해 사용한다. 실크의 경우 섬유 무게에 대해 명반은 8-10%, 소명반은 3-4%를 사용한다. 염색 후 산이 남아 변색할 수 있으므로 헹구기를 철저히 한다.

⑤ 알카리 매염제

알칼리매염제로서 많이 쓰이는 것은 생석회나 소석회(수산화칼슘)와 같은 석회매염제이다. 1리터의 물에 10g 정도의 비율로 잘 섞어서 녹인 다음, 표면에 생긴 막은 버리고 반드시 윗물만 사용한다. 석회수 윗물 500cc를 물 1리터에 넣으면 대략 pH11정도가 된다. 면이나 마를 갈색조로 염색할 때는 철매염한 다음 석회매염한다. 실크에 사용하면 섬유를 상하게 할 수 있으므로 주의한다. 소석회는 쪽물을 만들 때에도 꼭 필요한 데, 오래된 것은 효과가 떨어지므로 되도록 신선한 것이 좋다. 식물안료를 만들 때나 매염 잔액의 처리에도 사용된다. 목회(나무를 태운 재)도 알칼리매염제로 쓰일 수 있다. 나무의 가지와 잎을 완전히 태워 민든 흰재 500g을 40-60도 정도 물 20리터에 잘 저어 섞어서 2-3일 방치한 다음 윗물을 따라내어 모은다. 위의 과정을 2-3회 반복하여 목회즙을 만든다. 목회즙 역시 pH11정도로서 매염이나 비단의 정련 또는 쪽물내기에 이용된다. 짚회(볏짚이나 보리짚을 태운 재)는 비단의 정련이나 홍화염색에 사용된다. 만드는 법은 목회와 비슷하나 흰 재가 되기 전인 검은 재 상태에서 만든다는 점이 다르다. 짚회는 곱기 때문에 2-3일 정도에 침전되지 않으므로 2-3일 지난 다음 결이 고운 비단 체 등으로 걸러서 다른 용기에 넣어서 일주일 간 방치하여 윗물만을 걸러 사용한다.

(3) 매염제의 적정량 및 사용시 주의점

① 매염제의 적정량

매염제의 양은 섬유 중량에 따라 결정되며, 매염제의 양이 적은 경우는 매염효과가 줄어들기 마련이지만, 섬유 중량에 비해 많은 매염제를 넣었다고 해서 매염효과가 증가하는 것은 아니므로 너무 많은 매염제는 오히려 섬유의 손상 및 환경오염을 일으킬 수 있으므로 적정한 양의 매염제를 사용하는 것이 중요하며, 매염시에는 섬유가 충분히 잠길 수 있을 정도의 매염액이 필요하다.

② 매염제 사용시 주의점

– 매염제 용기에는 반드시 표시를 하여 보관한다.

– 매염제를 다룰 때에는 비닐이나 고무장갑을 사용한다.

– 분말 매염제는 사용 중 날려서 흡입될 수 있으므로 주의를 한다.

– 작업실의 환기가 잘 되도록 주의한다.

5. 주요 염료식물과 염색방법

1) 애기똥풀

① 개요

· 과 명 : 양귀비과

· 학 명 : Chelidonium majus

· 영 명 : Celandine

· 생약명 : 백굴채

· 유 래 : 식물이 어릴 때 줄기를 자르면 노란즙이 나와 붙여진 이름. '까치다리'라고도 함.

· 특 징 : 2년생초. 꽃은 5-8월에 황색 개화. 뿌리는 곧으며 심근성으로 귤색. 줄기는 많이 갈라 지며 속이 비어 있고 자르면 노랑색 즙이 나옴.

· 서식지 및 분포 : 전국 저지대의 마을 주변, 길가, 돌담 사이, 숲 가장자리. 한국, 일본,

중국 동북부, 사할린, 몽골, 시베리아 등지에 분포.

· 약효 및 용도

– 식물체 전체 : 복부통증 진통제(위장염, 위궤양), 이질, 황달형 간염, 피부궤양, 결핵, 옴, 버짐 등에 효과.

② 염색 재료

· 염료물 : 식물의 지상부

– 지상부의 가장 아래 줄기까지 잘라 보관.

– 채집의 적기 : 5-8월(되도록 7월) 사이.

③ 염색 방법

ㄱ. 채집한 애기똥풀을 물에 삶는다.

– 애기똥풀이 물에 겨우 잠길 정도의 물을 계속 끓여 염액을 빼고, 이 액을 체에 걸러 다른 그릇에 보관한다. 반정도의 물로 한번 더 염액을 추출한다.

ㄴ. 이 염액을 40도 정도에서 계속 데우다가 천을 넣는다. 얼룩이 생기지 않도록 차곡차곡 넣는 다.

ㄷ. 햇볕에 바짝 말린 다음 물로 세척하고, 다시 말린 다음 더 진한 색을 얻으려면 2)의 과정을 반복한다.

ㄹ. 마지막으로 명반 20g을 탄 10L정도 물

ⓒ현진오
애기똥풀

에 매염 후 다시 세척한다.

2) 황련(깽깽이풀)
① 개요
· 과 명 : 미나리아재비과.
· 학 명 : Coptis chinensis Franch
· 생약명 : 모황련.
· 유 래 : 뿌리의 색이 노란색이어서 붙여진 이름이다.
· 특 징 : 다년생초. 꽃은 4-5월에 밑동에서 잎보다 먼저 나온 꽃줄기에 자줏빛꽃이 개화. 뿌리는 원줄기가 없이 옆으로 퍼진 잔뿌리의 형태.
· 서식지 및 분포 : 산중턱 아래 골짜기에서 자람. 한국(경기도, 강원도, 평안남도, 함경남도,경북도), 중국 등지에 분포.
· 약효 및 용도
- 뿌리 : 9-10월 경에 뿌리줄기를 캐서 말린 것을 이용한다.
소화불량,식욕부진,오심,장염,설사,구내염, 안질 등에 효과.
② 염색 재료
염료물 : 뿌리 줄기 말린 것.
③ 염색 방법
ㄱ. 단단한 뿌리를 잘게 쪼개어 끓는 물에 넣고 열을 가하면 황색의 염액이 나온다.
ㄴ. 뿌리를 걸러내고 미리 초산애 담가 놓은 실크를 넣으면 선명한 황색으로 염색이 된다.

3) 울금
① 개요
· 과 명 : 생강과.
· 학 명 : Curcuma longa L.
· 생약명 : 심황.
· 특 징 : 다년생초. 꽃은 녹백색의 수상화서에 매 포엽 끝에 황색의 작은 꽃이 핀다. 뿌리는 근경이 비대하며 그 끝에는 방추형의 괴

ⓒ현진오
깽깽이 풀

근이 선황색을 띤다.
· 성 분 : 주 색소 성분은 Curcumine으로 산성에서는 선황색, 알칼리성에서는 붉은색으로 PH시험지로도 이용한다.
· 약효 및 용도
- 뿌리 : 가을부터 괴근을 채취.
소화불량,의염,간염,담낭 및 담도염,황달,경폐 등에 효과.
- 식용 : 카레의 원료로 사용.
- 기타 : 항균성분,여드름 치료등에 효과.
② 염색 재료
염료물
- 가을부터 괴근을 채취한 것으로 5-7일간 일광에서 건조하여 이용한다.
③ 염색 방법
준비물 : 울금(32g), 백반(5g), 매쉬 실크 스카프(32g)
ㄱ. 울금 32g을 물2L에 20-30분 끓여 우려낸 후 30도 정도로 식힌다.
ㄴ. 백반을 선 매염한 실크 스카프를 젖은 채로 펴서 염액에 넣은 후 잘 저어 준다.
ㄷ. 90-100도에서 30분간 염색한 후 수세한다.
ㄹ. 선 매염한 백반 물에 백반 추가 후 70-80도에서 30-40분간 후 매염한다.
ㅁ. 수세 후 건조시킨다.

4) 황벽

① 개요

· 과 명 : 산초과.

· 학 명 : Phellodendron amurense Rupr.

· 이 명 : 황경피나무,황백목,황목,벽목 등으로 불리기도 한다.

· 특 징 : 낙엽활엽교목. 꽃은 6월 가지끝에 노란색 으로 개화하며, 가지는 굵고 사방으로 퍼지며 잎은 광택이 있다. 나무 껍질은 연한 회색 이며 코르크가 발달하여 깊이 갈라진다.

ⓒ현진오

지치

속껍질은 황색.

· 서식지 및 분포 : 한국(제주, 전남을 제외한 전역), 일본, 만주, 중국, 아무르, 우수리 심산의 비옥지.

· 성 분 : 주된 색소는 베르베린.

· 용 도

– 나무의 속껍질 : 염료로 중국에서부터 사용. 종이에 벌레가 생기는 것을 막기 위해 다용한다. (주로 불경을 만드는데 사용)

② 염색 재료

염료물 :

– 나무의 속껍질

여름철 껍질을 벗겨 2-3일 햇볕 건조하면 겉껍질이 잘 벗겨진다.

– 가장 선명한 황색 염료. 단색성 염료.

③ 염색 방법

황백은 달인 물에 청대와 붕사를 넣어 사용하면 특히 황색이 선명해진다.

5) 지치(자초)

① 개요

· 학 명 : Lithosopermum officinale

· 영 명 : Gromwell

· 생약명 : 자근

· 이 명 : 지초,자초,지혈,자근

· 특 징 : 다년생초. 꽃은 5-6월부터 8월까지 흰색 꽃이 핀다.

잎은 털이 있고 잎자루 없는 피침 꼴로 돌려난다.

· 서식지 및 분포 : 현재는 깊은 산속에만 서식.

· 약효 및 용도

– 열을 내리고,독을 풀고,염증을 없애는 작용.

– 암, 변비, 간장병, 동백경화, 냉·대하, 생리불순 등에 효과.

② 염색 재료

염료물 : 뿌리.

③ 염색 방법

ㄱ. 색소 추출

– 자근 5g에 아세트산 12ml를 가하여 500ml의 메탄올에 담가 2–3시간 내 적자색 색소 추출한다. 이 자근을 건지고 다시 메탄올에 담가 색소를 추출하고 이를 3회 실시하여 염액을 만든다.

ㄴ. 선매염

– 피염물 5g을 미리 온수에 담그고 3%의 매염제를 미지근한 물에 녹인 후 30분 정도 피염물을 담근다.

ㄷ. 염색법

– 자근 추출액 400ml에 물을 가하여 500ml가 되게 하고, 10% 아세트산 10ml을 가하여 60도에서 40분 동안 염색한다. 염색이 끝나면 수세하고 다시 매염액에 넣어 5분 정도 처리 후 수세한다.

6) 치자

① 개요

· 과　명 : 꼭두서니과(Rubiaceae)

· 학　명 : Gardenia jasminodes

· 영　명 : Gardeniae Fructus

· 생약명 : 치자

· 특　징 : 상록활엽관목. 꽃은 6–7월에 개화. 흰색. 향기가 좋다. 열매는 9월에 성숙. 노란 빛 홍색.

· 서식지 및 분포 : 산지 남부지방에 식재. 일본, 대만, 중국, 인도네시아

· 성　분 : 주성분은 색소인 crocin과 iridoid 배당체인 genipin, geniposide, gardenoside이다.

· 약효 및 용도

– 열매 : 의류, 목기, 빈대떡, 전에 천연색소로 사용한다. 타박상, 관절 손상, 황달병, 철쭉꽃 중 독, 불면증, 소염 지혈 및 이뇨에 사용된

다.

– 꽃 : 데쳐서 먹는다

② 염색 재료

염료물 : 열매

③ 염색 방법 (명주 한 필 염색)

준비물 : 명주 한 필, 치자 400g, 명반 30g

Key point : 명주 한필을 염색하려면 반드시 삶으면서 해야 한다.(염착력과 견뢰도를 높여주기 때문)

ㄱ. 명주를 60 의 물에 30분 동안 담가 풀기와 불순물을 충분히 뺀 뒤 탈수하여 꾸들꾸들한 상태 그대로 부채 접듯 천을 접어둔다.

ㄴ. 치자 400g을 물 20ℓ 에 넣고 20분 동안 끓여서 염액을 뽑아낸다. 이렇게 세 번까지 끓여서 염액을 뽑아 내 60ℓ 를 만든다.

ㄷ. 염색통에 치자 염액을 모두 넣고 접어둔 명주를 한꺼번에 담가 20분 동안 염색한다. 이때 염액 속에서 재빨리 천을 풀어주어야 한다. 20분 내내 뒤집어 주고 풀어주기도 해야지 염색한 천에 얼룩이 남지 않는다.

7) 홍화(잇꽃)

① 개요

· 과　명 : 국화과(Compositae)

· 학　명 : Carthamus tinctorius

· 영　명 : Safflower

· 생약명 : 홍화

· 특　징 : 2년생초본이며 높이 1m안팎으로 자란다. 꽃은 7–8월에 피며 황홍색이다. 엉경퀴꽃과 모양이 비슷하다. 열매는 10월에 성숙되며 백색이고 길이는 6mm정도이다.

· 성　분 : 염료로 사용되는 것은 꽃의 수용성 황색색소(Safflower yellow)와 불용성인 적색색소(Cartharnin)가 있다. 이중 황색색소는 꽃이 물에 닿는 것만으로도 색소가 녹아 나와 염색이 잘 되는 특징을 가지고 있다.

· 서식지 및 분포 : 이집트 근처가 원산이

며 중국, 티벳 등지도 재배된다. 우리 나라에서는 각처의 약초농가에서 재배되고 있다.

· 약효 및 용도 : 여자들의 골다공증에 좋고강 보조 식품으로 각광을 받고 있다. 독이 없어서 한약재료로도 쓰인다. 예전에는 화장품으로도 사용했다.

· 재배방법 : 물빠짐이 좋고 모래가 섞인 황토가 있는 비옥한 토지에서 잘 자란다. 고추를 키우는 것처럼 검정 비닐을 씌워 20-30㎝정도 간격으로 한 구멍에 네댓개의 씨앗을 넣는다.

· 역 사

인류의 문화사상 가장 오랜 역사를 지닌 염료식물의 하나라고 전해진다. 사천 년 전 이집트에서 시작되어 중국에는 한나라 때 전해졌다. 우리 나라는 신라 때 왕실의 길쌈을 맡아 하던 '홍저'라는 관아가 설치되어 잇꽃 염색을 하였다. 잇꽃은 매매에 편리하고 가격도 높았기 때문에 이시(利市) 또는 이화(利花)라고도 하였다.

「만엽집」 3권에는 한람이라는 말이 나오는데 이것은 한홍화(韓紅花)라고도 하여 연지를 지칭하는 것이다. 연지는 홍화에서 추출한 전분으로 중국에서는 금화와 복건에서 생산되는 것을 가장 좋은 것으로 취급하였고, 우리 나라에서는 경기도 안성군 금광면에서 생산하는 것을 가장 좋은 것으로 인정했다고 한다. 연지는 부녀자들의 입술이나 손톱에 바르기도 하고, 혼례를 치를 때 신부의 뺨과 이마에 찍기도 하였는데, 뺨에 찍는 것을 연지, 이마에 찍는 것을 곤지라고 하지만 모두 홍화색소를 사용한 화장법이었다. 조선시대에는 잇꽃 재배와 염색이 일반화되어 서민들이 밭에서 기르곤 하였다.

② 염색 재료

염료물 : 잇꽃

③ 염색 방법 (모시 한 필 염색)

전통 염색법

– 준비물 : 모시 한 필, 잇꽃 1kg(1주일 이상 삭힌 것), 오미자 600g, 잿물20 , 식초(먼저 잇꽃을 물에 담가 일주일에서 보름 정도 삭히는데 위로 뜬 꽃이 검게 변하지 않도록 하루에 한번씩 저어준다.)

ㄱ. 노란 색소 빼내기

잘 삭힌 잇꽃을 주머니에 담아 노란 색소를 빼낸다. 노란 색소가 남으면 고운 붉은 색소를 얻기 어렵다.

ㄴ. 붉은 색소 빼내기

노란 색소를 빼낸 잇꽃 주머니에 잿물을 10리터 부어 주물러 주면 첫번째 붉은 색소가 우러나오는데 이것은 다른 그릇에 부어 놓는다. 다시 10리터 의 잿물을 부어 잇꽃주머니를 잘 주물러 두번째 붉은 색소를 우려낸다.

ㄷ. 오미자 물로 중화시키기

오미자 600g을 미리 10리터의 물에 하룻밤 재워놓는다. 붉은 색소를 추출한 20 의 잇꽃 물에 오미자액 10 리터를 부으면 중화가 된다.

ㄹ. 염색하기

ㄷ의 염액에 모시를 담가 20분 동안 염색을 한다. 주의할 점은 염액의 온도가 40 이상이 되면 붉은 색소가 파괴되므로 주의한다.

ㅁ. 매염하기

진분홍으로 물들인 모시를 물에 한번 헹군 뒤 식초를 10cc넣은 물에 다시 헹구면 분홍색으로 된다. 물에 여러 번 헹구어 그늘에서 말린다.

개량 염색법

– 준비물 : 잇꽃, 탄산칼륨, 구연산, 식초

ㄱ. 노란 색소 빼내기

전통 염색법과 동일하다.

ㄴ. 붉은 색소 빼내기

물 20리터 에 탄산칼륨을 조금씩 넣어 알칼리 농도가 ph11이 되도록 알칼리액을 만든다. 10리터 의 알칼리액에 노란 색소를 없앤 잇꽃을 담은 주머니를 넣어 주물러주거나 두 세 시간 놓아두면 붉은 색소가 녹아 나온다. 첫 물을 만든 다음 다시 10리터 의 알칼리 용액에 잇꽃 주머니를 넣어 주물러 주거나 두세 시간 두어 두번째 물을 만든다. 첫물과 두번째 물을 합한다.

ㄷ. 구연산으로 중화시키기

ㄴ의 물에 잇꽃 10%양의 구연산을 조금씩 넣는다. 이때 거품이 일어난다.

ㄹ. 염색하기

거품이 일어난 다음 모시나 명주를 담가 염색한다. 이때 구연산의 양이 너무 많거나 구연산을 넣은 뒤 시간이 많이 지나면 색소가 뭉쳐서 가라앉으므로 곧바로 염색을 해야 한다.

ㅁ. 매염하기

염색이 끝나면 맑은 물에 행군 뒤 식초를 탄물에 다시 헹궈 색을 선명하게 만든다. 여러 번 헹구어 말린다.

반드시 중성세재를 사용하고 낮은 온도에서 다림질을 한다.

8) 소목
① 개요
 · 과　명 : 콩과
 · 학　명 : Caesal pinia sappon. L.
 · 영　명 : Sappon wood, Red wood
 · 생약명 : 소목, 소방목
 · 특　징 : 상록교목으로 조선시대에는 단목이라 하였고, 지방에 따라 소방, 소방목, 홍목, 적목 등으로 불리워졌다.
 · 서식지 및 분포 : 원산지는 동인도, 말레이반도이고 아시아의 온대지방에 생육하고 있다. 우리 나라에는 삼국시대에 소방전이라는 염색기관이 있었던 것으로 보아 이때부터 들어온 것으로 보고 있다.
 · 성　분 : 주 색소 성분은 브라질레인

(brazilein)인데 심재(황적갈색)에 포함된 브라질린(brazilin)이 산화하여 생긴 것이다.
 · 약효 및 용도 : 심재를 이용해서 적색계의 색소를 얻고 회즙으로 매염하면 자적, 철매염을 하면 자색이 된다. 일광에 퇴색하기 쉬운 결점이 있으나 염색법이 쉽고 매염제의 종류에 따라 다양한 색을 얻을 수 있다.
② 염색 재료 : 줄기의 심재
③ 염색 방법
　제조방법(색소 추출 방법)
　잘게 쪼갠 소방목 200g을 물 3리터에 넣고 1시간 끓여서 1차 추출액을 만든다.
　다시 물 2리터를 넣고 1시간 정도 끓여서 2차 추출액을 만든다.
　2차와 같은 방법으로 3차 추출액을 만든다. 가능한 한 적색소를 많이 추출하도록 한다.
　염색방법
　ㄱ. 먼저 처리해서 염색할 천을 온수에 담가 둔다. 이때 오래 담가둘수록 좋다.
　ㄴ. 1-2차 추출액을 혼합하여 염욕을 만든다.
　ㄷ. 염욕에 천을 넣고 40-50도를 유지하면서 30분 정도 염색한다.
　ㄹ. 염색된 천을 깨끗한 물에 수세하여 건조한다.
　ㅁ. 건조된 천을 매염액에 매염한 후 다시 수세 건조한다.

9) 쪽
① 개요
 · 과　명 : 여뀌과
 · 학　명 : Polygonum tinctorium L.
 · 영　명 : Indigo plant.
 · 생약명 : 이명, 지방명, 한약명으로는 청대, 료람이라고 한다.
 · 특　징 : 쪽풀의 종류는 요람, 유규람, 인도람, 대청으로 크게 구분 되는데 우리 나라에

서 재배되는 쪽풀은 대부분 요람으로 여뀌람이라고 하며, 대표적인 청색염료식물이다.

원산지는 인도차이나 반도의 델타지대라고 알려져 있으며 높이 60-90cm의 한해살이 풀인데, 긴타원형 잎이 어긋나게 붙고 가을철에 붉은 색의 작은 꽃이 핀다.

잎은 여름에 따서 염색 또는 약용으로 쓰고, 열매는 가을에 따서 말린다. 한방에서는 열매를 해독제로 쓰며, 잎은 즙을 내어 벌레 물린 데와 곪은 데에 붙인다. 쪽의 뿌리는 달여서 만성 간염, 유행성 이하 선염의 치료제로 사용한다.

쪽풀은 제독성과 살충성이 있어서 쪽의 냄새를 싫어하는 독사의 접근을 막기 위해 쪽으로 염색한 의복을 착용했다는 일설이 있다.

② 염색 재료

염료물 : 한여름 꽃피기 직전에 줄기째 베어내 사용.

③ 염색 방법

쪽은 예로부터 널리 이용되어 온 대표적인 염료식물이나 서민들이 값이 싼 면을 이용했는데, 유일하게 쪽만이 면을 푸른색으로 물들일 수 있으며, 황색이나 적색으로 미리 물들인 천에 쪽믈을 들이면 녹색이나 보라색을 얻을 수 있다. 쪽을 남색물들이는 환원법은 다음과 같다.

ㄱ. 새벽에 쪽잎을 따서 씻어 항아리에 놓고 연수를 붓는다.

ㄴ. 한 번 뒤집어 놓고 일주일 정도 물에 담궈둔다. (쪽잎이 누렇게 되고 흐물흐물해 질 때까지. 이때 쪽대를 모두 건져낸다)

ㄷ. 물 10되에 석회(꼬막이나 굴의 껍데기를 태운재) 2되를 골고루 저어 놓는다.

ㄹ. 흰 거품이 인 다음 푸른색 거품이 일 때 다시 저으면 한 두 시간 뒤 가라 앉는다.

ㅁ. 붉은 빛깔의 물은 따라 버리고 시루에 천을 깔고 수분을 빼면 쪽 원료가 된다.

ㅂ. 물들일 때는 명아주를 태워서 만든 잿물이나 시화즙(나무재)을 섭씨 35-36도 정도로 데운 물에 쪽원료를 안치고 식지 않도록 같은 온도를 유지시킨다.(많이 만들 때는 항아리를 땅에 묻어 놓는다.)

ㅅ. 5, 6일 뒤에 물 위에 푸른빛이 돌면 염색이 되는 것이다. 쪽물이 일지 않을 때는 물의 온도와 석회의 분량을 조절한다.

10) 양파

① 개요

· 과 명 : 백합과(Liliaceae)

· 학 명 : Allium cepa Linnaeus.

· 영 명 : Onion

· 생약명 : 옥총

· 특 징 : 2년생 초본이고 높이 60cm안팎으로 자란다. 겉에 있는 인편엽은 건막질로서 자줏빛이 도는 갈색이고 안쪽은 두껍고 층층이 겹쳐지고 매운맛이 강하다. 9월에 꽃이 피고 백색이다. 잎은 속이 빈 통같고 녹색이며 꽃이 필 때는 대개 말라버린다. 열매는 10월에 열린다.

· 서식처 및 분포 : 페르시아 원산이며 재배작물로 들여왔다. 남부지방 해안지에서 주요 채소자 원의 하나로 재배하 는 귀화식물이다.

· 약효 또는 용도 : 식용, 약용에 쓰이고 한방과 민간에서 보익, 청혈, 지한, 중풍, 적백리, 안태, 이뇨, 부종, 양혈, 건뇌, 곽란, 골절통, 면목부종, 명안, 각종 등에 약재로 쓴다.

② 염색 재료 : 양파껍질

③ 염색 방법

ㄱ. 양파껍질을 수거한다.

ㄴ. 끓여서 체에 받친다.

ㄷ. 받쳐진 물로 염색한다(30분 정도).

ㄹ. 매염제로 처리한다.

ㅁ. 수세를 충분히 한다.

6. 염료식물의 종류와 특성

식물명	채취시기	사용부위	방법	색상	비고
가지 Solanum melongena L	10월	잎/열매	믹서에 간 다음 20분간 끓임	황록색/짙은녹색	줄기나 잎은 약용
감나무 Diospyros kaki Thunb.	6~7월	잎/열매	풋감을 이용하여 갈옷 염색	황갈색 갈회색	열매의 주성분은 카테콜 탄닌
감국 Chrysanthemum indicum L	10월	잎/꽃/줄기	잘게 잘라 끓임	적갈색	잎은 위병을 다스리는데 사용
개나리 Forsythia koreana Nakai	봄/가을	잎	잘게 잘라 끓임	암갈색	
개망초 Erigeron annuus Pers	6월	흰꽃과 함께 지상부	잘게 잘라 끓임	엷은갈색	많은 양을 사용하면 짙은색을 얻음
개쑥갓 Senecio Vulgaris L.	11월	지상부전체	믹서에 간 다음 끓임	엷은갈색	동매염에 반응이 뛰어남
개암나무 Corylus heterophylla var.	10월	잎	잘게 잘라 30분간 끓임	다갈색	반복염색
갯버들 Salix gracilistyla Miquel	초여름	수피/잎	매염제에 의한 색상 다양	적갈색/쥐색	
검노린재 Symplocos tanakana Nakai	10월	열매/잎	열매와 잎을 각각 믹서에 갈아 끓임	갈색/적갈색	잎과 가지를 태운 재는 알미늄성분이 많아 매염재로 사용
검양옻나무 Rhus succedanea L.	늦가을	목재/잎		황색 흑색	황제의 옷을 염색한 황로염의 색소
계수나무 Cercidiphyllum japonicum Sieb. et Zucc.		잎/수피/목재		자흑색/황색/회색	
광대싸리 Securinega suffruticosa Rehder.		잎		암갈색	
국수나무 Stephanandra incisa Zabel	6월	줄기/잎	잘게 잘라 30분간 끓임	적갈색 흑갈색	덤불 숲
굴피나무 Platycarya strobilacea Sieb. et Zucc.	8월	열매/잎/수피		황갈색 흑갈색	
꼭두서니 Rubia cordifolia L. var.	겨울	뿌리	뿌리를 말려서 사용	적색 황적색	잎,뿌리는 약용
꿀풀 Prunella vulgaris L. var.	6월	식물전체	매염제에 반응이 좋고 다양한 색을 얻을수 있음	다갈색	꽃술은 이뇨제로 사용
남천 Nandina domestica Thunb.		잎/소지		황색/미색/녹색	
노간주나무 Juniperus rigida Sieb. et Zucc.	10월	수피	열흘동안 말린 후 잘게 잘라 30분간 끓임	연갈색	향의 원료로도 쓰임
녹나무 Cinnamomum camphora Sieb.		잎/수피	철매염제로 자회색 염색	자회색/황갈색	생잎을 철매염시 황갈색 염색
누리장나무 Clerodendron trichotomum Thunb.	여름/늦가을	열매/수피	열매즙을 내서 사용	하늘색/청보라색/은회색	열매에 청색색소 함유

식물명	채취시기	사용부위	방법	색상	비고
느티나무 Zelkova serrata Makino.	이른봄/여름	잎/수피/뿌리	수피,잎을 잘게 잘라 끓임	적갈색/흑회색	
능소화 Campsis grandiflora K. Schum.	8월	잎	잎에 물기가 많아 약간 물을 적게 넣음	진한베이지색/황회색	
다릅나무 Maackia amurensis Rupr. et Maxim.		잎/줄기		갈색계통	
단풍나무 Acer palmatum Thunb	5/6월	잎	잘게 잘라 끓임	갈색	청단풍, 홍단풍 거의 동일함
도라지 Platycodon grandiflorum A.DC.		줄기/잎		황색/겨자색/연두색	뿌리는 약용,식용
상수리나무 Quercus acutissima Carr.	이른봄	수피/열매	수피를 잘게 잘라 끓임	흑갈색/은회색/황토색	건재상태의 목재 이용/열매는 식용,약용
동백나무 Camellia japonica L.	11월~4월	꽃/잎	잘게 잘라 끓임	갈색/열은갈색	지치나 꼭두서니로 물을 들일때 알미늄매염재로 동백잎을 태운 재를 사용
돼지감자(뚱단지) Helianthus thberosus L.	10월	잎	잘게 잘라 20분간 끓임	알루미늄매염 열은황색	
등나무 Wisteria floribunda Dc.	5월/10월	봄잎/가을잎	잘게 잘라 20분간 끓임	열은 황색/적갈색	가을잎이 봄잎보다 색상이 짙음
딱총나무 Sambucus williamsii var.	여름	잎/열매	믹서에 갈아 끓임	연한적갈색	꽃,소지,잎은 약용
때죽나무 Styrax japonica Sieb. et Zucc.	10월	잎	믹서에 갈아 10분간 끓여 추출	알루미늄매염 열은갈색	
떡갈나무 Quercus dentata Thunb.	10월	수피	잘게 잘라 30분간 끓임	밝은갈색/갈색	
말채나무 Cornus walteri Wangerin	10월	수피	수피를 열흘간 말린 후 잘게 잘라 30분간 끓임	열은황갈색	우리나라 특산
매자나무 Berberis koreana Palibin	가을	뿌리/줄기	잘게 잘라 20분간 끓임	짙은녹색/황갈색	
매화나무 Prunus mume Sieb. et Zucc.	이른봄	잎/줄기/수피		적갈색/갈회색	열매를 훈증한 오매는 홍화염색의 매염재로 사용, 열매 약용
맥문동 Liriope muscari Bailey		괴근	잘게 썰어 30분간 끓임	황갈색	
머위 Petasites japonicus Maxim.	5월	잎	잎자루나 잎몸으로 염색하면 잘됨	황갈색	식용, 약용
멀구슬나무 Melia azedarch L.		잎/수피/간재		연홍색/적미색/쥐색	잎보다 간재가 더 진하게 염색됨
모란(목단) Paeonia suffruticosa Andr.	5월	잎	잘게 잘라 물에 끓임	황갈색	매염제에 의한 색의 다양성은 5월에 채집한 것이 양호
물오리나무 Alnus hirsuta Rupr.	봄/가을	열매/잎	잘게 잘라 물에 끓임	갈색/열은갈색	나무껍질도 사용

식물명	채취시기	사용부위	방 법	색 상	비고
물푸레나무 Fraxinus rhynchophylla Hance.		수피/심재	수피와 심재를 가루로 만든 후 30분간 끓인다	갈황색	
미국산딸나무 Cornus florida Sieb et Zucc.	가을	잎	2% 염산 수용액으로 색소를 추출	홍황색/갈색	
미나리아재비 Ranunculus japonicus Thunb.		식물전체	잘게 잘라 물에 끓임	황갈색	
민들레 Taraxacum mongolicum H. Mazz		꽃/잎	꽃에서는 밝은 황색 염색	밝은황색/연두색/갈색	
박태기나무 Cerois chinensis Bunge	5/6월	꽃/잎	어린잎을 물에 넣고 끓임	열은갈색/자적색	콩과식물
밤나무 Castanea crenata Sieb. et Zucc.	초여름	줄기/수피/잎/낙화/과피	열매도 말려서 사용	적갈색/회색/겨자색	색소성분은 피로가룰 탄닌/ 건조목재 이용
배롱나무 Lagerstroemia indica L.	10월	잎	잘게 잘라 20분간 끓임	베이지색/올리브색/흑회색	목백일홍이라고도 함
백목련 Magnolia denudata Desr.		잎		열은갈색/겨자색/회색	
벚나무 Prunus Serrulata Lindley var.	여름	수피/가지		은갈색	
보리수 Elaeagnus nmbellata Thunb.	11월	잎/열매	잎과 열매를 함께 갈아 염액 추출	갈색/적갈색/자갈색	열매,잎,뿌리는 약용
봉선화 Impatiens balsamina L.	8월	잎/꽃	믹서에 갈아 끓여 염액추출	밝은갈색/흑갈색	꽃과 잎을 명반,소금등과 찧어 손톱에 붉게 물들임
붉나무 Rhus javanica L.		잎/수피	철매염시 흑갈색 염색	자회색/연갈색/흑갈색	백색의 옻액이 채취
비파나무 Eriobotrya japonica Lindley.		잎	녹색잎에서 베이지색 염색	붉은베이지색/황색/적황색/은회색	
뽕나무 Morus alba L.	이른봄	잎/뿌리/목재		황갈색/갈색/녹색/황색	건조상태의 목재 이용
사방오리나무 Alnus firma Sieb.et.Zucc.	이른봄	잎/수피/열매	잘게 잘라 끓임	회색/갈색/흑색	
사철나무 Euonymus japonicus Thunb.		잎		갈색/적색	
산뽕나무 Morus bombysis Koidz.		뿌리		황갈색	
서양민들레 Taraxacum officinale Weber	4월	지상부	잘게 잘라 끓인다	열은갈색	
석류 Punica granatum L.	7월/10월	7월잎/10월열매	열매를 분쇄기로 잘게 자른 뒤 끓여서 염액 추출	황색/황갈색	열매는 약용
소나무 Pinus densiflora Sieb. et Zucc.		열매	열매를 잘게 잘라 물에 3일정도 담가 놓은 후 40분간 끓임	회갈색	

식물명	채취시기	사용부위	방 법	색 상	비고
솔나물 Galium verum L. var		꽃/뿌리		황색/적색	
쇠뜨기 Equisetum arvense L.		잎/줄기		녹회색/갈색	
신나무 Acer ginnala Maxim.	6월	잎	잘게 잘라 20분간 끓임	황색/황갈색	반복염색하여 짙은색 얻음
쑥 Artemisia princeps var.	봄	지상부	생쑥을 이용 쑥분량의 2배 정도의 물 사용	연갈색	이른 봄 어린 잎은 식용
아까시나무 Robinia pseudo-acacia L.	10월	수피	잘게 잘라 20분간 끓임	황갈색	
억새 Miscanthus sinensis Andersson.	꽃이피기전	줄기		황색/황갈색/해송색	
엉겅퀴 Cirsium maackii Maxim.	6월	잎/줄기		백갈색/황갈색/녹회색	잎은 약용, 전체적인 색상은 탁한 편
예덕나무 Mallotus japonicus Muller-Argovi.	가을	잎/열매		황갈색/황색/흑갈색	쪽으로 염색한 다음 그 위에 다시 염색하여 순흑색을 얻는다
오리나무 Alnus japonica S.	이른봄	수피	잘게 잘라 20분간 끓임	황갈색/흑색	열매도 말려서 사용
오이풀 Sanguisorba officinalis L.	가을	뿌리	그늘에서 10일간 말린 후 30분간 끓인다	갈색	
은행나무 Ginkgo biloba L.	9월	수피	물에 20분간 끓임	옅은갈색	3회염색
이팝나무 Chionanthus retusus Lindl. et Paxton.	10월	잎	잘게 잘라 30분간 끓임	황토색/갈색/적갈색	3회염색
자귀나무 Albizzia julibrissin Durazz.	10월	수피	잘 말린 수피를 20분간 끓임	황갈색	3회염색
자작나무 Betula platyphylla var.		수피	수피를 물에 넣고 끓인 후 명반으로 매염	연분홍/진분홍	10회염색
잣나무 Pinus koraiensis Sieb. et Zucc.		수피		회갈색/황갈색	
장미 Rosa L.		줄기/잎/꽃		은회색/담황색/베이지색	
제비꽃 Viola mandshurica W. Becker	여름	잎	그늘에 말린 잎을 잘게 잘라 30분간 끓임	황색	
졸참나무 Quercus serrata Thunberg.	10월			옅은갈색	3회염색
주목 Taxus cuspidata Sieb. et Zucc.		심재		적색/분홍색/감색	
진달래 Rhododendron mucronulatum Turcz.		가지/뿌리		흑색	
짚신나물 Agrimonia pilosa Ledeb.	9월	줄기/잎/꽃	잘게 잘라 끓임	황갈색/흑갈색	

식물명	채취시기	사용부위	방 법	색 상	비고
찔레나무 Rosa muliflora Thunb.	가을	잎/엽맥 /붉은열매	잘게 잘라 끓임	적갈색/열은갈 색	열매는 지사제로 사용
차나무 Thea sinensis L.		잎	물에 끓여서 색소를 추출	연갈색/회색/적 색/자회색	
참취 Aster scaber Thunb.	4월	잎/줄기	믹서에 간 다음 끓임	녹색/암갈색	어린잎은 식용, 성체는 약용
층층나무 Cornus controversa Hemsley.	5월	수피	잘게 잘라 30분간 끓임	열은갈색	3회염색
칡 Pueraria thunbergiana Benth	여름/가을	잎/뿌리	0.1%의 탄산칼륨액에 넣어 끓임	황색/갈색	뿌리와 꽃은 약용
튤립나무 Liriodendron tulipifera L.	5월/10월	잎	잎을 잘게 잘라 끓여서 추 출	녹황색	
팔손이나무 Fatsia japonica Decne. et Planch.	8월	잎	믹서에 갈아서 끓여 추출	알루미늄매염 녹갈색	
포도나무 Vitis vinifera L.		과피/잎		자색/황색/황갈 색	
향나무 Juniperus chinensis L.				연갈색	
호두나무 Juglans sinensis Dode	10월	수피/잎/과피	잘게 잘라 40분간 끓임	적갈색/황갈색/ 흑갈색	
회화나무 Sophora japonica L.	7월	꽃		황색	
후박나무 Machilus thunbergii Sieb. et Zucc.	5월	수피		열은황갈색	3회염색

참고문헌

「식물염색 입문」. 전남대학교 출판부,
    1999 임형탁 · 박수영
「쉽게 구할 수 있는 염료식물」. 대원사,
    1996 조경래 · 문광희 · 대안스님
「전통 염색의 이해」. 보광출판사, 2000

< 참고자료 >

http://sookmyung.ac.kr
http://chunma.yu.ac.kr
http://myhome.netsgo.com
http://erato.co.kr/befa025.htm
http://ksys10.knou.ac.kr
http://korea.insights.co.kr
 http://www.daknamu.co.kr

이성필은 경기 포천생으로 고려대학교를 졸업하고 현재 (주)그룹 터 대표이며 숲과 문화 연구회 운영위원이다.

한 산림학도의 소나무 그림 애장기(愛藏記)

전 영 우

나는 과분하게도 몇 점의 소나무 그림을 곁에 두고 있다. 발 디딜 틈 없이 어지럽게 널린 내 연구실에서 제자리를 지키고 있는 이들 소나무 그림 때문에 나는 오늘도 상쾌한 하루를 시작한다. 소나무 그림을 떠벌리니 혹 많은 이들이 내 소장품을 잘못 이해할까 두렵기도 하다. 그래서 먼저 고백부터 해야겠다. 내가 가지고 있는 소나무 그림은 이 땅에 전해오는 소나무 그림 중 최고의 그림이라는 능호관의 작품도, 겸재의 작품도, 추사의 작품도 아니다. 그러나 오해는 없어야겠다. 남들은 작은 소품이라서 하찮게 여길지 모르지만 내가 가지고 있는 그림들은 나에겐 그 무엇과도 바꿀 수 없는 소중한 사연이 있는 그림들이다. 지척에 두고 원할 때마다 좋아하는 그림을 볼 수 있는 즐거움은 누구나 원한다고 해서 쉽게 누릴 수 있는 것은 분명 아니다. 하긴 엽서 한두 장 크기의 소품 그림으로 얻는 즐거움을 오늘날처럼 화려하거나 거창한 것을 찾는 세태에 누가 이해나 할까만.

소나무 그림을 갖게 된 사연은 「숲과 문화」로부터 시작된다. 어디 그림뿐이랴! 이름 석자를 대신할 계송(溪松)이라는 아호를 갖게 된 사연도, 그리고 천금을 주고도 억지로는 결코 얻을 수 없는 못생긴 얼굴의 인물상(그것도 소나무를 기대고 선) 그림을 손에 넣은 배경도 모두 「숲과 문화」가 없었으면 불가능한 일

이었다 .

소나무와 맺은 인연

어떤 특정한 나무와 각별한 인연을 맺는 계기란 개개인이 다를 수밖에 없다. 소나무에 대한 내 인연은 대학 졸업 후 다닌 첫 직장에서 시작되었지만 고작 반년밖에 지속되질 못했다. 이 땅에 자라는 여러 지역의 소나무들이 유전적으로 얼마나 비슷한지를 조사하는 연구실에 배속되면서 강원도 일대의 소나무 숲을 처음 몇 개월 동안 헤맸다. 그러나 그것도 잠시, 정식 연구원으로 채용되면서 새로운 과제가 나에게 따로 부과되었다. 새 과제는 남부 지방에 자라고 있는 삼나무의 계통을 조사 분석하는 일이었다. 그래서 나무와 관련된 연구 생활 5년 동안 소나무는 더 이상 내 업무와 직접적으로 관련이 없었다.

뒤늦게 시작한 미국 유학생활에 부과된 연구과제도 소나무와 관련 없기는 마찬가지였다. 원래 경제적으로 넉넉하지 못한 유학생의 처지는 본인의 관심 분야보다는 학비나 생활비를 지원해주는 지도교수의 관심 영역을 연구할 수밖에 없는 형편은 이제나 그제나 마찬가지이다. 아쉽게도 학위논문 연구의 대상수종은 소나무가 아니었고 포플러였다. 그래서 내 청년기는 소나무와 큰 인연을 맺지 못했다. 학문적으로 천착할 수 있는 젊은 세월에 맺어

질 듯하던 소나무에 대한 인연은 대학에 적을 두면서 시작되었다. 아니 보다 정확하게 표현하자면 지금부터 10여 년 전, 숲과 문화 연구회 활동이 도화선이 되었다. 숲과 문화 연구회에서 최초로 개최한 학술토론회가 〈소나무와 우리 문화〉였고, 그 행사의 주관 책임을 과분하게 내가 맡으면서 나와 소나무는 뗄래야 뗄 수 없는 소중한 인연의 끈으로 맺어졌다. 학술토론회를 계기로 소나무와 관련된 학자, 화가, 시인, 도편수, 문인, 출판인, 그밖에 소나무 애호가 여러분과 친숙한 관계를 맺어 오게 되었음은 물론이고, 소나무에 대한 변함없는 내 관심도 오늘까지 식지 않고 계속되고 있다. 그 덕분에 소나무와 관련된 여러 편의 글도 쓸 수 있었고, 다양한 매체에 얼굴을 내미는 인연도 얻었으며, 내가 아끼는 소나무 그림을 소장하게 된 행운도 누리게 되었음은 물론이다.

현석(玄石)의 소나무 그림

먼저 애장하게 된 순서에 따라 내 소나무 그림에 얽힌 인연의 끈을 풀어보자. 내 연구실 정면 벽면에는 세로 23센티미터, 가로 15센티미터의 작은 동양화 한 점이 사 년째 자리잡고 있다. 현석 이호신 화백의 작품이다.

국립경주박물관장을 역임한 강우방 교수 같은 이는 이호신 화백을 '겸재와 단원의 맥을 잇는 현석(玄石)'이라고 불렀으니 혹 겸재의 대표적 소나무 그림인 〈함흥본궁도(咸興本宮圖)〉나 〈사직노송도(社稷老松圖)〉와 유사한 현석의 멋진 소나무 그림을 소장하고 있거니 오해할 수도 있지만 그렇지 않다.

이 땅의 모든 예술가들이 어찌 소나무를 잊을 수 있으랴. 문학과 미술의 소재로 등장하는 천지만물의 자연물 중에 둘째가라면 서러워할 대상이 소나무 아니던가? 현석 역시 소나무에 대한 애착이 남다름을 알 수 있는 대목은 지난해 어느 잡지에 발표한 다음과 같은 그의 글로써도 알 수 있다.

'이 땅에 전해오는 소나무 그림 중 최고의 그림은 누구의 것일까? 사람마다 견해와 감식안이 다름에도 불구하고 소나무 그림을 아는 이들은 대개 능호관 이인상(李麟祥 1710-1760)의 〈설송도(雪松圖)〉를 꼽기에 주저하지 않는다. 이 그림은 언제나 원칙과 지조를 중시 여겼던 선비의 모습만큼이나 흰눈을 이고 선 곧은 노송(老松)이 감상자에게 깊은 감회로 다가온다. 즉 세속에 물들지 않고 세파를 이겨낸 높은 절개와 의연함이 솟아나는 그림이다. 나는 이 그림을 가슴에 품고서부터 우리 산천에서 만난 소나무의 이미지를 종합해 지난 개인전(1988)에 인동(忍冬)이라는 겨울 소나무를 발표하였다. 따라서 생태적으로 〈설송도〉의 느낌을 닮은 소나무를 그리워해 왔는데 지난 가을 울진 소광리에서 마주친 금강송(金剛松)은 내게 큰 충격으로 다가왔다.'

능호관의 〈설송도〉와 같은 멋진 소나무를 그려내는 꿈을 가진 그가 마침내 대상이 되는 소나무를 만나게 되는 과정을 다음과 같이 서술하고 있다.

'삿갓재 오르막길에서 마주친 신령스러운 소나무 한 그루! 쭉 곧게 뻗어 오른 아름드리 금강송이 늠름하고 굳세며 고고하게 군계일학(群鷄一鶴)인양 부리를 내리고 서 있지 않은가. 소나무는 마치 상쾌한 필획으로 쳐낸 곧은 기운과 더 깊이 역사를 아로새긴 옹이, 그리고 강파른 세월을 이겨낸 지사(志士)의 기상으로 넘쳐흐른다. 나는 한 순간 그 당당한 풍채에 압도되어 일행을 놓친 채 바위처럼 굳었는데 아내가 먼저 "꼭 이인상 선생님 그림에 나오는 소나무 같아요"하고 반색한다. 임도 입구에 서 있는 500년이 넘는다는 소나무는 무던히도 그

동안 마음속으로 흠모해오던 소나무, 바로 그 이미지로 다가왔다.'

평생을 기리던 소나무를 만나자 현석은 마침내 그 소나무를 아주 멋진 예술혼으로 형상화시켜서 우리에게 선보였다. 그의 고구려 그림 전시회 때 함께 내 걸린 〈소광리의 금강송도〉을 보고 그 웅혼한 자태에 나는 일순 숨이 멎는 기분을 느꼈다.

현석의 소나무 그림을 엿볼 수 있는 기회는 또 있었다. 그의 세 번째 책 「풍경소리에 귀를 씻고」를 펴내면서 가졌던 지난봄 전시회에 산수와 가람에 대한 전시물 중에 〈운문사의 소나무〉(반송)그림도 그냥 지나칠 수 없었다. 그러나 나에게 낙점까지 된 〈운문사의 소나무〉는 여러 가지 사정 때문에 끝내 인연을 맺을 수 없었다. 운문사의 소나무는 전시된 그림들 중에 거의 유일한 소나무 작품이다. 그림 앞에서 그 자신이 했던 이야기를 나는 아직도 생생하게 기억하고 있다. "나무 밑에서 즉석으로 그려낸 것이기에 도저히 다시는 그릴 수 없을 만큼 애착이 가는 그림이고, 그래서 이 그림은 소나무를 아끼는 사람만이 소유할 수 있는 자격이 있다"라는 그의 이야기를.

내가 소장하고 있는 그의 소나무 그림은 비록 운문사의 반송처럼 강인한 생명력을 뿜어내지도 않고, 또 소광리 금강송처럼 장대하지도 또는 웅혼한 기상을 내비추지도 않지만 나는 이 소품 속의 소나무를 사랑한다. 바로 눈길 가는 우리 주변에서 자라는 소나무의 모습이기에 더욱 애착을 갖는 지도 모를 일이다.

비록 소품이지만 이 소나무 그림을 소장하자마자 가장 먼저 한 일은 표구점을 찾는 일이었다. 그리고 가장 믿을 수 있는 표구점의 하나라는 동선방에서 그림에 옷을 입혔다. 내 마음을 아는지 표구는 한지의 질감이 그대로 살아 있도록 화선지 주변을 잘라내지 않고 소박

한 모양 그대로 그림을 앉히는 방식을 택했다. 목재로 만든 액자 속은 천으로 배접하여 표구를 하였기에 단아하고 소박한 멋이 풍기고, 그림을 보호하기 위해 유리까지 끼웠다. 그래서 그림이 주는 전체적인 인상도 구수한 멋이 더욱 풍기게 되었다.

그림은 줄기가 굵은 소나무를 중심으로 세 그루의 작은 소나무가 자리잡고 있다. 모두 굽은 형상을 지니고 있지만 나름대로 세월의 흔적은 풍긴다. 그림의 오른편 가운데에서 대각선으로 비스듬하게 소나무들이 자리잡고 있는데, 그림의 전면에 있는 소나무를 제외하고는 모두 붉은 색의 껍질을 갖고 있어서 우리 토종 소나무임을 알 수 있다. 그림의 중앙에 자리잡은 굵은 소나무 아래는 평상이 놓여 있으며, 모자를 쓴 한 처사가 평상에 걸터앉아 만사를 잊고 별판을 응시하고 있는 그림이다.

나는 이 그림에 눈길을 주는 것을 게을리 하지 않는다. 하긴 책상이 놓인 앞 벽면에 걸린 그림이니 눈길을 줄 수밖에 없기도 하다. 나는 이 그림에 눈길을 둘 때마다 능호관 이인상의 〈송하관폭도〉를 연상한다. 능호관의 〈송하관폭도〉에는 폭포도 있고, 바위도 있지만 이 그림에는 없다. 송하관폭도를 굳이 연상하는 이유는 한 처사가 자연을 관조하는 모습을 엿볼 수 있기 때문일지도 모른다. 조급함과 번잡스러움으로 점철된 내 일상에서 가장 부족한 것은 정신적 여유일 것이다. 속도전에 내몰리는 이 세태에 그나마 자연에 대한 예의와 배려와 함께 자연을 관조하는 마음자세를 이 그림을 통해서 찾고자 하는 보상심리가 내 가슴 밑바닥에 꿈틀거리고 있기 때문이리라.

창원(蒼園)의 소나무 부채 그림

두 번째 소나무 그림은 구름 위에 솟은 설악 연봉을 배경으로 세 그루의 소나무가 그려진 창원(蒼園) 이영복 선생의 부채그림이다. 소

나무 그림의 대가이신 蒼園 이영복 선생의 그림을 갖게 된 사연도 나에겐 각별하다. 이태전 선생이 관여하고 계신 모임에서 숲에 대한 강연을 나에게 부탁한 적이 있었다. 강연회 당일에야 전직 대학 총장들과 전·현직 외교관들은 물론이요 우리 사회일각의 저명한 분들이 청중이라는 것을 알았다. 무엇이 창원 선생에게 확신을 안겨 드렸는지 모르지만 선생이 나 같은 백면서생에게 보낸 무조건적인 신뢰를 떠올리면 요즘도 나는 그저 부끄러울 뿐이다. 강연료와 함께 선생은 당신의 낙관이 들어간 부채그림을 특별히 선물했고, 나는 졸저 「나무와 숲이 있었네」 한 권으로 답례를 대신했을 뿐이다.

창원의 파격적인 호의는 아마 수필문학에 쓴 '소나무를 위한 변명'을 비롯하여 소나무와 관련된 내 글을 읽거나 소나무에 대한 내 관심을 듣고, 같은 분야에 관심을 갖는 후배에 대한 배려 덕분이라고 생각된다. 저명 화가와 백면서생인 산림학도와의 인연은 결코 쉬운 것이 아니다. 그 쉽지 않은 일을 가능하게 한 것은 소나무 덕분이다. 바로 소나무로 맺어진 인연이다. 창원 선생의 소나무에 대한 애착은 이처럼 대단하다. 소나무를 형상화시키면서 그가 느끼는 환희와 감동은 다음과 같은 그의 글에서도 엿볼 수 있다.

'우리 민족의 삶과 함께 한 나무이기도 하지만 항상 보아도 싫증이 안 나고 구수하다. 한서(寒暑)에도 변치 않고 늘 푸르름을 지니고 있는 의연함과 고졸(古拙)한 모습과, 천태만상의 형상과 그에 따른 변화의 맛은 예술혼을 불러일으키기에 충분하다. 소나무는 지역이나 지형, 나무의 수령이나 기후에 따라 형세가 조금씩 다르기 때문에 그 서로 다른 형상에 따라 표현기법과 작업감정도 다양해진다. 최근에는 옛 명현 학자들의 소나무에 관한 시(詩)를 틈

틈이 발췌하여 외워 음미해 보기도 한다. 소나무에 대한 멋과 운치를 한층 실감케 되어 소나무를 보는 눈에 또 다른 면이 있음을 발견하게 된다.'

미술사를 전공하는 안휘준 서울대 교수가 '소나무와 창원'의 관계를 설명한 것을 읽으면 창원 선생의 소나무에 대한 애착을 더욱 자세히 알 수 있다.

'창원 이영복 화백이 30여 년 동안 가장 큰 관심을 가지고 관찰하고 작품화한 주제는 바로 소나무이다. 전국 방방곡곡의 빼어난 소나무치고 창원이 탐방하고 스케치하지 않은 것은 거의 없을 것이다. 이러한 소나무들에 관하여서는 비단 화폭에 담는 것에 그치지 않고 전해지는 전설이나 문헌기록까지도 꼼꼼하게 조사하고 챙긴다. 주제를 철저하게 파헤쳐 보는 창원의 학구적이고 성실한 면모를 엿보게 된다. 최근에는 중국의 소나무에까지 관심의 폭을 넓히고 있다. 이처럼 창원은 현대 우리 나라의 가장 대표적인 소나무 화가라고 할 만하다.'

雪岳一隅라는 화제처럼 창원의 부채그림에는 웅혼한 자태의 설악연봉이 구름위에 펼쳐지고 있다. 젊은 시절 올랐던 내설악의 용아장성(龍牙長城)이나 공룡능선(恐龍稜線)을 연상시키는 암봉이 근경과 중경으로 나타나고 대청이나 중청 같은 육산(肉山)의 모습이 원경으로 역시 구름위에 솟아 있다. 그림의 오른편 전면에 세 그루의 조선 소나무가 그 멋진 자태를 뽐내면서 푸른 기상을 자랑하고 있다.

나는 이 부채 그림을 펼쳐들 때마다 학창시절에 올랐던 설악연봉을 떠올리곤 한다. 힘겹게 오르던 암봉에서 만났던 구름과 소나무와 바람을 어찌 잊을 수 있으며, 계곡에서 암릉에

서 능선에서 별을 헤면서 지샜던 밤을 어떻게 잊을 수 있으랴. 그리고 밧줄에 생명을 담보하면서 함께 올랐던 악우(岳友)들을 떠올리곤 한다.

나는 이 부채를 함부로 사용하지 않는다. 오히려 설악의 칼날 암릉 사이사이에서 뿌리내리고 살고 있는 솔숲을 지나는 녹색바람이 내 연구실을 가로지르도록 여름 한철만 되면 소중하게 책꽂이에 펼쳐둘 뿐이다.

창원 선생이 30여 년 동안 그려낸 수많은 걸작 소나무 그림과 부채 속의 좁은 공간에 그려진 소나무 그림을 나는 감히 비교할 수 없다. 아마 선생은 운무에 쌓인 여름 설악을 나타내기 위해서 소나무를 담았을 지도 모른다. 그러나 아무려면 어떠랴. 그림을 소화하고 해석하며 즐기는 애장자의 입장에서 작은 소품 소나무일망정 대작의 당당한 소나무 못지 않게 나만이 가슴속에 담을 수 있는 수많은 것을 느끼고 즐기고 소화하는 것을. 그래서 창원의 부채 그림은 늘 새롭다. 나는 그의 부채그림에서 설악 암봉에서 고고하며 강인하게 자라는 토종 소나무의 기상을 닮아 학문의 길에 나태하지 말고 증진하라는 격려의 소리를 듣는다. 또 소나무로 맺은 그 소중한 인연의 끈에 감사하는 마음을 잊지 않는다. 하나 이 기회에 토로할 것은 부끄러운 변명이다. 부채 그림을 받았을 때 소광리 솔숲과 중경릉의 솔숲을 함께 찾자고 선생께 말씀드린 언약을 아직도 지키지 못한 게으름에 대한 변명이다.

우송(右松)의 소나무 그림

마지막으로 소개할 애장품은 연하장으로 보낸 우송(右松) 김경인 화백의 소나무 그림이다. 연초에 숲과 문화 연구회 사무실로 배달된 이 연하장을 전해 받고 내 기쁨은 컸다. 우선은 유화작업을 하시는 김 화백이 단 몇 번의 붓 놀림으로 소나무와 해를 그려낸 연하장에 친절하게 덕담까지 함께 적어 주셨기 때문이다. 이 연하장을 받고 그림에 대해서 입을 열 처지가 못되는 내 자신이 새롭게 느낀 점은 모든 예술은 하나로 통할 수 있다는 깨우침이었다. 단 몇 번의 붓 놀림에 소나무의 굵은 가지와 잔가지들이 형상화되고, 또 농담이 다른 초록물감의 번짐이 솔잎의 음영으로 살아나는 두 손바닥 크기의 그림에서 새 천년을 상징하는 붉은 해가 소낭구 위에 떠오르는 형상을 접하고 그 기쁨은 컸다. 이런 기쁨을 주신 김 화백과의 인연은 역시 93년도에 개최된 〈소나무와 우리 문화〉 학술토론회로 이어진다.

'1991년 여름에는 달포 가량을 강원도 정선 땅에서 머문 적이 있다. 매일 대하는 것이 안개 낀 산과 물과 숲이었다. 그중에서도 특히 바위틈을 비집고 서 있는 소나무가 눈에 들어오기 시작하였다. 이 때부터 사진기를 들고 강원도에서 경상, 전라도, 기타지역의 소나무를 찾아 헤매고 다녔다. 조선시대 화첩을 뒤지고 소나무 관련 책자를 모으고 학술대회도 쫓아 다녔다. 어쩌면 소나무는 우리 민족과는 떼어 생각할 수 없는 그 자체가 아닐까 하는 생각이 들었다.'

위의 술회처럼, 김 화백이 대관령 자연휴양림에서 개최된 〈소나무와 우리 문화〉 학술토론회를 참석했던 동기는 이듬해(1993) 서울의 이콘 갤러리에서 개최할 전시회를 위한 사전 준비활동이었음을 알 수 있다. 김 화백에게 소나무는 과연 무엇이었을까? 소나무의 어떤 점이 김 화백이 가졌던 모든 것(예술, 이름)을 지워버려도 좋다는 생각을 들게 했을까? 소낭구 화가로 다시 태어난 김 화백의 소나무관은 무엇일까? 이중섭 미술상 수상 전시회에서 그는 이렇게 소나무를 표현하고 있다.

"청산에 살고 독야청청 낙락장송 등은 우리 귀에 너무 익숙한 소나무를 상징하는 말들이다. 현대인들에게도 예외는 아니어서 수년 전부터 큰 빌딩 사이에는 많은 소나무들이 관상수로 심어지고 있어 한국인들은 그 고유의 멋과 그 휘영청한 기승전결의 묘, 기의 운행, 용트림의 조형성을 여전히 선호하고 있음을 알 수 있다. 본인은 언제까지 소낭구에 매달릴지 알 수는 없다. 솔직함과 자유스러움, 사유, 영적인 떨림을 전달할 수 있는 그림을 할 수 있는 시간들로 내 삶이 엮어지기를 바란다."

우송이 소나무에서 찾아낸 솔직함과 자유스러움, 사유, 영적인 떨림은 우송 김경인 화백만의 경험은 아닐 것이다. 어제의 세대도, 오늘의 세대도 그리고 내일의 세대에게도 소나무는 생명, 풍요, 영생의 상징으로 영원히 우리 곁에 있을 것이다.

우송의 소나무 그림은 내 연구실의 서가 정중앙에 자리잡고 있다. 서가가 책상 반대편에 자리잡고 있기 때문에 눈길 가는 기회가 사실 많지 않다. 눈길도 뜸하고, 한 공간에 자리잡고 있는 현석이나 창원의 소나무와도 공간적으로 좀 떨어져 있어서 우송의 소나무는 좀 외로운 처지다. 그 외로움을 달래기 위해서 내가 한 일은 연구실의 소나무 식솔들을 한자리에 모으는 일이었다. 그래서 내 빈약한 서가의 시집 칸에 꽂혀 있던 박희진 선생의 시화집 「소나무를 위하여」가 자리를 조금 옮겼고, 은은한 송진향을 언제나 피우는 전우익 선생이 선물한 머리통만한 광솔(송진)덩이도 우송의 그림 옆으로 자리를 옮겨 주었다. 내 연구실을 지키고 있는 그림 속의 소나무들은 아마 그들에 대한 나의 이런 마음가짐을 익히 알고 있으리라. 어지러운 내 연구실을 그나마 학인(學人)의 거처라고 강변할 수 있는 이유도 이들이 내뿜는 송성(松聲), 송윤, 송향(松香) 덕분은 아닐까?

전영우는 고래대학교 임학과를 졸업하고 미국 아이오와 주립대학에서 산림생물학을 전공하여 박사학위를 받았다. 1988년 이후 국민대학교 교수로 재직하면서 숲의 소중함을 우리 사회에 심기 위해서 집필과 사회 활동에 참여하고 있다.

숲과 문화 연구회

숲은 모든 것의 시작입니다. 의식주와 경제활동에 필요한
원료를 체위하는 곳이며, 물의 원천이며, 불의 발생지이기도
합니다. 숲은 철학가, 문학가, 문화예술인의
사색의 고향입니다.
숲에서 인류는 지혜를 얻고 그것으로 문명을 창조하였습니다.
시, 소설, 동화, 신화, 음악, 건축 등
우리 주변에 숲과 관련 맺지 않고 있는 것은 없습니다.
따라서 숲은 문화의 산실입니다.
문화는 숲으로부터 탄생했습니다. 그러나 이와 같은 사실을
깨닫고 있는 사람들은 많지 않으며
전문가들조차 관심이 없는 실정입니다. 설사 이해하고
있다고 하더라도 숲의 인류문화적 중요성을 기록으로 남기거나
전달하려는 생각을 행동으로 옮기지 못합니다.
숲과 문화 연구회는,
이처럼 중요하지만 일반인의 관심이 닿지 못하는
숲에 관한 모든 것을 탐구하고 그 이로움을 여럿이 함께 나누고자,
1992년 1월에 우리 숲을 아끼고
사랑하는 이들이 함께 모여 만든 모임입니다.
숲과 문화 연구회는 숲과 문화에 관련된
좋은 글을 모아 격월간지〈숲과 문화〉를 펴내고 있습니다.
또 2개월에 한번씩 '아름다운 숲 탐방' 행사를 실시하여
숲과 인간이 조화롭게 살아가는데
작은 보탬이 되고자 노력하고 있습니다.

* 〈숲과 문화〉를 받아 볼 수 있는 구독회원이 되기를 원하시는
분은 연회비 20,000원을 숲과 문화 연구회 온라인 계좌로 입금하
시고 그 사실을 인터넷에서 확인해주시기 바랍니다.
-국민은행 : 036-01-0333-009 / 숲과문화연구회
-우 체 국 : 012518-01-022295 / 숲과문화연구회

*'숲과'문화 연구회
136-031 서울시 성북구 동소문동 1가 51번지
무성빌딩 3층
전화 02)745-4811 전송 02)745-4812
e-mail : fncrg@chollian.net
www.humantree.or.kr

숲과 문화 연구회 사람들

명예 운영회원

박희진 시인
김경인 화가 인하대학교 미술교육학과 교수
김영무 시인 서울대학교 영문학과 교수
김진희 방송인 영상창조 연구회 회장

운영회원 (가나다순)

김종성 1960년생
　　　　고려대학교 농학박사
　　　　고려대학교 자연자원연구소 선임 연구원
박봉우 1952년 생
　　　　고려대학교 농학박사
　　　　강원대학교 녹지조경학부 교수
배상원 1955년 생
　　　　독일 프라이부르크대학교 이학박사
　　　　중부임업시험장 시험과 연구사
송형섭 1955년 생
　　　　충남대학교 농학박사
　　　　충남대학교 산림자원학과 교수
신원섭 1959년 생
　　　　캐나다 토론토대학교임학박사
　　　　충북대학교 임학과 교수
이성필 1955년 생
　　　　고려대학교 졸업
　　　　(주)그룹 터 대표
이천용 1952년 생
　　　　고려대학교 농학박사
　　　　임업연구원 임지보전연구실 연구관
임주훈 1967년 생
　　　　고려대학교 농학박사
　　　　임업연구원 산림생태과 연구원
전영우 1951년 생
　　　　미국 아이오와 주립대학교 임학박사.
　　　　국민대학교 산림자원학과 교수

탁광일 1954년 생
　　　　캐나다 브리티시 콜롬비아대학교 임학박사
　　　　School for Field Studies 교수

숲과 문화 총서 9

숲과 미술

엮은이 송형섭
펴낸이 이수용
펴낸곳 秀文出版社

2001. 8. 21 초판인쇄
2001. 8. 25 초판발행

출판등록 1988. 2. 15 제 7-35
132-864 서울도봉구 쌍문3동 103-1
E-mail : smmount@chollian.net
          smmount@hitel.net
전화 904-4774, 994-2626
Fax 906-0707

ISBN 89-7301-509